Reiner Steffen

Produktionsplanung bei Fließbandfertigung

Betriebswirtschaftlicher Verlag Dr. Th. Gabler, Wiesbaden

Als Habilitationsschrift auf Empfehlung der Abteilung für
Wirtschaftswissenschaft der Ruhr-Universität Bochum gedruckt
mit Unterstützung der Deutschen Forschungsgemeinschaft.

ISBN   3 409 34321 0

Geleitwort

Das Institut für Unternehmungsführung und Unternehmensforschung legt mit der Untersuchung von Steffen einen weiteren Beitrag zur empirischen Forschung vor. Den Unternehmen, die hierfür ihre Daten uneingeschränkt zur Verfügung gestellt haben, gilt es Dank und Anerkennung auszusprechen. Der häufig beklagten Praxisferne betriebswirtschaftlicher Forschung kann nur dadurch begegnet werden, daß Unternehmen und Wirtschaftsinstitute entsprechenden Untersuchungen aufgeschlossen gegenüberstehen und für größere Projekte ein geeignetes Team aus erfahrenen Praktikern und Wissenschaftlern gebildet wird.

Die Abstimmung von Fließstrecken, der sich Steffen unter betriebswirtschaftlichen Gesichtspunkten zugewendet hat, bleibt auch beim Übergang zur Gruppenarbeit aktuell. Die öffentliche Diskussion um die Abschaffung von Fließbändern betrifft in Wahrheit den allzu weit getriebenen Grad der Arbeitsspezialisierung am einzelnen Arbeitsplatz, wie er auch unter anderen Fertigungsbedingungen anzutreffen ist. In der Untersuchung wird nachgewiesen, daß die Leerzeit von Arbeitssystemen betriebswirtschaftlich nicht als geeignetes Kriterium für die kostenoptimale Zuteilung von Arbeitsverrichtungen auf Arbeitsplätze zu betrachten ist. Vielmehr ist auf die unterschiedlichen Lohnsätze bzw. Arbeitswerte der einzelnen Tätigkeitsarten zurückzugreifen. Auf der Grundlage einer klaren produktionstheoretischen und arbeitswissenschaftlichen Konzeption wird ein EDV-gestütztes Abstimmungsverfahren entwickelt, mit dessen Hilfe die Produktionsablaufplanung von Fließstrecken kostengünstiger als bisher gestaltet werden kann. Dabei können auch Anlernvorgänge der Arbeitskräfte berücksichtigt werden. Das Verfahren wurde an Hand umfangreicher betrieblicher Datensätze getestet.

Die Herausgeber hoffen, daß die Untersuchung von Steffen Anregungen zur Weiterentwicklung der Produktionsplanung auch bei anderen Fertigungsbedingungen vermittelt und einen Anstoß zu weiteren empirisch fundierten Arbeiten gibt.

Gert Laßmann

Vorwort

Die vorliegende Untersuchung behandelt Probleme der Produktionsplanung bei Fließbandfertigung in betriebswirtschaftlicher Sicht und stellt Möglichkeiten zu ihrer Lösung vor. Zunächst werden — aufbauend auf einer produktionstheoretischen Interpretation der Problemstellung — in der Literatur bereits veröffentlichte Lösungsvorschläge analysiert. Dabei ist festzustellen, daß vielfach wesentliche ökonomische Aspekte der zur Diskussion stehenden Fragestellung vernachlässigt werden. Dies wird durch die empirische Verankerung der vorliegenden Untersuchung besonders deutlich. Sie basiert auf den Gegebenheiten ausgewählter Produktionsbereiche der Montagefertigung, vornehmlich der Fernsehgeräteherstellung. Auf der Grundlage der vorgefundenen Betriebsbedingungen werden Ergebnisse zur Weiterführung der Produktions- und Kostentheorie vorgelegt und Planungsverfahren entwickelt, die eine im Vergleich zu bisherigen Planungsansätzen kostengünstigere Produktionsplanung sicherstellen.

Im Hinblick auf die wissenschaftliche Förderung und Betreuung des Forschungsprojektes richte ich besonders herzlichen Dank an meinen akademischen Lehrer, Herrn Prof. Dr. Gert Laßmann, der mir in jeder Phase der Untersuchung wertvolle Anregungen geben konnte. Zu danken habe ich auch Herrn Prof. Dr. Wolfgang Mag und Herrn Prof. Dr. Rolf Wartmann für hilfreiche Hinweise und Ergänzungsvorschläge. Der empirische Bezug der Untersuchung wäre nicht realisierbar gewesen, wenn nicht einschlägige Industrieunternehmungen umfangreiches Zahlenmaterial aus ihren Fertigungsbereichen zur Verfügung gestellt hätten. Den jeweiligen Geschäftsleitungen und deren Mitarbeitern bin ich daher zu großem Dank verpflichtet. Dies gilt in besonders hohem Maße für die Graetz KG, Bochum, wobei ich vor allem Herrn Siegfried Jungk für vielfältige Hilfestellungen bei der Aufbereitung betriebsbezogener Daten und für fruchtbare Diskussionen über die praktische Anwendbarkeit spezifischer Planungsansätze verbindlich danke. Mein Dank gilt des weiteren Herrn Dipl.-Ökonom Horst Wilmanns für seine unermüdliche Hilfs- und Diskussionsbereitschaft im Rahmen der Entwicklung computergestützter Planungsverfahren. Die Untersuchung wurde von der Deutschen Forschungsgemeinschaft gefördert; auch dafür möchte ich an dieser Stelle meinen Dank zum Ausdruck bringen.

Reiner Steffen

Inhaltsverzeichnis

I. Einführung

A. Problemstellung

Die Gestaltung betrieblichen Geschehens im Sinne der Unternehmenszielsetzung erfordert die Kenntnis der Beziehungen zwischen den Gestaltungsalternativen und den jeweiligen Zielerfüllungsgraden. Unter diesem Gesichtspunkt sind für kurzfristige Produktionsplanungen die mit den kurzfristig realisierbaren Fertigungsmöglichkeiten verbundenen Wirkungen auf die gewählte Zielgröße von Bedeutung. Unternehmensziele sind in der Regel vielfältig und zum Teil nicht quantifizierbar. Sie äußern sich u. a. in Gewinnstreben, Umsatzstreben, Unabhängigkeitsstreben, Machtstreben sowie ethischen und sozialen Bestrebungen[1]. Unabhängig von der Wahl der Zielsetzung ist eine zusätzliche Ausrichtung an den mit den Gestaltungsmöglichkeiten verbundenen wirtschaftlichen Auswirkungen unumgänglich, deren Ausmaß in Kosten und Erlösen bzw. dem daraus resultierenden betriebswirtschaftlichen Erfolg angegeben werden kann. Wenn der Fortbestand eines Unternehmens sichergestellt sein soll, müssen regelmäßig bestimmte Mindesterfolge erzielt werden[2]. In dieser Sicht sind in jedem Falle die Zusammenhänge zwischen den Alternativen betrieblicher Betätigung und den betriebswirtschaftlichen Erfolgskomponenten aufzudecken.

Dieser Fragestellung wendet sich die vorliegende Untersuchung für Produktionsbereiche der Fließfertigung zu, in denen in vorgegebenen Zeitintervallen, den Taktzeiten, Werkverrichtungen von hintereinandergeschalteten Bearbeitungsstationen an den durch Fließ- oder Montagebänder in Fertigungsflußrichtung bewegten Erzeugnissen vorgenommen werden. Für die Planung derartiger Fließbandfertigungen sollen die innerhalb des durch diesen Fertigungstyp determinierten technisch-wirtschaftlichen Bedingungsrahmens realisierbaren Gestaltungsmöglichkeiten des Produktionsfaktoreinsatzes und ihr Einfluß auf die Erfolgssituation des Betriebes analysiert werden. Dabei soll auch die Bestimmbarkeit derjenigen Alternative mit den minimalen Kosten bzw. mit dem maximalen Erfolg angesprochen werden. Alternative Gestaltungen der Fertigung von Massen- und Großserienerzeugnissen auf Fließbändern ergeben sich auf der Grundlage des Prinzips der Arbeitsteilung durch unterschiedliche Festlegung der Arbeitsaufgaben der Bearbeitungsstationen, mit der die Bestimmung der Anzahl einzusetzender Arbeitskräfte und des Zeitintervalls für die einmalige Arbeitsausführung (Taktzeit) einhergeht. Die genannten Größen sind im Rahmen der Produktionsplanung aufeinander abzustimmen.

---

1 Zur Struktur des unternehmerischen Zielsystems vgl. vor allem Heinen, E., Grundlagen betriebswirtschaftlicher Entscheidungen. Das Zielsystem der Unternehmung, 2. Auflage, Wiesbaden 1971, S. 59 ff; Bidlingmaier, J., Unternehmerziele und Unternehmerstrategien, Wiesbaden 1964, S. 42 f.
2 Vgl. Laßmann, G., Die Kosten- und Erlösrechnung als Instrument der Planung und Kontrolle in Industriebetrieben, Düsseldorf 1968, S. 26. Vgl. auch Schneider, D., Innerbetriebliche Anpassung an Lohnerhöhungen, in: Grundfragen der betrieblichen Personalpolitik, Festschrift zum 65. Geburtstag von A. Marx, hrsg. von W. Braun, H. Kossbiel und G. Reber, Wiesbaden 1972, S. 71.

Da bei laufender Produktion jeweils nach Vollendung der Taktzeit eine Erzeugnis-einheit fertiggestellt ist, variiert mit einer Veränderung dieses Zeitintervalls gleich-zeitig die innerhalb eines umfassenderen Zeitraums (etwa in einem Monat) produzierbare Erzeugnismenge. Es sind daher die Zusammenhänge zwischen dem Umfang der Arbeitsaufgaben, der Stationenzahl (Zahl der Aufgabenträger), der Taktzeit und der Anzahl zu fertigender Erzeugniseinheiten im einzelnen zu analysieren, um darauf aufbauend die jeweiligen Wirkungen auf die betriebswirtschaftlichen Erfolgs-komponenten bestimmen zu können. Derartige Interdependenzen sind bisher weit-gehend noch nicht untersucht worden, so daß einer ökonomischen Beurteilung der Gestaltung von Fließfertigungen das theoretische Grundgerüst fehlt[3]. Insbesondere ist das Verhalten einzelner, in diesem Zusammenhang wesentlicher Kostenarten zu überprüfen.

In Planungsansätzen der Literatur und in der betrieblichen Praxis orientiert sich die Abstimmung von Fließfertigungen überwiegend an Zeitkriterien. Arbeitsaufgaben werden Bearbeitungsstationen möglichst so zugeordnet, daß die Summe der Leer-zeiten aller Stationen ein Minimum wird. Dieses Vorgehen wäre auch unter Kosten-gesichtspunkten gerechtfertigt, wenn Leerzeiten an allen Bearbeitungsstationen mit gleichen Kostenwirkungen verbunden sind. Das ökonomische Gewicht von Leer-zeiten ist daher im einzelnen zu untersuchen, um leerzeitorientierte Abstimmungs-verfahren im Hinblick auf die Entwicklung kostenbezogener Verfahren und deren Eingliederung in betriebswirtschaftliche Erfolgsplanungen erweitern zu können.

Im Zusammenhang mit der Gestaltung von Fließfertigungen darf nicht übersehen werden, daß jede Veränderung der Abgrenzung von Arbeitsaufgaben einen zeitwei-ligen Prozeß der Einübung der einzusetzenden Arbeitskräfte mit sich bringt. In Planungsmodellen müssen daher auch diese empirisch nachweisbaren Tatbestände bei der Bestimmung der Stationenzahl, der Stationsarbeitsaufgaben, der Taktzeit und der Anzahl zu fertigender Erzeugniseinheiten Berücksichtigung finden. Zugleich sind die damit verbundenen Wirkungen auf die Fertigungskosten anzugeben.

Insgesamt soll in der folgenden Untersuchung ein Beitrag zum Aufbau betriebs-wirtschaftlicher Planungsmodelle für Fließfertigungen geleistet werden. Um dabei einerseits die Problemstrukturen praktischer Planungsaufgaben erfassen zu können und andererseits die Anwendbarkeit zu entwickelnder Planungsansätze sicher-zustellen, ist ein empirischer Bezug notwendig. Es werden daher Anwendungsfälle ausgewählter Bereiche der Montagefertigung, vornehmlich der Fernsehgeräte-montage herangezogen.

Um Fließbandfertigungen hat sich in jüngster Zeit eine heftige Diskussion entfacht. Gegner dieses Fertigungstyps stellen insbesondere das Phänomen „Monotonie" her-aus, das bei den eingesetzten Arbeitskräften durch Ausübung immer wieder gleich-artiger Arbeitsverrichtungen auftritt. Überwiegend psychologisch, soziologisch und

---

3 Die Untersuchungen von Planungsproblemen bei Fließfertigungssystemen entstammen überwiegend den Bereichen der Ingenieurwissenschaften (Fertigungstechnik) und des Operations Research; ökonomische Aspekte finden in der Regel wenig Beachtung.

14

arbeitswissenschaftlich orientierte Untersuchungen weisen auf die negativen Einflüsse der Fließbandarbeit auf den arbeitenden Menschen hin[4]. Diese Effekte sind jedoch auch von ökonomischem Gewicht, das in Kostenwirkungen aufgrund hoher Krankenstände und umfangreicher Fluktuation im Personalbereich zum Ausdruck kommt. Bemerkenswert sind einzelne Experimente der betrieblichen Praxis im Hinblick auf eine Veränderung bzw. Ersetzung der Fließbandarbeit unter dem Aspekt, die Nachteile dieses Fertigungstyps zu überwinden[5]. Erinnert sei an Versuche der Erweiterung und Bereicherung von Arbeitsaufgaben bzw. der Übertragung vollständiger Produktionsaufgaben auf Einzelarbeitsplätze. Es steht dahin, ob dabei im Rahmen der Zielstruktur sozialen oder ökonomischen Erwägungen das Übergewicht zukommt; in jedem Fall soll damit der Effekt einer verbesserten Arbeitsgestaltung im Sinne einer Humanisierung der Arbeitswelt verbunden sein[6].

Man mag fragen, ob die vorliegende Untersuchung mit der beschriebenen Problemstellung aufgrund der angesprochenen Wandlungsprozesse noch eine Berechtigung haben kann. Auf der Basis umfassender arbeitswissenschaftlicher Studien ist jedoch abzusehen, daß das Fließband nicht in allen Fertigungsbereichen ersetzbar ist; entgegen aller kritischen Einwände „... wird es weiterbestehen, wenn auch in modifizierten Formen. Arbeitsteilung und Taktabstimmung müssen grundsätzlich erhalten bleiben. Doch wird es zwei Entwicklungsrichtungen geben:

— zur vollautomatischen Fließstraße mit Robotern

— zu aufgelockerten Fließfertigungssystemen mit mehr Pufferung, Arbeitsplatzwechsel und Gruppenautonomie"[7].

Die mit Fließbandabstimmungen verbundenen Probleme der Zuweisung von Arbeitsaufgaben und der Festlegung der Anzahl der Bearbeitungsstationen sind in beiden Fällen weiterhin zu bewältigen. Da im Rahmen der letztgenannten Entwick-

---

4   Vgl. z. B. Grothus, H., Motivation durch Arbeitsbereicherung, in: Industrial Engineering (deutsche Ausgabe), 2. Jg. (1972), S. 261 ff.; Ulich, E., Arbeitswechsel und Aufgabenerweiterung, in: REFA-Nachrichten, 25. Jg. (1972), S. 265 ff.; Ulich, E., Aufgabenerweiterung und autonome Arbeitsgruppen, in: Industrielle Organisation, 42. Jg. (1973), S. 355 ff.; Lauterburg, Ch., Motivation durch Aufgabenstrukturierung, in: Industrielle Organisation, 42. Jg. (1973), S. 544 ff.; Wild, R., The design of jobs, in Chartered Mechanical Engineer, Vol. 17 (1970), S. 255 ff.; Rühl, G., Untersuchungen zur Arbeitsstrukturierung, in: Industrial Engineering (deutsche Ausgabe), 3. Jg. (1973), S. 147 ff.; Rühl, G., Work structuring, in: Industrial Engineering (amerikanische Ausgabe), Vol. 6 (1974), No. 1, S. 32 ff.; No. 2, S. 52 ff.; Warnecke, H. J. / Lentes, H.-P., Arbeitsbereicherung, in: Werkstattechnik — Zeitschrift für industrielle Fertigung, 63. Jg. (1973), S. 572 ff. und S. 697 ff.
5   Vgl. dazu u. a. Mullins, P. J., Sweden's Volvo tries a new assembly technique, in: Iron Age Metalworking International, Vol. 12 (1973), No. 1, S. 32 ff.; Wälter, H., Warum wird Fließbandfertigung in Einzelplatzfertigung umgewandelt?, in: Maschinenmarkt, 79. Jg. (1973), S. 1040 ff.; Rühl, G., Untersuchungen zur Arbeitsstrukturierung, a.a.O., S. 165 ff.
6   Insbesondere von Ellinger und Rühl wird darauf hingewiesen, daß Humanisierung und Ökonomisierung sich in diesem Zusammenhang nicht gegenseitig ausschließen. Es ist von Lösungen die Rede, die im Optimalbereich des arbeitenden Menschen, der Technik und der Ökonomie liegen. Vgl. Rühl, G., Untersuchungen zur Arbeitsstrukturierung, a.a.O., S. 148; Ellinger, Th., Betriebswirtschaftlich-technologische Aspekte zur Fließbanddiskussion, in: Rationalisierung, 25. Jg. (1974), S. 22 ff.
7   Rühl, G., Untersuchungen zur Arbeitsstrukturierung, a.a.O., S. 148.

lungsrichtung gleichfalls Arbeitskräfte unmittelbar am Fertigungsprozeß beteiligt sind, werden für herkömmliche Systeme der Fließbandfertigung geltende betriebswirtschaftliche Zusammenhänge und anwendbare Planungsverfahren zumindest partiell übertragbar sein.

Für eine Untersuchung der mit Aufgabenerweiterungen, -bereicherungen, Arbeitsplatzwechsel (job rotation) sowie Übertragungen der gesamten Fertigungsaufgabe auf Einzelarbeitsplätze verbundenen ökonomischen Auswirkungen fehlt gegenwärtig noch die empirische Basis. Innerhalb der derzeitigen Experimentierphase einzelner Unternehmungen steht noch kein hinreichendes Datenmaterial für die Ermittlung dabei wesentlicher betriebswirtschaftlicher Abhängigkeiten zur Verfügung. Ökonomische Beurteilungen derartiger Veränderungen bzw. Ersetzungen der Fließbandarbeit können daher bisher nur global oder/und spekulativ sein. Die Kenntnis der ökonomischen Auswirkungen alternativer Gestaltungen bestehender Fließfertigungssysteme könnte hier teilweise weiterführen.

Die vorliegende Untersuchung soll die neuen Ansätze zur Umgestaltung von Fließfertigungen nicht in Frage stellen. Sie ist als betriebswirtschaftlicher Baustein für eine Gesamtbeurteilung von Fließfertigungen anzusehen, dem psychologische, soziologische und arbeitswissenschaftliche Forschungsergebnisse hinzuzufügen sind.

B. Aufbau der Untersuchung

Die Auseinandersetzung mit ökonomischen Zusammenhängen und Planungsproblemen eines spezifischen Fertigungstyps legt nahe, eingangs dessen Grundlagen sowie seine Eingliederung in eine Systematik der Organisationsprinzipien von Produktionsbereichen zu erarbeiten. Da mit der Veränderung der Zuweisung von Arbeitsaufgaben durch abgewandelte Arbeitsteilung sowie der Anzahl der Bearbeitungsstationen und der Taktzeit regelmäßig Variationen der in einem Zeitraum produzierbaren Erzeugnismenge einhergehen, ist auf Zusammenhänge zwischen alternativen Gestaltungen der genannten Größen und den aus der Produktionstheorie bekannten Anpassungsformen der Fertigung an veränderte Umweltbedingungen zu schließen. Eine Analyse dieser Verbindungen bildet die Grundlage für die nachfolgende Untersuchung im Hinblick auf den Aufbau von Planungsmodellen.

Die für Abstimmungsverfahren wesentlichen Abhängigkeiten werden schrittweise ermittelt. So wird zunächst davon ausgegangen, daß im Rahmen einer Massen- bzw. Großserienproduktion in einer vorgegebenen Betriebszeit eine bestimmte Erzeugnismenge gefertigt werden soll. Dabei ist zu zeigen, wie im Schrifttum beschriebene Planungsansätze diese Planungsaufgabe bewältigen. Die dabei im Vordergrund stehende leerzeitorientierte Ausrichtung ist auf ihre ökonomische Aussagefähigkeit zu analysieren. Durch die eingegrenzte Problemstruktur kann von konstanten Erlöswirkungen ausgegangen werden, so daß das Augenmerk auf die Kostenwirkungen unterschiedlicher Gestaltungen der Arbeitsaufgaben der Bearbeitungsstationen gerichtet wird. Insbesondere wird in diesem Zusammenhang untersucht, welche kostenmäßigen Konsequenzen Leerzeiten an sich und an qualitatv unterschiedlichen

Bearbeitungsstationen bewirken. Des weiteren werden an zeitorientierten Planungsverfahren Erweiterungen im Hinblick auf kostenorientierte Fließbandabstimmungen vorgenommen. Verfahrensanwendungen auf Planungsaufgaben der betrieblichen Praxis aus dem Bereich der Montagefertigung sollen die Kostenunterschiede hervorheben, die mit zeit- und mit kostenorientierten Planungen verbunden sind.

Nach Aufgabe der einengenden Prämisse vorgegebener Erzeugnismengen ist auf die mit den Fertigungsmöglichkeiten verbundenen Erfolgswirkungen einzugehen. Zur ökonomischen Beurteilung der Gestaltungsalternativen sind den Kostenwirkungen die jeweils sich ergebenden Erlöswirkungen gegenüberzustellen.

Ein nächster Schritt weitet die Problemstruktur durch Einbeziehung von Übungsprozessen der Arbeitskräfte aus. Dabei werden nach einer Analyse der spezifischen Übungsbedingungen bei Fließbandfertigung Übungsverläufe für einen ausgewählten Fertigungsbereich ermittelt. Letztere bilden die Grundlage für die Untersuchung der Wirkung von Übungseffekten auf Taktzeit, Stationenzahl und Fertigungskosten bei vorgegebener Anzahl zu fertigender Erzeugniseinheiten und Betriebszeit. Zusätzlich wird gezeigt, wie Übungsprozesse in Planungsansätzen Berücksichtigung finden können.

Die beschriebenen Zusammenhänge werden ergänzt durch die Einbeziehung von Fließbandanlaufvorgängen, die sich bei jeder Veränderung der Abgrenzung der Arbeitsaufgaben ergeben. Wesentlich ist dabei, daß erst dann mit einem kontinuierlichen Erzeugnisausstoß je Taktzeit zu rechnen ist, wenn von der ersten Produkteinheit alle Bearbeitungsstationen durchlaufen sind. Auch dabei wird zur Ermittlung der damit verbundenen Kosten auf empirisches Datenmaterial zurückgegriffen. Insgesamt werden Möglichkeiten der Bewältigung umfassender betriebswirtschaftlicher Produktionsplanungen unter Berücksichtigung von Übungs- und Anlaufprozessen erarbeitet.

II. Grundlagen der Fließbandfertigung

A. Fließfertigung als spezifisches Organisationsprinzip der Produktion

Für die Erklärung produktionswirtschaftlicher Interdependenzen hat es sich als sinnvoll erwiesen, den Fertigungsbereich als System aufzufassen. Innerhalb des Gesamtsystems einer Industrieunternehmung bildet das Fertigungssystem das gegenüber anderen Unternehmungen charakteristische Subsystem[1].

Die von einem Fertigungssystem zu vollziehende Produktionsaufgabe kann durch die zu überwindende Differenz zwischen einem gegebenen Anfangszustand eines Erzeugnisses, Erzeugnisteiles oder Rohstoffes und der geplanten Gestalt im Endzustand gekennzeichnet werden[2]. Eine durch den Anfangszustand umschriebene Eingabe wird durch die Ausführung von Werkverrichtungen in die dem Endzustand entsprechende Ausgabe transformiert. Die gesamte Fertigungsaufgabe wird dabei in der Regel im Sinne einer Arbeitsteilung auf mehrere Subsysteme übertragen. Sie werden mit REFA[3] als A r b e i t s s y s t e m e bezeichnet. Potentialfaktoren (arbeitende Menschen und/oder Fertigungsanlagen) werden dabei mit Erzeugnissen bzw. Erzeugnisteilen als Wirkpaar zur Erfüllung von Arbeitsaufgaben zusammengeführt[4]. Inhaltlich entspricht der Begriff „Arbeitssystem" etwa den in der Produktionstheorie in diesem Zusammenhang gebräuchlichen Bezeichnungen „Potentialfaktorkombination", „Elementareinheit der Fertigung", „Produktiveinheit" und „Fertigungseinheit"[5].

Der Produktionsablauf innerhalb eines Fertigungssystems wird wesentlich von der Anordnung der am Fertigungsvollzug beteiligten Arbeitssysteme bestimmt. Das

---

1 Ein System wird als Menge von Elementen aufgefaßt, zwischen denen Beziehungen bestehen. Das System „Industriebetrieb" ist aufgrund des Strebens nach Produktion und Absatz von Sachleistungen z i e l g e r i c h t e t und durch die daraus resultierenden Verknüpfungen o f f e n gegenüber der Umwelt. Zur Erfüllung produktionswirtschaftlicher Aufgaben wirken Systemelemente (dispositiv und manuell tätige Personen, Fertigungsanlagen, Einsatzmaterial und Betriebsstoffe). Da produktionswirtschaftliche Systeme sich ständig an wandelnde Umweltbedingungen anzupassen haben, sind Industriebetriebe zugleich d y n a m i s c h e Systeme. Vgl. Heinen, E., Industriebetriebslehre als Entscheidungslehre, in: Industriebetriebslehre, hrsg. von E. Heinen, 2. Auflage, Wiesbaden 1972, S. 31 f.; Hahn, D., Industrielle Fertigungswirtschaft in entscheidungs- und systemtheoretischer Sicht, in: Zeitschrift für Organisation, 41. Jg. (1972), S. 271; Ropohl, G., Flexible Fertigungssysteme, Mainz 1971, S. 122.
2 Vgl. Ropohl, G., Flexible Fertigungssysteme, a.a.O., S. 253.
3 Vgl. REFA e. V., Methodenlehre des Arbeitsstudiums, Teil 1, 2. Auflage, München 1972, S. 67; vgl. auch Ropohl, G., Flexible Fertigungssysteme, a.a.O., S. 251; Chuard, J.-M., Systems Engineering im Arbeitsstudium, in: Industrielle Organisation, 42. Jg. (1974), S. 190 ff.
4 Fertigungssysteme umfassen neben Arbeitssystemen weitere Subsysteme, etwa Antriebssysteme, Steuersysteme u. a., deren Gesamtheit im Zusammenwirken „ . . . eine Fertigungsaufgabe oder einen Bereich von Fertigungsaufgaben zu bewältigen in der Lage ist . . .". Ropohl, G., Flexible Fertigungssysteme, a.a.O., S. 253.
5 Vgl. u. a. Steffen, R., Analyse industrieller Elementarfaktoren in produktionstheoretischer Sicht, Berlin 1973, S. 24 sowie die dort angegebene Literatur.

jeweilige Ablauf- oder Organisationsprinzip der Produktion wird in der Regel im Rahmen der strategischen Unternehmensplanung langfristig (für mehrere Jahre) festgelegt. Es geht in den Bedingungsrahmen für kurzfristige Produktionsplanungen ein, wobei zusätzlich von Bedeutung ist, ob die Arbeitssysteme oder die Erzeugnisse bzw. Erzeugnisteile ortsgebunden oder ortsungebunden sind[6].

Die vorliegende Untersuchung wendet sich einem spezifischen Organisations- oder Ablaufprinzip der Produktion zu, bei dem die Arbeitssysteme ortsgebunden zum Einsatz gelangen. Erzeugnisse bzw. Erzeugnisteile und Fertigungsmaterialien sowie Werkzeuge werden den Bearbeitungsstationen für die Bewältigung der Fertigungsaufgabe zugeführt. Abweichend von dieser in der industriellen Fertigung vorherrschenden Standortgebundenheit der Bearbeitungsstationen werden bei Baustellenfertigung ortsveränderliche Arbeitssysteme für den Vollzug von Werkverrichtungen jeweils an ortsgebunde Erzeugnisse (Fertigungsprojekte) transportiert[7].

Die Anordnung standortgebundener Arbeitssysteme kann nach dem Fließprinzip, dem Werkstattprinzip und dem Prinzip des Bearbeitungszentrums erfolgen[8]. Werden funktionsgleiche Arbeitssysteme im Sinne einer Anordnung nach der Verrichtungsart räumlich zu Gruppen zusammengefaßt, so liegt eine Produktionsstruktur nach dem Verrichtungsprinzip vor. Da für eine Gruppe funktionsgleicher Arbeitssysteme die Bezeichnung „Werkstatt" gebräuchlich ist, wird die angesprochene Organisationsform in der Regel als Werkstattprinzip bezeichnet. Werkstücke (Erzeugnisse bzw. Fertigungsmaterial) werden entsprechend den an ihnen zu vollziehenden Verrichtungsarten von Werkstatt zu Werkstatt transportiert. Dabei können im Hinblick auf die Reihenfolge der von den Erzeugnisse zu durchlaufenden Werkstätten Freiheitsgrade bestehen. Werden hingegen die Arbeitssysteme entsprechend der Folge der an den Erzeugnissen zu vollziehenden Verrichtungen hintereinander angeordnet, so ist eine Fertigungsorganisation nach dem Fließprinzip gegeben. Eine solche Fließfertigung oder Fertigungslinie enthält vielfach funktionsgleiche Arbeitssysteme an unterschiedlichen Stellen. So kann z. B. bei unterschiedlichen Reifegraden der Produkte die Ausführung von Schleifvorgängen notwendig sein. Im Gegensatz zum Werkstattprinzip muß der Fertigungsablauf der Erzeugnisse stets in einer Richtung erfolgen; die Arbeitssysteme werden von allen Bearbeitungsgegenständen in gleicher Reihenfolge durchlaufen. Konzentriert sich die Produktion bzw. jeweils ein umfassender Produktionsabschnitt auf ein einziges Arbeitssystem, so liegt das Prinzip des Bearbeitungszentrums vor. Arbeiter, Fertigungsanlagen und Werkzeuge werden dabei um den Ort der Produktentstehung angeordnet. Hier ist

6 Vgl. Laßmann, G., Produktionsplanung, in: Handwörterbuch der Betriebswirtschaft, 4. Auflage, hrsg. von E. Grochla und W. Wittmann, Band I/2, Stuttgart 1975, Sp. 3108.
7 „Diese Form der Fertigung muß allgemein dort angewandt werden, wo das Werkstück schwer und sperrig oder leicht zerstörbar ist oder das Produktionsobjekt am Verwendungsstandort gefertigt wird (z. B. Gebäude)". Fäßler, K. / Reichwald, R., Fertigungswirtschaft, in: Industriebetriebslehre, hrsg. von E. Heinen, 2. Auflage, Wiesbaden 1972, S. 258.
8 Vgl. Laßmann, G., Produktionsplanung, a.a.O., Sp. 3108; REFA e. V., Methodenlehre des Arbeitsstudiums, Teil 3, 2. Auflage, München 1972, S. 175 ff.; Große-Oetringhaus, W. F., Fertigungstypologie unter dem Gesichtspunkt der Fertigungsablaufplanung, Berlin 1974, S. 269 ff.; Schweitzer, M., Einführung in die Industriebetriebslehre, Berlin–New York 1973, S. 118 ff.

eine Analogie zur Baustellenfertigung erkennbar; jedoch sind Bearbeitungszentren standortgebunden, während bei Baustellenfertigung ortsveränderliche Produktionsfaktoren zum Einsatz gelangen[9].

Aus den Beschreibungen der Organisationsprinzipien der Fertigung lassen sich ihre Anwendungsgesichtspunkte ableiten[10]. Werden in einem Betrieb oder Betriebsteil bestimmte Erzeugnisarten jeweils über einen längeren Zeitraum hinweg in ständiger Wiederholung produziert, so bietet sich die Ablauforganisation nach dem Fließprinzip an. Transportwege, -zeiten und -kosten werden im Vergleich zum Verrichtungsprinzip niedrig gehalten. Massenfertigung (ständige Herstellung gleicher Erzeugnisse) sowie Sorten- und Großserienfertigung (unmittelbar aufeinanderfolgende Produktion einer größeren Anzahl jeweils gleichartiger Erzeugnisse)[11] sind daher typisch für eine Anordnung der Arbeitssysteme nach dem Fließprinzip. Besteht dagegen das Produktprogramm eines Betriebes aus einer Vielzahl differenzierter Erzeugnisarten, die jeweils in geringen Stückzahlen oder als Einzelobjekt produziert werden (Kleinserien- und Einzelfertigung), so wird man die erforderlichen Arbeitssysteme nach dem Verrichtungsprinzip (Werkstattprinzip) anordnen. Insbesondere wird auf dieses Prinzip zurückgegriffen, wenn die einzelnen Erzeugnisarten nicht in gleicher Verrichtungsfolge zu bearbeiten sind. Bearbeitungszentren werden in der Regel für die Herstellung komplizierter Einzelerzeugnisse eingesetzt. Sie erlangen jedoch auch bei der Umgestaltung der Fließbandarbeit zunehmend Bedeutung[12]. Mit dem Ziel des Monotonieabbaus werden einem Bearbeitungszentrum umfassende Arbeitsaufgaben zugewiesen[13].

Aus den vorangehenden Erörterungen wird deutlich, daß zwischen der Festlegung des Organisationsprinzips der Fertigung und der Wahl der Grundstruktur des Produktprogramms wechselseitige Beziehungen bestehen. Der Bedingungsrahmen für die vorliegende Untersuchung zur kurzfristigen Produktionsplanung ergibt sich durch die Fertigung ortsungebundener gleichartiger Erzeugnisse über einen ausgedehnten Zeitraum hinweg, wobei die Anordnung standortgebundener Arbeitssysteme nach dem Fließprinzip erfolgt. Diese Gestaltungsform der Produktion ist daher im folgenden eingehender zu analysieren.

9 Vgl. Laßmann, G. Produktionsplanung, a.a.O., Sp. 3109.
10 Zu den Interdependenzen zwischen Erzeugnisprogrammen und Organisationsprinzipien der Fertigung vgl. Arnold H. / Borchert, H. / Lange A. / Schmidt, J., Der Produktionsprozeß im Industriebetrieb, 2. Auflage, Berlin 1968, S. 78. Vgl. auch Philipp, R., Die Planung flexibler Produktionssysteme, in: Zeitschrift für wirtschaftliche Fertigung, 68. Jg. (1973), S. 633.
11 Im Rahmen einer sukzessiven Sortenfertigung werden mehrere in der Regel produktionsverwandte Erzeugnisarten (Sorten) jeweils in größeren Mengen auf den gleichen Produktionsanlagen nacheinander gefertigt. Dabei werden gleiche Sorten innerhalb eines längeren Zeitraumes häufig mehrfach aufgelegt. Auch bei Serienfertigung werden unterschiedliche Produktarten längerfristig in mehrfacher Stückzahl (Serie) hergestellt. Eine Serie wird durch eine andere ersetzt, wenn das Erzeugnis dem technischen Fortschritt oder veränderter Nachfrage qualitativ angepaßt wird. Die Auflage einer Serie ist daher einmalig. Vgl. dazu auch Kern, W., Industriebetriebslehre, Stuttgart 1970, S. 25; Adam, D., Produktionsplanung bei Sortenfertigung, Wiesbaden 1969, S. 25.
12 Vgl. Laßmann, G., Produktionsplanung, a.a.O., Sp. 3109.
13 Die beschriebenen Gestaltungsprinzipien der Fertigung beziehen sich nicht grundsätzlich auf

B. Ausgangsbedingungen der Fließbandfertigung

Mit der vorangehenden Darstellung der Fließfertigung sind die Ausgangsbedingungen für Produktionsplanungen bei Fließbandfertigung noch nicht hinreichend abgesteckt, da Fließfertigungen in unterschiedlichen Erscheinungsformen auftreten können. Diese Unterschiede beziehen sich vor allem auf die zeitlichen Abhängigkeiten der eingesetzten Arbeitssysteme untereinander. In dieser Sicht sind einerseits Fließfertigungen zu unterscheiden, bei denen die Ausführungen der Arbeitsaufgaben der einzelnen Arbeitssysteme zeitlich nicht unmittelbar voneinander abhängig sind. Diese zeitliche Ungebundenheit befreit jedoch nicht von der Aufgabe der zeitlichen Abstimmung der Fertigungsvorgänge der aufeinanderfolgenden Bearbeitunsstationen. Fehlende zeitliche Abstimmung kann zu Störungen des Fertigungsablaufs führen, etwa dann, wenn schneller arbeitende Arbeitssysteme langsamer fertigenden nachgelagert sind. Zwischenlager (Puffer) können hier eine gewisse Ausgleichsfunktion übernehmen. Ihre Dimensionierung ist eine wesentliche Aufgabe der Produktionsplanung für zeitlich nicht abgestimmte Fertigungslinien[14]. Fließfertigungen können andererseits so aufgebaut sein, daß die aufeinanderfolgenden Produktionsvorgänge der Arbeitssysteme zeitlich weitestgehend aufeinander abgestimmt sind und alle in der Fertigung befindlichen Erzeugnisse (bzw. Teilerzeugnisse) in gleichem zeitlichen Rhythmus von Arbeitssystem zu Arbeitssystem weitergegeben werden. Da für die einzelnen Bearbeitungsstationen zur Bewältigung ihrer Arbeitsaufgabe jeweils eine bestimmte gleichbleibende Zeitspanne, die Taktzeit, zur Verfügung steht, wird häufig von „Fließfertigung mit Zeitzwang" gesprochen. Dadurch wird eine Abgrenzung zur „Fließfertigung ohne Zeitzwang" mit zeitlich voneinander unabhängigen Arbeitssystemen zum Ausdruck gebracht[15].

Wesentlicher Bestandteil der zeitgebundenen Fließfertigung ist der fließende Transport der Bearbeitungsgegenstände. Es handelt sich dabei um eine fertigungstechnische Verkettung der Arbeitssysteme, die in der Regel durch Montage- oder Fließbänder erfolgt[16]. Daher ist in diesem Zusammenhang der Begriff „Fließbandfertigung" gebräuchlich. Die Weitergabe der zu bearbeitenden Werkstücke erfolgt ruckweise (intermittierend) jeweils nach Ablauf der Taktzeit oder kontinuierlich[17]. Im ersten Fall ruht das Erzeugnis bzw. Erzeugnisteil während der Bearbeitungs-

---

den gesamten Produktionsbereich eines Unternehmens. Aufgrund wirtschaftlicher Überlegungen können für die einzelnen Teilbereiche unterschiedliche Strukturierungen der Arbeitssysteme vorteilhaft sein.

14 Vgl. dazu Hahn, R., Produktionsplanung bei Linienfertigung, Berlin—New York 1972, S. 52 ff.; ebenso Hahn, R., Aufgaben der Produktionsplanung bei Mehrprodukt-Linienfertigung und Möglichkeiten zu ihrer Lösung, Diss., Stuttgart 1971, S. 48 ff.

15 Vgl. z. B. Gutenberg, E., Grundlagen der Betriebswirtschaftslehre, 1. Band, Die Produktion, 19. Auflage, Berlin—Heidelberg—New York 1972, S. 100.

16 Ein Fließ- oder Montageband ist ein „ . . . Fördermittel, auf dem fest aufgenommene Werkstücke durch manuelle und maschinelle Arbeit zu einem Halbfabrikat, Maschinenteil oder Endprodukt vervollkommnet werden". O. V., Kosteneinsparungen durch Montagebänder, in: Industrie-Anzeiger, 93. Jg. (1971), S. 1709.

17 Vgl. Adamczyk, J., Der Fließzusammenbau elektrotechnischer Bauteile und Erzeugnisse, Berlin—Köln—Frankfurt 1969, S. 52 f.

phase. Hingegen werden im letzteren Fall Werkverrichtungen am langsam fort-
bewegten Werkstück vorgenommen. Die Taktzeit wird dabei durch den Aktions-
bereich eines Arbeitssystems und die Geschwindigkeit des laufenden Fließbandes
bestimmt. Ist beispielsweise für einen an einer Bearbeitungsstation tätigen Arbeiter
ein Fließbandaktionsbereich von einem Meter vorgesehen, so ergibt sich bei einer
Bandgeschwindigkeit von 0,25 Meter pro Minute eine Taktzeit von 4 Minuten.

Innerhalb der Taktzeit sind von den Arbeitssystemen die ihnen zugewiesenen
Arbeitsaufgaben zu bewältigen. Nach Ablauf des Taktes wird mit dem (identischen)
Fertigungsvorgang des Folgetaktes begonnen. Dadurch wird bewirkt, daß bei laufender Produktion jeweils nach Vollendung der Taktzeit eine Erzeugniseinheit fertiggestellt ist.

Die Übertragung der gesamten Fertigungsaufgabe auf mehrere Arbeitssysteme führt
zur Arbeitsteilung; jedes Arbeitssystem erhält seine Arbeitsaufgabe, die ein Bestandteil der Gesamtaufgabe ist. Zur Zusammenstellung der einzelnen Arbeitsaufgaben ist
es erforderlich, den Gesamtvorgang der Fertigung in Abschnitte zu zerlegen, die
jeweils kleinste mögliche Arbeitsaufgaben darstellen. Sie sollen als Arbeitselemente
bezeichnet werden. Diese sind in der Regel weiter gefaßt als die im Arbeitsstudium,
insbesondere im Bereich der Bewegungsanalyse gebräuchlichen Bewegungselemente
wie etwa „Hinlangen zu einem Gegenstand" u. ä.[18]. Die im Zusammenhang mit der
Fließbandfertigung bedeutsamen Arbeitselemente umfassen in der Regel mehrere
Bewegungselemente dieser Art. Die Notwendigkeit dafür wird aus der Zwecksetzung
der Abgrenzung der Arbeitselemente im Hinblick auf die Festlegung der Arbeitsaufgaben der Arbeitssysteme erkennbar. Eine Arbeitsaufgabe soll die Ausführung
eines oder mehrerer Arbeitselemente umfassen, wobei die Summe der Ausführungszeiten der Elemente die Taktzeit nicht überschreiten darf, um die zeitliche Abgestimmtheit der Arbeitssysteme untereinander sicherzustellen. Es wäre unsinnig,
einem Arbeitssystem etwa das Bewegungselement „Hinlangen" zu einem Werkzeug
und dem folgenden Arbeitssystem das „Greifen" dieses Werkzeuges für die Ausführung einer bestimmten Verrichtung am Erzeugnis zuzuweisen. Die Abgrenzung
der Arbeitselemente soll daher in einer so weitgehenden Zerlegung der gesamten
Fertigungsaufgabe bestehen, daß die Ausführung eines Elementes durch ein Arbeitssystem noch einen Fertigungsfortschritt bewirkt[19].

Zusammenfassend lassen sich die wesentlichen Ausgangsbedingungen der Fließbandfertigung wie folgt kennzeichnen[20]:

---

18 Vgl. dazu z. B. REFA e. V., Methodenlehre des Arbeitsstudiums, Teil 1, a.a.O., S. 75 und
    Teil 2, 2. Auflage, München 1972, S. 68 ff.
19 Dies wäre etwa bei der alleinigen Ausführung des Bewegungselementes „Hinlangen" nicht
    gewährleistet. „The elements . . . are to be the minimum rational elements, defined as
    indivisible elements of work or natural minimum units beyond which assembly work cannot
    be devided rationally". Prenting, Th. O. / Battaglin, R. M., The precedence diagram: A tool
    for analysis in assembly line balancing, in: Journal of Industrial Engineering, Vol. 15
    (1964), S. 209.
20 Vgl. Muther, R., Fließende Fertigung, in: Handbuch des Industrial Engineering Teil VII,
    hrsg. von H. B. Maynard, deutsche Bearbeitung von K. Krüger, Berlin-Köln—Frankfurt/M.

— vorbestimmter Fertigungsweg —
Die Reihenfolge des Durchlaufs der Arbeitssysteme ist für alle Bearbeitungsgegenstände gleich.

— kurze Förderwege für die Bearbeitungsgegenstände —
Die Arbeitssysteme liegen unmittelbar nebeneinander. Mit der Arbeitsaufgabe einer Bearbeitungsstation wird dort begonnen, wo mit der vorhergehenden Fertigungsoperation aufgehört wurde.

— fließende Arbeit —
Mit der gleichmäßigen Bewegung kontinuierlich laufender bzw. jeweils nach dem Vorrücken intermittierend arbeitender Fließbänder vollzieht sich bei den einzelnen Arbeitssystemen der Fertigungsfortschritt am Produkt.

— Arbeitsteilung —
Den einzelnen Bearbeitungsstationen wird nur ein bestimmter Anteil der gesamten Fertigungsvorgänge für die Herstellung eines Erzeugnisses übertragen.

— Gleichzeitigkeit der Ausführung von Fertigungsvorgängen —
Die Arbeitsaufgaben der einzelnen Bearbeitungsstationen werden an den in der Fließstrecke befindlichen Werkstücken gleichzeitig (synchron) ausgeführt.

Fließbandfertigung ist durch eine lückenlose Folge von Fertigungsvorgängen charakterisiert, die an einem Erzeugnis nacheinander und an allen in der Produktion befindlichen Erzeugnissen gleichzeitig (synchron) von mehreren räumlich hintereinandergeschalteten sowie zeitlich aufeinander abgestimmten und durch ein Fördermittel verbundenen Arbeitssystem ausgeführt werden[21].

1956, S. 140 f.; Adamczyk, J., Der Fließzusammenbau elektronischer Bauteile und Erzeugnisse, a.a.O., S. 14 ff.; Herbig, H. H., Optimale Fließstraßenabstimmung nach einem kombinatorischen Verfahren auf der Rechenanlage NE 503, in: Fertigungstechnik und Betrieb, 17. Jg. (1967), S. 406.
21 Diese zusammenfassende Definition der Fließbandarbeit stellt eine Erweiterung der von REFA in Anlehnung an Faensen und Hofmann entwickelten Begriffserläuterung dar. Vgl. REFA e. V., Methodenlehre des Arbeitsstudiums, Teil 3, a.a.O., S. 183; Faensen, H. / Hofmann, G., Arbeitsstudium bei Fließarbeit, München 1962, S. 8.

III. Zusammenhänge zwischen alternativen Gestaltungen der Fließbandfertigung und produktionstheoretischen Anpassungsformen

A. Anpassungsformen der Produktionstheorie

Die Umweltbedingungen einer Industrieunternehmung, die sich durch die Gegebenheiten auf Güterbeschaffungs-, Güterabsatz-, Arbeits- und Kapitalmärkten sowie durch staatliche Einflußnahmen und gesellschaftliche Strukturen kennzeichnen lassen, sind nicht grundsätzlich konstant. Ändern sie sich, so sind zur Erreichung der Unternehmensziele betriebliche Anpassungsmaßnahmen häufig unumgänglich.

Die Produktionstheorie hat sich umfassend mit den Möglichkeiten der Anpassung in Fertigungsbetrieben und den damit verbundenen Kostenwirkungen auseinandergesetzt, um Grundlagen für den Aufbau fertigungsbezogener Planungsrechnungen bereitstellen zu können. Jedoch ist festzustellen, daß die spezifischen Anpassungsmöglichkeiten einer Fließbandfertigung in produktionstheoretischer Sicht bisher nicht analysiert wurden. Daher soll im folgenden untersucht werden, ob die dabei wesentlichen Teilvorgänge mit dem produktionstheoretischen Begriffssystem erklärt werden können.

Grundsätzlich differenziert die Produktionstheorie nach kurz- und langfristigen Anpassungen. Einer auf Marshall[1] zurückgehenden Einteilung entsprechend wird in diesem Zusammenhang unter „kurzfristig" ein Zeitraum verstanden, innerhalb dessen nur ein Teil der betrieblichen Einsatzfaktoren angepaßt werden kann, während „langfristig" eine Zeitspanne kennzeichnet, die eine vollständige Anpassung aller Produktionsfaktoren an neue Umweltbedingungen im Sinne einer Umgestaltung des gesamten Fertigungssystems erlaubt. Eine generelle Angabe über die Ausdehnung derartiger Zeitvorstellungen in Zeiteinheiten ist nicht möglich. Wegen dieser Unbestimmtheit hat sich eine solche Einteilung für betriebswirtschaftliche Planungsmodelle als unzweckmäßig erwiesen[2]. Hier hat sich eine Orientierung an der Kalenderzeit bewährt. Langfristige Zeitspannen erstrecken sich über mehrere Jahre und bilden den Bezugszeitraum der strategischen Unternehmensplanung, die sowohl partielle als auch vollständige Faktoranpassungen umfassen kann. Die bereits angedeutete Festlegung der Grundstruktur von Produktprogrammen und die Wahl der grundlegenden Fertigungsorganisation fällt in diesen Bereich. Dabei wird der Vollzug der Produktion nicht bis in alle Einzelheiten geplant. Dies erfolgt durch die kurzfristige Planung, der durch die Langfristplanung der technisch-wirtschaftliche Bedingungsrahmen gesetzt ist. Es verbleiben alter-

---

1 Vgl. Marshall, A., Principles of Economics, Vol. I, 2nd Edition, London 1891, S. 418 f.
2 Vgl. dazu im einzelnen Laßmann, G., Die Kosten- und Erlösrechnung als Instrument der Planung und Kontrolle in Industriebetrieben, a.a.O., S. 18 ff.; Schneider, D., Innerbetriebliche Anpassung an Lohnerhöhungen, a.a.O., S. 73 f.

native Einsatzmöglichkeiten der verfügbaren Produktionsfaktoren, deren Auswahl sich — unter Beachtung der Zielsetzung — an den jeweils geltenden Umweltbedingungen orientiert. Da über die in diesem Zusammenhang wesentlichen Marktverhältnisse einer Unternehmung allenfalls für Zeiträume von drei bis sechs Monaten gesicherte Informationen zur Verfügung stehen, richten sich kurzfristige Planungsrechnungen an diesen Zeiträumen aus. Um die ökonomischen Auswirkungen der innerhalb dieser Zeitspannen realisierbaren (im Sinne der Produktionstheorie kurzfristigen) Anpassungsmöglichkeiten vergleichbar zu machen, werden diese auf einheitliche kalenderzeitorientierte kurzfristige Zeiträume — etwa auf den Monat — bezogen[3].

Für konkrete Planungssituationen ist zu prüfen, welche Anpassungsmöglichkeiten innerhalb des gewählten Planungszeitraumes aktuell sind. Im Rahmen der Untersuchung der Gestaltungsmöglichkeiten von Fließbandfertigungssystemen innerhalb kurzfristiger Kalenderzeiträume interessieren in erster Linie die kurzfristigen Anpassungsformen der Produktionstheorie, weil allenfalls diese partiellen Veränderungen der Produktionsfaktoreinsätze in den angesprochenen Zeitspannen bedeutsam sein können.

Als Anstoß für vorzunehmende Anpassungen in Fertigungsbereichen werden in der Produktionstheorie in der Regel veränderte Absatzsituationen angegeben, die sich in Abweichungen der Arten und vor allem der Quantitäten absetzbarer Erzeugnisse äußern[4]. Daran ausgerichtete kurzfristige Umgestaltungen der Produktion können durch z e i t l i c h e , i n t e n s i t ä t s m ä ß i g e , q u a n t i t a t i v e und q u a l i t a t i v e Veränderungen des Einsatzes der an der Fertigung mitwirkenden Produktionsfaktoren erklärt werden[5]. Diese von Gutenberg in die Produktionstheorie eingeführten Anpassungsvorgänge lassen sich nicht unmittelbar gesamten Fertigungsprozessen (Produktionsfaktorkombinationen) zuordnen, weil in vielen Fällen nicht alle prozeßbeteiligten Produktionsfaktoren den angesprochenen Begriffen entsprechend gleichartig angepaßt werden. Aus diesem Grunde ist für die

3 Mit der Festlegung derartiger Zeitspannen erfolgt zwar eine willkürliche Trennung kontinuierlicher ökonomisch-technischer Prozesse, jedoch hat sich diese unter pragmatischen Gesichtspunkten als sinnvoll erwiesen, weil ein großer Teil betrieblicher Kostenarten (Personalkosten, Abschreibungen usw.) einen entsprechenden einheitlichen Zeitbezug aufweist. Vgl. Laßmann, G., Die Kosten- und Erlösrechnung als Instrument der Planung und Kontrolle in Industriebetrieben, a.a.O., S. 17.
4 Vgl. z. B. Kilger, W., Produktions- und Kostentheorie, Wiesbaden 1958, S. 94; Diederich, H., Allgemeine Betriebswirtschaftslehre II, Stuttgart 1970, S. 51 f.
5 Zur begrifflichen Abgrenzung dieser Anpassungen vgl. Gutenberg, E., Grundlagen der Betriebswirtschaftslehre, 1. Band, a.a.O., S. 361 ff.; Heinen, E., Betriebswirtschaftliche Kostenlehre, 3. Auflage, Wiesbaden 1970, S. 406 ff.; Lücke, W., Produktions- und Kostentheorie, Würzburg–Wien 1969, S. 110 ff.; Adam, D., Produktions- und Kostentheorie bei Beschäftigungsgradänderungen, Tübingen–Düsseldorf 1974, S. 16.

erwähnten Anpassungen eine faktorbezogene Betrachtungsweise erforderlich, um einzelne Anpassungsvorgänge eindeutig beschreiben zu können[6].

Im Hinblick auf die Umgestaltung von Faktoreinsätzen bedeutet zeitliche Anpassung die Variation der täglichen, wöchentlichen oder monatlichen Einsatzzeit eines Produktionsfaktors, etwa einer Maschine oder einer Arbeitskraft (Überstunden, Kurzarbeit). Zu beachten sind dabei die Besonderheiten des zeitlichen Einsatzes von Arbeitskräften, der gesetzlichen Vorschriften unterworfen ist[7].

Intensitätsmäßige Anpassung liegt vor, wenn die Fertigungsgeschwindigkeit eines Produktionsfaktors erhöht oder verringert wird. Bezogen auf eine Fertigungsanlage wird dabei die Anzahl je Zeiteinheit zu vollziehender Werkverrichtungen (etwa Stanzvorgänge je Minute) variiert. Damit sind regelmäßig Veränderungen werkverrichtungsspezifischer Betriebsstoffverbräuche verbunden. Intensitätsvariationen beim Einsatz eines Arbeiters kommen in Veränderungen der Anzahl je Zeiteinheit ausgeführter Arbeitsverrichtungen zum Ausdruck.

Quantitative Anpassung bedeutet die Variation der Anzahl der in einem Betrieb eingesetzten Einheiten eines Produktionsfaktors. Dabei ist besonders zu betonen, daß es sich um Faktoren mit gleichen Fähigkeiten und/oder technischen Eigenschaften handelt. Alternativer bzw. additiver Einsatz ungleicher Produktionsfaktoren für den gleichen Zweck stellt hingegen eine qualitative Faktoranpassung dar. Die dabei angesprochenen Faktoren sind zwar funktionsgleich, unterscheiden sich jedoch in bestimmten Eigenschaften. Die in der Produktionstheorie üblicherweise als Spezialfall der quantitativen Anpassung bezeichnete selektive Anpassung fällt in diesen Bereich. Dabei wird zwar im Sinne quantitativer Anpassungsprozesse etwa die Anzahl eingesetzter funktionsgleicher Maschinen verändert, jedoch werden identische Erzeugnisse bzw. Erzeugnisteile bei unterschiedlichen Material- und Betriebsstoffverbräuchen gefertigt[8]. Qualitative Anpassung eines Produktionsfak-

6   D. Schneider nennt bei der Beschreibung betrieblicher Anpassungen neben der faktorbezogenen Sicht die prozeßbezogene Betrachtungsweise. Bei prozeßbezogenen Anpassungen wird über Veränderungen des Einsatzes der am Fertigungsprozeß beteiligten Produktionsfaktoren (faktorbezogene Anpassungen) entweder die Prozeßart (qualitativ prozeßbezogene Anpassung) oder die Anzahl gleichartiger Prozesse (additiv prozeßbezogene Anpassung) variiert. Mit der Veränderung der Prozeßart wechselt zugleich die funktionale Beziehung zwischen Produktionsfaktoreinsatz und Ausbringung, die in der Produktionsfunktion ihren Ausdruck findet. Qualitativ prozeßbezogene Anpassungen sind daher stets mit einer Abweichung von der bisher verwirklichten Produktionsfunktion verbunden. Vgl. Schneider, D., Produktionstheorie als Theorie der Produktionsplanung, in: Liiketaloudelinen Aikakauskirja (The Finnish Journal of Business Economics), Band 13 (1964), S. 291. Vgl. auch Laßmann, G., Die Produktionsfunktion und ihre Bedeutung für die betriebswirtschaftliche Kostentheorie, Köln und Opladen 1958, S. 22, Fußnote 40.
7   So sind, ausgehend von der im allgemeinen geltenden tariflichen Tagesarbeitszeit von acht Stunden, lediglich zwei Überstunden pro Tag zugelassen. In Ausnahmefällen kann innerhalb zeitlicher Anpassungsmaßnahmen Samstags- und/oder Sonntagsarbeit in Erwägung gezogen werden (§§ 3 ff. der Arbeitszeitordnung).
8   Vgl. Gutenberg, E., Grundlagen der Betriebswirtschaftslehre, 1. Band, a.a.O., S. 386 ff.; Schweitzer, M. / Küpper, H.-U., Produktions- und Kostentheorie der Unternehmung, Hamburg 1974, S. 188.

tors kann des weiteren in der Variation der Einsatzart bestehen, wie dies beispiels-weise bei der Umstellung einer Mehrzweck-Fertigungsanlage auf veränderte Werk-verrichtungen der Fall ist.

Die Beeinflussung der von einem Betrieb innerhalb eines Zeitraumes zu produzie-renden Erzeugnismenge wird durch die kombinierte Wirkung mehrerer faktor-bezogener Anpassungsvorgänge erreicht. Dies kann etwa durch zeitliche Anpassung von Arbeitskräften und Fertigungsanlagen (Veränderung der Einsatzzeit) in Ver-bindung mit einer quantitativen Anpassung der benötigten Materialteile und Be-triebsstoffe (Veränderung der Einsatzmengen) erfolgen. Die ökonomische Beurtei-lung in Frage kommender Anpassungen erfolgt auf der Grundlage der kosten-mäßigen Auswirkungen der faktorbezogenen Maßnahmen, die der veränderten Erlössituation am Absatzmarkt gegenüberzustellen sind. Im Hinblick auf den Einsatz von Fließbandsystemen soll im folgenden untersucht werden, ob die dabei wesentlichen Einsatzalternativen auf der Grundlage der beschriebenen Anpassungs-formen verdeutlicht werden können.

B. Anpassungsmöglichkeiten bei Fließbandfertigung

Mit der langfristigen Entscheidung für die Produktion gleichartiger Erzeugnisse auf Fließbändern bleiben für die kurzfristige Produktionsplanung vielfach Wahl-probleme für die Gestaltung der Fertigung offen. Dabei stellt sich häufig die Frage, in welcher Weise Fließbandfertigungen veränderten Nachfragesituationen angepaßt werden können. Die einzelnen Möglichkeiten zur Variation der Erzeugnismenge innerhalb konstanter Bezugszeiträume lassen sich kennzeichnen durch

- gleichgerichtete Veränderung des zeitlichen Einsatzes aller an e i n e m Fließ-band eingesetzten Potentiale,

- gleichgerichtete Veränderung der Fertigungsintensität aller an e i n e m Fließ-band eingesetzten Potentiale,

- Veränderung der Anzahl eingesetzter gleichartiger Fließbänder bzw. unterschied-lich gestalteter Fertigungslinien, die jeweils identische Erzeugnisse produzieren (Parallelfließbänder),

- unterschiedliche Abgrenzungen des Umfanges der Arbeitsaufgaben der an e i n e m Fließband einzusetzenden Arbeitssysteme (alternative Arbeitstei-lungen).

Zur Reaktion auf äußerst kurzfristige Nachfrageänderungen muß meistens auf eine der beiden erstgenannten Gestaltungsmöglichkeiten zurückgegriffen werden, weil dabei der Potentialfaktorbestand unverändert bleibt. Im ersten Fall wird die Pro-duktmenge durch faktorbezogene zeitliche Anpassung aller Fertigungsanlagen und Arbeitskräfte eines Fließbandes bei konstanter Anzahl beteiligter Arbeitssysteme variiert (Kurzarbeit bzw. Überstunden). Die Taktzeit bleibt dabei unverändert. Im zweiten Fall liegt eine Variation der Produktionsgeschwindigkeit der Arbeitskräfte und Fertigungsanlagen innerhalb der einzelnen Arbeitssysteme sowie der Transportgeschwindigkeit des Fließbandes (intensitätsmäßige Faktoranpassungen) vor. Es erfolgt eine Verkürzung bzw. Ausdehnung der Taktzeit, womit ein schnelleres bzw. langsameres Ausführen der unveränderten Arbeitsaufgaben einhergeht. Da bei laufender Produktion jeweils nach Beendigung der Taktzeit eine Erzeugniseinheit fertiggestellt ist, wird mit der Länge dieses Zeitintervalls die in einem festliegenden Zeitraum — etwa in einer 8-Stunden-Schicht — produzierbare Erzeugnismenge determiniert. Sowohl bei zeitlicher als auch bei intensitätsmäßiger Anpassung der Arbeitskräfte und Fertigungsanlagen hat zusätzlich eine quantitative Anpassung des Material- und Betriebsstoffeinsatzes zu erfolgen. Auf die beschriebenen Gestaltungsalternativen wird man in der Regel nur dann zurückgreifen, wenn entweder in naher Zukunft wieder mit der Ausgangsnachfragemenge der produzierten Erzeugnisse gerechnet werden kann, oder wenn nachfolgend andere Anpassungen mit umfangreicheren Umplanungsarbeiten vorgenommen werden sollen. Anhaltende zeitliche bzw. intensitätsmäßige Unterauslastungen der Potentiale sind meistens unwirtschaftlich, weil die gefertigte oder zu fertigende Produktmenge mit einem geringeren Potentialfaktoreinsatz realisiert werden könnte. Ausnutzungen der maximalen Intensität von Fertigungsanlagen können häufig nicht auf Dauer eingehalten werden, weil erhöhter Anlagenverschleiß eintritt. Die Arbeitskräfte werden bei anhaltender Überstundenarbeit bzw. fortwährend zu realisierenden Höchstleistungen überfordert.

Die dritte Anpassungsmöglichkeit setzt voraus, daß die Produktionsfaktorausstattung den Einsatz mehrerer Fließbänder für gleiche Fertigungsaufgaben erlaubt. Handelt es sich dabei um völlig gleichartige Fertigungseinrichtungen, d. h. um identisch eingerichtete Fließbänder mit gleichen Arbeitssystemen, die mit gleichen Taktzeiten arbeiten, so erfolgt die Variation der produzierten Erzeugnismenge aufgrund einer quantitativen Anpassung aller Produktionsfaktoren. Hingegen wäre eine qualitative Anpassung im Sinne der selektiven Faktoranpassung der Produktionstheorie bei Veränderung der Anzahl zum Einsatz gelangender nicht identisch eingerichteter Fließstrecken — etwa mit ungleicher Stationenzahl und ungleicher Taktzeit — zur Fertigung gleichartiger Erzeugnisse gegeben. Da Fließbänder in der Regel beachtliche Produktionskapazitäten darstellen, bezieht sich eine Anpassung der Fertigung an veränderte Nachfragesituationen über die Variation der Anzahl produzierender Fertigungslinien auf umfassende Erzeugnismengenintervalle. Das für die Realisierbarkeit dieser Anpassung in kurzfristigen Zeiträumen erforderliche erhebliche Ausmaß der Ausstattung mit Fertigungseinrichtungen und die Schwierigkeiten im Hinblick auf eine kurzfristige Aufbau- und Abbaufähigkeit umfangreicher Personalbestände schränken die praktische Bedeutung dieser Gestaltungsalternative für kurzfristige Planungen ein. In längerfristiger Sicht ist den beschriebenen Vorgängen ein stärkeres Gewicht zuzuordnen.

Die bedeutendste Anpassungsmöglichkeit von Fließbandfertigungen in der betrieblichen Praxis ist in der letztgenannten Gestaltungsalternative zu sehen, bei der Erzeugnismengenvariationen durch Zuordnung der gesamten Fertigungsaufgabe auf unterschiedliche Stationenzahlen innerhalb eines Fließbandes erreicht werden. Dieses Vorgehen bildet zugleich die Grundlage zahlreicher Planungsverfahren. Der

Zusammenhang zu den produktionstheoretischen Anpassungsformen ist hier allerdings viel weniger offensichtlich als in den vorher behandelten Fällen. Im folgenden sollen derartige Gestaltungsmöglichkeiten der Fließfertigung wegen der beachtlichen praktischen Bedeutung einerseits und wegen der weitgehenden Vernachlässigung dieses Bereichs in der Produktionstheorie andererseits eingehender analysiert werden. Wesentlich ist dabei vor allem, daß durch unterschiedliche Abgrenzungen des Umfanges der Arbeitsaufgaben die aufgabenspezifische Ausführungszeit und damit die vorzugebende Taktzeit variiert werden kann. Die gesamte Fertigungsaufgabe wird jeweils auf alternative Stationenzahlen übertragen. Mit der Veränderung der Taktzeit wird auch hier die in einem Zeitraum realisierbare Anzahl produzierter bzw. zu produzierender Erzeugniseinheiten beeinflußt. Variationen der Produktmenge in einer konstanten Fertigungszeit lassen sich auf unterschiedliche Grade der Arbeitsteilung zurückführen. Von einem Ausgangszustand aus gesehen wird hinsichtlich der Abgrenzung der Stationsaufgaben durch zunehmende Arbeitszerlegung (Verringerung des Umfanges der Arbeitsaufgaben je Station) eine Erhöhung und durch zunehmende Arbeitszusammenfassung (Erweiterung des Umfanges der Arbeitsaufgaben je Station) eine Verringerung der realisierbaren Erzeugnismenge erreicht.

Da mit der Variation der Arbeitsteilung die Anzahl einzusetzender Arbeitssysteme verändert wird, ist in diesem Zusammenhang von Bedeutung, ob die jeweils erforderlichen Arbeitskräfte kurzfristig verfügbar bzw. anderweitig einsetzbar sind. Erhöhter Arbeitskräftebedarf für ein Fließband verlangt kurzfristige Personalbeschaffung oder die Übernahme von Arbeitern aus anderen Fertigungsbereichen des Unternehmens. Für durch verringerte Stationenzahl an einem Fließband freigesetzte Arbeitskräfte müssen anderweitige Einsatzmöglichkeiten innerhalb des Betriebes vorhanden sein, da ein kurzfristiger Personalabbau aus sozialen Gründen regelmäßig nicht vertretbar ist und aufgrund gesetzlicher Vorschriften starken Einschränkungen unterliegt[9]. Das Ausmaß der Personalveränderungen erreicht jedoch hier in der Regel nicht den (kurzfristig meist unüberwindlichen) Umfang der Anpassungsalternative durch Veränderung der Anzahl eingesetzter Fließbänder. Eine Überprüfung der Betriebsbedingungen ausgewählter Fließbandfertigungen (insbesondere der Fernsehgerätemontage) hat ergeben, daß unterschiedliche Abgrenzungen der Arbeitsaufgaben je Bearbeitungsstation als die wesentliche Möglichkeit zur Realisierung alternativer Erzeugnismengen innerhalb kurzfristiger Planungszeiträume anzusehen ist. Wechselnder Personalbedarf kann dabei regelmäßig durch kurzfristige Einstellungen und Einarbeitungen, Personalumsetzungen zwischen Teilbereichen der Fertigung bzw. auch durch natürliche Personalabgänge[10] ausgeglichen werden.

9 Zu den Möglichkeiten langfristiger Personaleinschränkung bei weitgehender Vermeidung negativer Wirkungen für die Arbeitskräfte vgl. Wächter, H., Langfristige Personalplanung unter der Erwartung schrumpfender Betriebsgröße, in: Betriebswirtschaftliche Forschung und Praxis, 12. Jg. (1974), S. 123 ff.
10 Natürliche Personalabgänge beziehen sich auf das Ausscheiden von Arbeitskräften auf eigenen Wunsch bzw. wegen Erreichung der Altersgrenze.

Insoweit sind die arbeitsteilungsbezogenen Gestaltungsmöglichkeiten für die kurzfristige Produktionsplanung von Fließbandsystemen von großer Bedeutung[11]. Allerdings ist die Bestimmung eines Optimums für den gesamten Fertigungsbereich bei knappem und bei überzähligem Personal problematisch. Hier sind Überlegungen über das Ausmaß der Anpassung der einzelnen Teilbereiche unter Beachtung der Personalsituation des Gesamtbetriebes anzustellen.

Zur Kennzeichnung alternativer arbeitsteilungsbezogener Fließbandgestaltungen mit Hilfe der produktionstheoretischen Anpassungsformen ist der Einsatz der beteiligten Produktionsfaktoren im einzelnen zu analysieren. Dieses Vorgehen soll Aufschluß über die mit einer Arbeitszerlegung bzw. Arbeitszusammenfassung verbundenen faktorbezogenen Anpassungsvorgänge geben.

Über alternative Arbeitsteilungen veränderte Taktzeiten erfordern Variationen der Geschwindigkeit des Fließbandes, die durch intensitätsmäßige Anpassung dieses Transportsystems erreicht werden. Aufgrund der durch zunehmende Arbeitszerlegung oder -zusammenfassung wechselnden Anzahl der Arbeitssysteme könnte für den daraus resultierenden Einsatz von Arbeitskräften ein Bezug zur quantitativen Anpassung gegeben sein. Es handelt sich jedoch nicht um eine Veränderung der Anzahl identischer (funktionsgleicher) Arbeitssysteme, da jede Variation der Arbeitsteilung die beteiligten Arbeitskräfte mit (umfangmäßig und/oder inhaltlich) abgewandelten Arbeitsaufgaben konfrontiert. Insoweit sind die jeweils unterschiedlichen Einsätze von Arbeitskräften als qualitative Anpassung zu kennzeichnen. Anders liegt der Fall bei den für die Produktion benötigten Fertigungsanlagen und Werkzeugen. Hier ist mit unterschiedlicher Arbeitsteilung keine faktorbezogene Anpassung verbunden, wenn die Ausdehnung dabei in Frage kommender Taktzeiten die Ausführungsdauer anlagen- und werkzeugbezogener Arbeitselemente nicht unterschreitet. Wird jedoch eine derartige Taktreduzierung notwendig, so kann eine zeitlängere Anlagenwerkverrichtung (z. B. ein Lötvorgang) nicht mehr an lediglich einem Arbeitssystem ausgeführt werden. Der Fertigungsvorgang muß in doppelter Taktzeit von parallel arbeitenden Arbeitssystemen übernommen werden. Hier werden identische Anlagen in ihrer einzusetzenden Anzahl variiert, so daß in diesem Bereich quantitative Anpassungsvorgänge erfolgen[12]. Dies gilt jedoch nicht generell für die an diesen Fertigungsanlagen tätigen Arbeitskräfte, weil ihnen häufig weitere verschiedenartige Arbeitselemente zugeordnet werden. Im Hinblick auf den Einsatz von Fertigungsmaterial und Betriebsstoffen sind mit Erzeugnismengenänderungen stets quantitative Anpassungen verbunden.

Die beschriebenen Zusammenhänge verdeutlichen, daß im Rahmen unterschiedlicher Abgrenzungen des Umfanges der Arbeitsaufgaben vielfältige faktorbezogene Anpassungsvorgänge vollzogen werden. Differenzierte Strukturierung der Arbeits-

---

11 Dies wird auch in anderen Untersuchungen zur Produktionsplanung bei Fließbandfertigung deutlich. Vgl. z. B. Hardeck, W. / Schönfelder, G., Rechnerunterstützte Austaktung von Fließlinien, Heft 10 der Arbeitspapiere des Betriebswirtschaftlichen Instituts der Friedrich-Alexander Universität Erlangen–Nürnberg (1973), S. 25.
12 Entsprechendes gilt für den Einsatz von Werkzeugen bei werkzeugbezogenen Arbeitselementen.

aufgaben und deren Zuordnung zu alternativen Stationenzahlen bedeutet Umgestaltung der Fertigungsorganisation unter Beibehaltung des grundlegenden Organisationsprinzips (Fließprinzip). Die in dieser Weise vorgenommene Beeinflussung der in einem Zeitraum produzierbaren Erzeugnismenge läßt sich mit Hilfe einer bestimmten Kombination faktorbezogener Anpassungsvorgänge erklären[13]. Erhöhungen bzw. Reduzierungen der Produktmenge werden mit einer Veränderung des Fertigungsablaufs der Erzeugniseinheiten durch intensitätsmäßige, qualitative und quantitative Faktoranpassungen erreicht.

Anzumerken ist, daß innerhalb bestimmter Taktzeitintervalle Erzeugnismengen allein durch Taktzeitausweitungen bzw. -verringerungen bei gleicher Gestaltung der Arbeitsaufgaben und -systeme variiert werden. Dies ist darauf zurückzuführen, daß die gesamte Fertigungsaufgabe nicht beliebig teilbar ist. Fallen Anpassungsvorgänge in solche Intervalle, werden unveränderten Arbeitssystemen für die Bewältigung ihrer Arbeitsaufgaben über Taktvariationen unterschiedliche Ausführungszeiten zur Verfügung gestellt. Insoweit kann hier von Bereichen der vorher behandelten intensitätsmäßigen Anpassungen aller beteiligten Potentiale[14] gesprochen werden, die begrenzt werden durch die mit alternativen Arbeitsteilungen verbundenen Anpassungsvorgänge.

13 Mit alternativen Arbeitszerlegungen bzw. -zusammenfassungen geht zugleich eine Veränderung der funktionalen Beziehung zwischen Produktionsfaktoreinsatz und Ausbringung (Produktionsfunktion) einher. Bei Betrachtung des Gesamtprozesses der Fertigung kann die hier wesentliche Kombination faktorbezogener Anpassungen in ihrer Gesamtheit mit D. Schneider als qualitativ prozeßbezogene Anpassung gedeutet werden. Vgl. dazu S. 26, Fußnote 6.
14 S. 27 f.

IV. Produktionsplanung bei Fließbandfertigung unter Berücksichtigung vollständig geübter Arbeitskräfte

A. Zeitorientierte Planung

1. Grundlegende Aufgabenstellung zeitorientierter Planungen

Die Planung der Produktion von Erzeugnissen auf einem Fließband umfaßt die Festlegung des Produktprogrammes, der Taktzeit, der Anzahl der einzusetzenden Arbeitssysteme sowie deren Arbeitsaufgaben. Um die fertigungswirtschaftlich bedeutsamen Zusammenhänge zwischen diesen Größen verdeutlichen zu können, wird zunächst von relativ einfachen Problemstrukturen der Planungsaufgabe ausgegangen, die jedoch nicht ohne praktische Relevanz sind. Vielfach wird in der betrieblichen Praxis auf der Grundlage der Absatzplanung ein Produktprogramm vorgegeben, weil aufgrund komplexer Interdependenzen eine simultane Absatz- und Produktionsplanung Schwierigkeiten bereitet[1]. Im Rahmen der zur Diskussion stehenden Massen- und Großserienfertigung erfolgt – wie mehrfach erwähnt – eine Ausrichtung an einem mengenstrukturierten Produktprogramm, das für den Betrachtungszeitraum aus lediglich einem in ständiger Wiederholung zu fertigenden Erzeugnis besteht[2]. Alle anderen für die Produktionsplanung wesentlichen Größen sind auf dieses Produktprogramm (Erzeugnismenge einer bestimmten Produktart) abzustimmen.

Die Untersuchung bezieht sich zunächst auf den Einsatz vollständig geübter Arbeitskräfte[3]. Unter dieser Bedingung wird mit der Festlegung der in einem vorgegebenen Planungszeitraum zu produzierenden Erzeugnismenge auch die zu realisierende Taktzeit c determiniert, nach deren Beendigung bei laufender Produktion jeweils eine Erzeugniseinheit fertiggestellt ist. Sie ergibt sich als Quotient aus der Betriebszeit T_B innerhalb der Planungsperiode und der gewünschten Produktmenge x:

$$(IV\text{-}1) \qquad c = \frac{T_B}{x}$$

Die weitere Planungsaufgabe besteht darin, die Arbeitselemente unter Beachtung der Ausdehnung dieser Taktzeit auf die einzelnen einzurichtenden Arbeitssysteme zu verteilen. Dabei sind die Bearbeitungsstationen nach der Verrichtungsfolge anzuordnen (Fließprinzip). Im Zuge dieser Planung wird zugleich die Anzahl der einzusetzenden Bearbeitungsstationen festgelegt.

---

1 Vgl. Laßmann, G., Produktionsplanung, a.a.O., Sp. 3103 f.
2 Vgl. Zimmermann, W., Modellanalytische Verfahren zur Bestimmung optimaler Fertigungsprogramme, Berlin 1966, S. 93.
3 Prozesse der Arbeiterübung werden später behandelt. Vgl. S. 130 ff.

Bisweilen ist jedoch von einer Umkehrung der beschriebenen Planungsaufgabe auszugehen, d. h. für eine vorgegebene Anzahl der Bearbeitungsstationen soll die zu realisierende Taktzeit ermittelt werden, die gleichzeitig die in der vorgegebenen Betriebszeit produzierbare Erzeugnismenge bestimmt. Dies ist z. B. dann der Fall, wenn die Absatzmöglichkeiten für das zu fertigende Erzeugnis nicht vollständig genutzt werden können, weil etwa aufgrund von Beschaffungs- und/oder Finanzierungsrestriktionen der gegebene Potentialfaktorbestand nicht erweitert werden kann.

Lösungen dieser Planungsaufgaben werden in der betrieblichen Praxis sowie im Schrifttum in der Regel unter Zeitgesichtspunkten angestrebt. Man ist darum bemüht, die einzelnen Arbeitsaufgaben so abzugrenzen, daß die für deren Abwicklung einzusetzenden Arbeitssysteme bestmöglich ausgelastet sind. Leerzeiten der Potentiale sollen weitestgehend vermieden werden. Hinter dieser Zielsetzung steht offensichtlich die Annahme, daß mit der Vermeidung von Leerzeiten Kosteneinsparungen und verminderte Kapitalbindung verbunden sind. Dabei wird implizite unterstellt, daß Leerzeiten an allen Arbeitssystemen ein gleiches kostenmäßiges Gewicht zukommt; nur unter dieser Voraussetzung wäre eine Leerzeitminimierung mit einer Kostenminimierung verbunden. Die Zusammenhänge zwischen Leerzeiten und Kostenentstehung sind jedoch für den Einsatz von Fließfertigungssystemen noch nicht hinreichend analysiert worden. Dies soll im Rahmen dieser Untersuchung auf der Grundlage einer Auseinandersetzung mit leerzeitorientierten Planungsansätzen erfolgen.

Die Aufgabenstellungen zeitorientierter Planungen lassen sich für die angesprochenen Problemstrukturen wie folgt zusammenfassen:

— Bei vorgegebener Betriebszeit und Erzeugnismenge soll für die daraus resultierende Taktzeit die Anzahl einzusetzender Arbeitssysteme (Stationenzahl) gefunden werden, bei der die Summe der Leerzeiten aller Bearbeitungsstationen ein Minimum wird.

— Bei vorgegebenem Potentialfaktorbestand (Stationenzahl) und vorgegebener Betriebszeit soll die Taktzeit ermittelt werden, bei der die Summe der Leerzeiten aller Arbeitssysteme minimal ist.

Die erste Fragestellung fordert für einen bestimmten Output die Ermittlung der geringstmöglichen Anzahl einzusetzender Arbeitssysteme, während die letztgenannte Planungsaufgabe darin besteht, für gegebene Arbeitssysteme die kürzestmögliche Taktzeit und damit den maximalen Output zu finden. Die vorliegende Untersuchung wendet sich vornehmlich der Planungsaufgabe bei vorgegebener Erzeugnismenge und vorgegebener Betriebszeit zu, weil diese in der betrieblichen Praxis häufiger angetroffen wurde. Diesem Bereich widmet sich auch der überwiegende Teil der in der Literatur behandelten Planungsansätze. Allerdings läßt sich — wie gezeigt wird — die Fragestellung der Ermittlung der günstigsten Taktzeit für eine vorgegebene Stationenzahl mit den gleichen Abstimmungsverfahren bewältigen[4].

4 Vgl. S. 52 f.

Für alle genannten Abstimmungsprobleme sind hinsichtlich der Bildung von Arbeitsaufgaben aus den Arbeitselementen des gesamten Fertigungsprozesses bestimmte arbeitswissenschaftliche, fertigungstechnische und -organisatorische Bedingungen zu beachten, die nachfolgend angesprochen werden.

2. Ermittlung von Vorgabezeiten

a) Grundzeitermittlung

Die für den Aufbau von Planungsmodellen notwendige formale Betrachtungsweise zur Beschreibung ökonomisch bedeutsamer Abhängigkeitsstrukturen ist im Bereich des Einsatzes von Arbeitskräften aufgrund vielschichtiger menschlicher Eigengesetzlichkeiten äußerst schwierig[5]. In jedem Falle sollte versucht werden, Plangrößen für den Vollzug menschlicher Arbeit so anzusetzen, daß unter arbeitswissenschaftlichen Gesichtspunkten keine Überforderung eintritt. Dies ist besonders wichtig für die Festlegung der einzubeziehenden Zeiten für die Ausführung der anstehenden Arbeitsverrichtungen.

Grundsätzlich darf die für die Ausführung von Arbeitsaufgaben notwendige Zeit die vorzugebende Taktzeit nicht überschreiten. Zur Sicherstellung dieser Forderung müssen die Ausführungszeiten für die einzelnen Bestandteile des Gesamtprozesses der Fertigung, die Arbeitselemente, ermittelt werden. Im Schrifttum zur Produktionsplanung bei Fließfertigung wird diesem Aspekt in der Regel wenig Beachtung geschenkt[6], der jedoch wesentlichen Einfluß auf den Umfang der Arbeitsaufgaben sowie – je nach Planungsaufgabe – auf die Anzahl einzusetzender Arbeitssysteme bzw. auf die zu ermittelnde Taktzeit und damit letztlich auch auf die Kostensituation hat.

Die Zeiten für die Ausführung der Arbeitselemente stellen in arbeitswissenschaftlicher Sicht Grundzeiten dar, die um weitere Zeitarten (Verteilzeiten, Erholungszeiten u. a.) zu ergänzen sind, um die Möglichkeit einer weitestgehend reibungslosen Abwicklung für den arbeitenden Menschen sicherzustellen. Auf die Arbeitselemente bezogene Grundzeiten geben den Zeitaufwand für die planmäßige Ausführung der jeweiligen Verrichtung an[7].

Für die Bestimmung der Grundzeiten sind verschiedenartige methodische Vorgehensweisen denkbar. Sie können einerseits durch kontinuierliche Zeitaufnahme mit Hilfe von Zeitmeßgeräten oder andererseits aus Tabellenzeitwerten für Be-

---

5 Vgl. Steffen, R., Die Erfassung von Arbeitseinsätzen in der betriebswirtschaftlichen Produktionstheorie, in: Zeitschrift für betriebswirtschaftliche Forschung, 24. Jg. (1972), S. 804 ff.

6 Zu nennen sind in diesem Zusammenhang z. B. Hahn, R., Produktionsplanung bei Linienfertigung, a.a.O., S. 29 f.; Zimmermann, W., Modellanalytische Verfahren zur Bestimmung optimaler Fertigungsprogramme, a.a.O., S. 94; Lutz, L., Abtakten von Montagelinien, Mainz 1974, S. 15; Knayer, M., Arbeitsverteilung und Leistungsabstimmung bei Fließarbeit, in: REFA-Nachrichten, 23. Jg. (1970), S. 8.

7 Vgl. REFA e. V., Methodenlehre des Arbeitsstudiums, Teil 2, a.a.O., S. 46.

wegungselemente (vorbestimmte Zeiten) synthetisch ermittelt werden[8]. Die synthetische Zeitermittlung erfordert eine Aufgliederung der Arbeitselemente in einzelne Elementarbewegungen, für die Planzeitwerte vorliegen. Durch Addition der Zeitwerte der Elementarbewegungen eines Arbeitselementes erhält man die ihm zuzuordnende Grundzeit[9].

Bei allen Zeitermittlungsverfahren beziehen sich die jeweils anzugebenden Zeitwerte auf einen bestimmten Leistungsgrad. Die Bezugsleistung stellt in der Regel eine Normalleistung dar. Diese kann im Sinne von REFA „... von jedem in erforderlichem Maße geeigneten, geübten und voll eingearbeiteten Arbeiter auf die Dauer und im Mittel der Schichtzeit erbracht werden, sofern er die für persönliche Bedürfnisse und gegebenenfalls auch für Erholung vorgegebenen Zeiten einhält und die freie Entfaltung seiner Fähigkeiten nicht behindert wird"[10]. Zur Vereinheitlichung der Ergebnisse unterschiedlicher Zeitermittlungsverfahren lassen sich bei abweichenden Bezugsleistungen über Umrechnungsfaktoren entsprechende Korrekturen der Zeitwerte herbeiführen[11].

b) Berücksichtigung von Verteilzeit-, Erholungszeit- und materialbedingten Störungszeitzuschlägen

Die wiederholte Abwicklung von Arbeitsaufgaben in Grundzeiten ist nicht realisierbar. Es müssen zusätzlich Verteil- und Erholungszeiten in den Vorgabezeiten berücksichtigt werden, um einerseits bisweilen im Fertigungsablauf auftretende Störungen beseitigen zu können und zum anderen arbeitenden Menschen zum Abbau der während des Fertigungsprozesses zunehmenden Ermüdungserscheinungen die notwendige Erholung zu gewähren. Ereignisse, die den Ansatz von Verteilzeiten erfordern, treten innerhalb des Produktionsablaufs mit unregelmäßiger Häufigkeit

8 Bei kontinuierlicher Zeitaufnahme am Arbeitsplatz werden aus Ist-Zeiten über Leistungsgradbeurteilungen Soll- oder Planzeitwerte ermittelt. Vgl. dazu im einzelnen REFA e. V., Methodenlehre des Arbeitsstudiums, Teil 2, a.a.O., S. 81 ff.
  Die für synthetische Zeitbestimmung erforderlichen Zeitwerte der einzelnen Bewegungselemente sind im Rahmen der Verfahrensentwicklungen ermittelt worden. „Über den Weg der statistischen Analyse von Filmstudien wurden diesen Elementarbewegungen in Abhängigkeit von Weglänge, Genauigkeitsanforderungen und Gewichtsbelastung konstante Zeitwerte zugeordnet und in Tabellen erfaßt. Die auf diesem Prinzip aufbauenden Systeme vorbestimmter Zeiten ermöglichen es, jede vom Arbeiter beeinflußbare Handarbeit durch genau klassifizierte Grundbewegungen zu beschreiben". Zinnecker, K.-H. / Heinrich, L. J., Systeme vorbestimmter Zeiten – Darstellung und Vergleich mit REFA-Verfahren, in: Industrielle Produktion, hrsg. von K. Agthe, H. Blohm und E. Schnaufer, Baden-Baden und Bad Homburg v.d.H. 1967, S. 254. Vgl. auch REFA e. V., Methodenlehre des Arbeitsstudiums, Teil 2, a.a.O., S. 66; Steffy, B., Die Anwendung vorbestimmter Zeiten, in: Handbuch des Industrial Engineering, Teil IV, hrsg. von H. B. Maynard, deutsche Ausgabe bearbeitet von K. Krüger, Berlin–Köln–Frankfurt/M. 1956, S. 3 ff.; Pornschlegel, H. (Hrsg.), Verfahren vorbestimmter Zeiten, Köln 1968; Reitmeier, F., REFA und die Systeme vorbestimmter Zeiten, in: REFA-Nachrichten, 23. Jg. (1970), S. 435 ff.
9 Ein wesentlicher Vorteil der Anwendung von Systemen vorbestimmter Zeiten ist darin zu sehen, daß ein von subjektiven Einflüssen nicht völlig zu befreiendes Leistungsgradbeurteilen entfällt.
10 REFA e. V., Methodenlehre des Arbeitsstudiums, Teil 2, a.a.O., S. 136.
11 Vgl. dazu im einzelnen Zinnecker, K.-H. / Heinrich, L. J., Systeme vorbestimmter Zeiten, a.a.O., S. 267 ff.

und zeitlicher Ausdehnung auf. Sie resultieren teilweise aus dem Fertigungsprozeß (sachliche Verteilzeiten), sind aber bisweilen auf Bedürfnisse der Arbeiter zurückzuführen (persönliche Verteilzeiten)[12].

Wegen der Unregelmäßigkeit ihres Auftretens lassen sich Verteilzeitereignisse nicht in die Grundzeitbestimmung einbeziehen. Der Grundzeit ist daher ein gesondert zu ermittelnder Verteilzeitprozentsatz zuzuschlagen[13]. In ähnlicher Weise müssen bisweilen Zeitzuschläge für die Beseitigung von Störungen durch Materialschäden berücksichtigt werden. Dies ist von Bedeutung, wenn häufig mit schadhaften Bauteilen zu rechnen ist bzw. äußerlich ähnliche Erzeugnisteile von den eingesetzten Arbeitskräften verwechselt werden können. Zeitzuschläge dieser Art sind in Verteilzeiten in der Regel nicht enthalten, weil bei Verteilzeitaufnahmen vielfach nicht erkannt werden kann, ob ein funktionsfähiges oder ein schadhaftes bzw. falsches Bauteil montiert wird. Die Notwendigkeit einer Berücksichtigung gesonderter Zeitzuschläge zur Behebung materialbedingter Störungen des Fertigungsablaufs ist beispielsweise in Betrieben der Rundfunk- und Fernsehgerätemontage gegeben[14]. Erholungszeiten für infolge des Tätigseins notwendiges Erholen des Menschen werden ebenfalls als Prozentsatz der Grundzeit in die Vorgabezeitbestimmung einbezogen. Die Höhe dieses Zeitzuschlages hängt von der Intensität und der Dauer der jeweiligen Arbeitsbelastung ab[15].

Sind Verteilzeit-, Erholungszeit- und materialbedingte Störungszeitzuschläge ermittelt, läßt sich die für den Vollzug der Arbeitsaufgabe eines Arbeitssystems an einer Erzeugniseinheit einzuplanende Zeit wie folgt bestimmen[16]:

$$\text{(IV-2)} \quad t_e = t_g + \frac{z_v + z_{er} + z_s}{100} \cdot t_g$$

t_e = Zeit je Erzeugniseinheit

t_g = Grundzeit je Erzeugniseinheit

z_v = Verteilzeitzuschlag

z_{er} = Erholungszeitzuschlag

z_s = Zeitzuschlag für die Beseitigung

materialbedingter Störungen

---

12 Vgl. dazu im einzelnen REFA e. V., Methodenlehre des Arbeitsstudiums, Teil 2, a.a.O., S. 44.
Beispiele für verteilzeitbewirkende Ereignisse sind etwa Fuktionsstörungen an Fertigungsanlagen und Werkzeugen sowie deren notwendige Beseitigung.

13 Zu REFA-Verteilzeitaufnahmen sowie Multimomentaufnahmen zur Ermittlung von Verteilzeitprozentsätzen vgl. REFA e. V., Methodenlehre des Arbeitsstudiums, Teil 2, S. 196 ff. und S. 254 ff.

14 Zur Ermittlung derartiger Zeitzuschläge vgl. den Anwendungsfall zur Produktionsplanung für einen entsprechenden Fertigungsbereich (S. 112).

15 Zur Ermittlung von Erholungszeiten stehen eine Reihe von Verfahren zur Verfügung. Vgl. dazu REFA e. V., Methodenlehre des Arbeitsstudiums, Teil 2, S. 44 und S. 302 ff.; Hettinger, Th. / Paquin, K. H. / Sucker, G., Der Erholungszuschlag, in: Arbeit und Leistung, 22. Jg. (1968), S. 123 f.

16 Vgl. REFA e. V., Methodenlehre des Arbeitsstudiums, Teil 2, a.a.O., S. 52.

36

Bezieht man die beschriebenen Aspekte in die Abgrenzung von Arbeitsaufgaben bei Fließbandfertigung ein, so ist festzustellen, daß eine vorgegebene Taktzeit nicht vollständig mit Grundzeiten für die Ausführung von Arbeitselementen ausgefüllt werden darf. Taktzeiten müssen die erforderlichen Verteil-, Erholungs- und Störungszeitzuschläge enthalten, wenn sichergestellt sein soll, daß eine Arbeitskraft die ihr zugeteilte Arbeitsaufgabe auf Dauer bewältigen können soll. Für die Zusammenfassung der Arbeitselemente zu Arbeitsaufgaben ist daher eine grundzeitbezogene Zeitspanne zu bestimmen, die die zeitliche Obergrenze für die Grundzeitsumme der Arbeitselemente einer Arbeitsaufgabe angibt. Bezeichnet man für Normalleistungen geltende Vorgabetaktzeiten mit c_N und die Grundzeitobergrenze für die Zusammenfassung von Arbeitselementen mit c_g, so ergibt sich folgender Zusammenhang[17]:

$$(\text{IV-3}) \qquad c_N = c_g + \frac{z_v + z_{er} + z_s}{100} \cdot c_g$$

Die für die Abstimmung von Fließfertigungen wesentliche Größe c_g läßt sich auf der Grundlage von (IV-3) bestimmen durch

$$(\text{IV-4}) \qquad c_g = \frac{c_N \cdot 100}{100 + z_v + z_{er} + z_s} \ .$$

Da c_g stets kleiner als c_N ist, können den einzelnen Arbeitssystemen entsprechend weniger Arbeitselemente zugeordnet werden. Die Beachtung der beschriebenen Zusammenhänge führt daher im Vergleich zu deren Vernachlässigung in der Tendenz zu einer notwendigen Erhöhung der Anzahl einzusetzender Arbeitssysteme bei vorgegebener Taktzeit bzw. Erzeugnismenge und Betriebszeit. Bei gegebenem Potentialfaktorbestand (Stationenzahl) erhält man eine Verlängerung der zu realisierenden Taktzeit (c_N) bzw. innerhalb vorgegebener Betriebszeit eine Verminderung der Erzeugnismenge. Zur Erreichung der für Produktionsplanungsmodelle zu fordernden praktischen Anwendbarkeit ist die Einbeziehung der genannten Aspekte unumgänglich.

c) Berücksichtigung des Leistungsgrades der
   Arbeitskräfte

Besteht bei den einzusetzenden Arbeitskräften das Bedürfnis, über der Normalleistung liegende Leistungsgrade zu realisieren, um auf diese Weise eine höhere Entlohnung zu erzielen, so muß der gewünschte Leistungsgrad bei der Bestimmung der für die Zusammenfassung von Arbeitselementen zu beachtenden Zeitobergrenze berücksichtigt werden. Andernfalls ist nicht sichergestellt, daß eine vorgegebene Erzeugnismenge in einer bestimmten Betriebszeit gerade fertiggestellt wird. Man müßte mit Überschreitungen dieser Vorgabemenge rechnen.

17 Vgl. Steffen, R., Die Bestimmung von Taktzeit und Stationenzahl bei Fließbandfertigung unter Berücksichtigung von Lernprozessen, in: Zeitschrift für betriebswirtschaftliche Forschung, 25. Jg. (1973), S. 108 f.; Wawrziniak, W. / Schiffer, F., Gesichtspunkte für den Entwurf einer Fließfertigung, in: Fertigungstechnik und Betrieb, 10. Jg. (1960), S. 389.

Leistungsgrade werden im Arbeitsstudium üblicherweise als Prozentsatz realisierter Mengenleistungen von einer vorgestellten Bezugsleistung angegeben. Die Bezugsleistung ist dabei im allgemeinen die Normalleistung, die den Leistungsgrad 100 % erhält[18]. Leistungsgrade lassen sich im Form von Zeitgraden auch zeitbezogen ausdrücken[19]. Sie geben das prozentuale Verhältnis vorgegebener Bezugszeiten zu erzielten bzw. angestrebten Zeiten für die Ausführung von Arbeitsverrichtungen an. Bezeichnet man eine der Normalleistung entsprechende Bezugszeit als Normalzeit mit dem Zeitgrad 100 %, so erhält man für die bei Fließbandabstimmungen zu berücksichtigende Größe folgenden Wert (Zeitgrad = G):

$$(\text{IV-5}) \qquad G = \frac{\text{Normalzeit}}{\text{angestrebte Zeit}} \cdot 100$$

Ist die angestrebte Zeit für die Abwicklung einer Arbeitsaufgabe kürzer als die Normalzeit, liegt der zugehörige Zeitgrad über 100 %. In solchen Fällen ist die oben ermittelte grundzeitbezogene Zuordnungszeitspanne entsprechend zu verlängern, weil die innerhalb der einzelnen Arbeitssysteme einzusetzenden Arbeitskräfte mehr Arbeitselemente ausführen wollen als im Falle der Realisierung der Normalleistung. Die Vorgabetaktzeit bleibt unverändert; jedoch sind den Arbeitssystemen im Vergleich zur Normalleistung umfassendere Arbeitsaufgaben zuzuordnen. Die zu ermittelnde Zuordnungstaktzeit c_Z bestimmt sich wie folgt:

$$(\text{IV-6}) \qquad c_Z = \frac{c_g \cdot G}{100}$$

Durch Einbeziehung von (IV-4) erhält man:

$$(\text{IV-7}) \qquad c_Z = \frac{c_N \cdot G}{100 + z_v + z_{er} + z_s}$$

Unter Umständen kann die Zuordnungstaktzeit c_Z die zu realisierende Normaltaktzeit c_N überschreiten. Dies ist dann der Fall, wenn der Leistungs- bzw. Zeitgrad die reduzierende Wirkung der Verteilzeit-, Erholungszeit und materialbedingten Störungszeitzuschläge überkompensiert.

3. Ermittlung und Darstellungsmöglichkeiten von Reihenfolgebeziehungen zwischen den Arbeitselementen

Neben den dargestellten zeitbezogenen Aspekten sind bei der Abgrenzung von Arbeitsaufgaben weiterhin technologische und organisatorische Bedingungen zu beachten. Es geht dabei um die Ermittlung zulässiger Reihenfolgen bei der Zu-

---

18 Vgl. REFA e. V., Methodenlehre des Arbeitsstudiums, Teil 2, a.a.O., S. 125 f.
19 Vgl. REFA e.V., Methodenlehre des Arbeitsstudiums, Teil 2, a.a.O., S. 430.

ordnung von Arbeitselementen zu Arbeitssystemen. Theoretisch sind in diesem Zusammenhang zwei Extremfälle zu verzeichnen:

– die Folge der Arbeitselemente liegt zwingend fest;

– die Folge der Arbeitselemente ist beliebig.

Im erstgenannten Fall ist nur eine einzige Reihenfolge der Arbeitselemente möglich, während der zweite Fall bei n Arbeitselementen n! verschiedene Elementfolgen zuläßt. Diese Grenzsituationen stellen jedoch Ausnahmefälle dar. Bei Fertigungsprozessen der betrieblichen Praxis sind regelmäßig für einen Teil der zugehörigen Arbeitselemente festliegende Reihenfolgen einzuhalten, während für andere hinsichtlich ihrer Plazierung innerhalb der Arbeitsaufgaben gewisse Freiheitsgrade bestehen. Reihenfolgerestriktionen sind überwiegend fertigungstechnisch begründet. So lassen sich z. B. bei der Montage von Fernsehgeräten bestimmte Isolierplatten erst dann auf Schrauben aufstecken, wenn letztere zuvor am entsprechenden Bauteil befestigt wurden. Ein Kondensator kann erst nach seiner Anbringung auf einer Grundplatte verlötet werden. Des weiteren resultieren Reihenfolgebeschränkungen bisweilen aus fertigungsorganisatorischen Zweckmäßigkeitsgesichtspunkten. So werden die Baugruppen bei der Montage von Fernsehgeräten von rechts oben zeilenweise nach links unten mit Kondensatoren und Widerständen bestückt[20]. Andere Reihenfolgen sind zwar realisierbar, führen jedoch häufig zu Behinderungen beim Vollzug der Arbeitselemente sowie zu Montagefehlern.

Im allgemeinen verbleiben bei umfassenden Fließfertigungsaufgaben eine Reihe von Möglichkeiten für die Kombination von Arbeitselementen zu Arbeitsaufgaben. Für einige Arbeitselemente ist innerhalb gewisser Grenzen eine unterschiedliche Anordnung innerhalb der Arbeitsaufgaben möglich. Eine Reihe von Abstimmungsproblemstrukturen umfaßt sogar Elemente, deren Zuordnung beliebig wählbar ist[21].

Um die Reihenfolgebeziehungen zwischen den Arbeitselementen einer Erzeugnismontage für Planungszwecke übersichtlich darzustellen, kann man sich der Graphentheorie und der Matrizenrechnung bedienen. Als Planungsgrundlagen ergeben sich Vorranggraphen und Vorrangmatrizen, die alternativ oder kombiniert für die Abstimmung von Fließfertigungen herangezogen werden können[22]. Abbildung IV-1 zeigt ein einfaches Beispiel für die graphentheoretische Wiedergabe einer Fließfertigungsaufgabe.

Die Arbeitselemente werden durch die Knoten des Netzplanes gekennzeichnet, deren obere Hälfte die Elementnummer ausweist, während in dem linken Teil der

---

20 Diese Bestückungsweise hat sich als zweckmäßig erwiesen, weil die Bearbeitungsgegenstände von links nach rechts am Arbeitssystem vorbeibewegt werden.
21 Vgl. z. B. die Reihenfolgebeziehungen einer praktischen Fließfertigungsaufgabe bei Hahn, R., Produktionsplanung bei Linienfertigung, a.a.O., S. 48.
22 „The basic purpose of a precedence diagram is to convert the actual assembly line situation into a diagrammatic representation that completely describes the work elements for purposes of line balancing. A person unfamiliar with the actual line is able to balance it by observing the relationships shown". Prenting, Th. O. / Battaglin, R. M., The precedence diagram: a tool for analysis in assembly line balancing, a.a.O., S. 208.

Abbildung IV-1

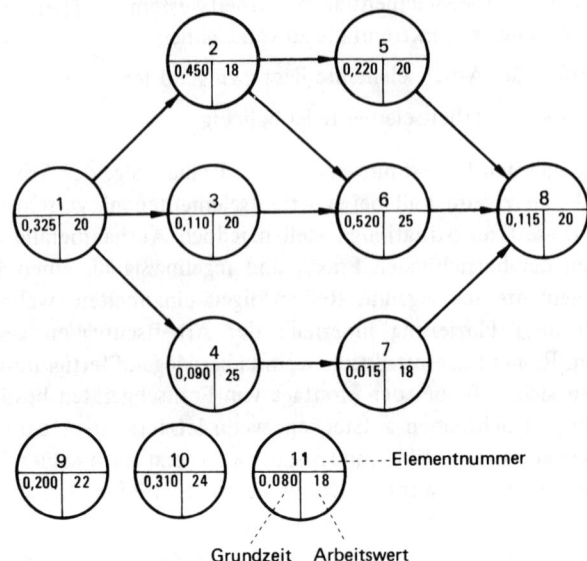

unteren Hälfte die Grundzeit für die Ausführung des Elementes (in Minuten) und die rechte Hälfte (in Erweiterung bisheriger Darstellungen) Angaben über eine lohnbezogene Kennziffer (Arbeitswerte, Lohngruppen) für später vorzunehmende kostenorientierte Abstimmungen enthält. Die gerichteten Kanten (Pfeile) geben die Reihenfolge- oder Vorrangbeziehung zwischen den Arbeitselementen an. Sie verdeutlichen, welche Elemente abgewickelt sein müssen, damit ein anderes ausgeführt werden kann. So müssen z. B. die Arbeitselemente 2 und 3 bereits in eine Arbeitsaufgabe eingegangen sein, bevor Element 6 zugeordnet werden kann. Nach Arbeitselement 1 können die Elemente 2, 3 oder 4 folgen. Die Elemente 9, 10 und 11 können an beliebiger Stelle innerhalb des Fertigungsablaufs ausgeführt werden. Sie sind daher nicht durch Kanten mit anderen Arbeitselementen verbunden und können als unabhängige Elemente bezeichnet werden.

Für den Aufbau systematischer, insbesondere computergestützter Abstimmungsverfahren erweist sich die Darstellung der Reihenfolgebeziehungen mit Hilfe einer Vorrangmatrix als zweckmäßig. Dabei kann die Form einer quadratischen Matrix oder die einer Doppelmatrix gewählt werden. In der quadratischen Matrix werden zeilenweise diejenigen Arbeitselemente j mit −1 angegeben, die dem Element i vorausgehen müssen. Die direkten Nachfolgeelemente erhalten den Wert + 1, während alle anderen Felder mit 0 besetzt sind[23]. Abbildung IV-2 zeigt die Reihenfolgebeziehungen des Vorranggraphen in der Form der quadratischen Matrix.

Die Doppelmatrix erfaßt die unmittelbar vorangehenden und nachfolgenden Elemente in getrennten Teilmatrizen. Für jedes Arbeitselement werden zeilenweise die

---

23 Vgl. z. B. Helgeson, W. B. / Birnie, D. P., Assembly line balancing using the ranked positional weight technique, in: Journal of Industrial Engineering, Vol. 12 (1961) S. 395.

i \ j	1	2	3	4	5	6	7	8	9	10	11
1		1	1	1							
2	-1				1	1					
3	-1					1					
4	-1						1				
5		-1						1			
6		-1	-1					1			
7				-1				1			
8					-1	-1	-1				
9											
10											
11											

Arbeitselemente (Spalten), Arbeitselemente (Zeilen)

Abbildung IV-2

Elementnummern der direkten Vorgänger und Nachfolger aufgeführt[24], wie dies in Abbildung IV-3 für die behandelten Vorrangbeziehungen gezeigt wird.

Mit Hilfe der Doppelmatrix lassen sich die Reihenfolgebedingungen auf im Vergleich zur quadratischen Matrix geringerem Raum darstellen. Dies hat bei der Entwicklung computergestützter Abstimmungsverfahren den Vorteil, daß weniger Speicherplatz beansprucht wird. Ein in dieser Untersuchung für elektronische Datenverarbeitungsanlagen entwickeltes bzw. erweitertes Planungsverfahren stützt sich daher auf die Doppelmatrix.

Für die Abgrenzung der Arbeitsaufgaben der Arbeitssysteme sind die Reihenfolgebeziehungen bisweilen noch durch Zusatzbedingungen zu ergänzen. In diesem Zusammenhang ist auf Zonenbeschränkungen hinzuweisen, die dann gegeben sind, wenn bestimmte Arbeitselemente aus fertigungstechnischen Gründen nicht demselben Arbeitssystem zugeteilt werden dürfen, obwohl dadurch keine Vorrangbeziehung durchbrochen würde[25]. Weiterhin kann für einzelne Arbeitselemente ein Zuteilungszwang zu einem vorbestimmten Arbeitssystem existieren, bei dem die für

24 Vgl. Lutz, L., Abtakten von Montagelinien, a.a.O., S. 18.
25 Beispielsweise können bestimmte Arbeitsgänge erst nach Vollzug von Lötprozessen im automatischen Lötbad abgewickelt werden. Dabei ist nach Abschluß einer Zone die anschließende Zone mit der Einrichtung einer neuen Bearbeitungsstation zu beginnen.

Arbeits-elemente	Matrix der direkten Vorgänger			Matrix der direkten Nachfolger		
1				2	3	4
2	1			5	6	
3	1			6		
4	1			7		
5	2			8		
6	2	3		8		
7	4			8		
8	5	6	7			
9						
10						
11						

Abbildung IV-3

die Ausführung wesentlichen Montageeinrichtungen fest installiert sind. Derartige Zusatzbedingungen engen die Gestaltungsmöglichkeiten der Arbeitsaufgaben ein. Ihre Berücksichtigung in Abstimmungsverfahren ist grundsätzlich möglich[26].

4. Bestimmung zeitorientierter Kennzahlen der Fließbandabstimmung

Für die Beurteilung von Gestaltungsalternativen müssen geeignete Maßgrößen herangezogen werden. Es sind entsprechende Kennzahlen zu formulieren, in denen „. . . die für ein bestimmtes Erkenntnisziel wesentlichen Eigenschaften unmittelbar zum Ausdruck kommen"[27]. Die im Schrifttum für die Beurteilung von Fließbandabstimmungen im Sinne einer Zuordnung der Arbeitselemente zu Arbeitssystemen herangezogenen Kennzahlen lassen sich durchweg auf die Leerzeiten der Bearbeitungsstationen zurückführen.

---

26 Vgl. dazu im einzelnen Lutz, L., Abtakten von Montagelinien, a.a.O., S. 53 ff.; Hardeck, W., Rechnerunterstützte Austaktung von Fließbandlinien, in: Zeitschrift für Operations Research, Band 18 (1974), S. B 237 ff.
27 Schenk, H., Die Betriebskennzahlen, Leipzig 1939, S. 2.

Bezeichnet man die um Verteilzeit-, Erholungszeit- und materialbedingte Störungszeitzuschläge erweiterte sowie um den Leistungsgrad korrigierte Elementgrundzeitsumme der Arbeitsaufgabe eines Arbeitssystems als Nutzzeit, so bestimmt sich die stationsbezogene Leerzeit nach Abzug der Nutzzeit von der Normaltaktzeit c_N. Aufgrund dieses Zusammenhanges, der in Abbildung IV-4 verdeutlicht wird, können Leerzeiten auch als Taktverlust, Taktausgleich oder Taktausgleichszeit charakterisiert werden[28].

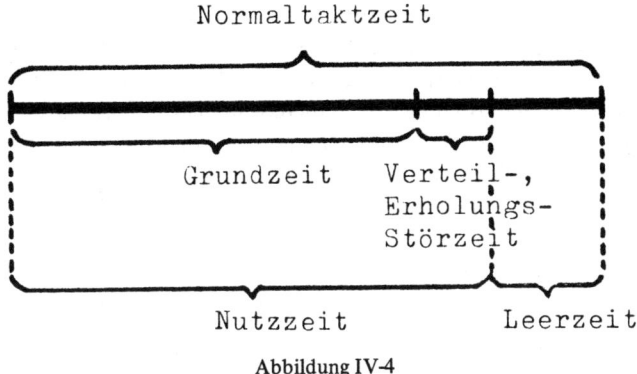

Abbildung IV-4

Für eine Bearbeitunsstation m (m = 1, 2, ..., M) bestimmt sich die Leerzeit wie folgt:

(IV-8)
$$l_m = c_N - \frac{\sum\limits_{i} t_{im}(100 + z_v + z_{er} + z_s)}{G}$$

l_m = Leerzeit des Arbeitssystems m

t_{im} = Elementgrundzeit des dem Arbeitssystem m (m = 1, 2, ..., M) zugeordneten Arbeitselementes i, $i \in \{1, 2, ..., n\}$

Bei M Arbeitssystemen einer Fertigungslinie ergibt sich als Leerzeitsumme L:

(IV-9)
$$L = M \cdot c_N - \frac{\sum\limits_{i=1}^{n} t_i(100 + z_v + z_{er} + z_s)}{G}$$

t_i = Elementgrundzeit des Arbeitselementes i (i = 1, 2, ..., n)

M = Anzahl der Arbeitssysteme

---

28 Vgl. u. a. Lutz, L., Abtakten von Montegelinien, a.a.O., S. 20.

43

Es ist zu fragen, ob das Ausmaß der Leerzeiten aller Stationen in Form einer absoluten Zahl unmittelbar als Maß für die Güte einer Abstimmung herangezogen werden kann. Man ist sich im Schrifttum darüber uneinig, ob der Begriff „Kennzahl" absolute Zahlen oder/und Verhältniszahlen umfassen soll[29]. Immerhin ist erwiesen, daß auch absolute Zahlen (wie etwa Periodenumsatz oder Periodenerfolg) „... in konzentrierter Form über einen zahlenmäßig erfaßbaren betriebswirtschaftlichen Tatbestand informieren"[30].

Im Hinblick auf eine leerzeitorientierte Beurteilung von Abstimmungen von Fließbandfertigungssystemen weisen höhere Leerzeiten auf ungünstigere Ergebnisse hin als vergleichsweise geringere. Für ein bestimmtes Fließband reicht daher die vergleichende Beurteilung von Gestaltungsalternativen hinsichtlich der Abgrenzung von Arbeitsaufgaben und der Bildung von Arbeitssystemen auf der Grundlage der jeweiligen Leerzeiten aller Bearbeitungsstationen aus, wenn von bestimmten Vorgabegrößen ausgegangen wird. Derartige Vorgaben beziehen sich – je nach Planungsaufgabe – entweder auf die in gegebener Betriebszeit zu fertigende Erzeugnismenge oder auf den Potentialfaktorbestand (Anzahl der Arbeitssysteme). Im Sinne einer leerzeitorientierten Planung bildet dann die jeweilige Leerzeithöhe der Gestaltungsalternativen das Maß für die Güte der Abstimmung.

Ein Vergleich der Abgestimmtheit unterschiedlicher Fließbänder mit Hilfe von Leerzeitsummen ist nicht ohne weiteres möglich. Es ist leicht erkennbar, daß bei gleicher Taktzeit und gleicher Leerzeitsumme eine Fertigungslinie mit drei Bearbeitungsstationen vergleichsweise ungünstiger abgestimmt ist als ein Fließband mit zwanzig Arbeitssystemen. Im zweiten Fall verteilt sich die Leerzeit auf eine höhere Stationenzahl. Die Angabe der Anzahl der beteiligten Arbeitssysteme ist daher zusätzlich von Bedeutung. Bei der Herstellung einer Erzeugniseinheit umfaßt die Einsatzzeit einer Station unter Berücksichtigung notwendiger Zeitzuschläge und des Leistungsgrades eine Zeitspanne, die der Normaltaktzeit c_N entspricht oder um die Leerzeiten geringer ist. Es liegt daher nahe, die regelmäßig auf die Produktion einer Erzeugniseinheit bezogene Leerzeitsumme eines Fließbandes zu der für die Herstellung dieses Erzeugnisses erforderlichen Einsatzzeitsumme der beteiligten Arbeitssysteme in Relation zu setzen. Letztere ist gleichbedeutend mit der Durchlaufzeit einer Erzeugniseinheit. Die genannte Bezugsgröße ergibt sich durch Multiplikation der Stationenzahl mit der Taktzeit. Man erhält auf diese Weise für die leerzeitorientierte Produktionsplanung eine Verhältniszahl als Maß für die Abgestimmtheit von Fertigungslinien. Diese überwiegend im amerikanischen Schrifttum verwendete

---

29 Der Begriff wird zum Teil weit gefaßt und berücksichtigt absolute Zahlen und Verhältniszahlen, zum Teil wird er jedoch in engerer Definition allein auf Verhältniszahlen bezogen. Vgl. Staehle, H. W., Kennzahlen und Kennzahlensysteme als Mittel der Organisation und Führung von Unternehmen, Wiesbaden 1969, S. 52.
30 Staehle, H. W., Kennzahlen und Kennzahlensysteme, a.a.O., S. 50; vgl. auch Heinen E. / Fahn, E. / Wegenast, C., Informationswirtschaft, in: Industriebetriebslehre, hrsg. von E. Heinen, 2. Auflage, Wiesbaden 1972, S. 699.

Kennzahl kann als Unausgeglichenheitsgrad U (balance delay) bezeichnet werden[31], der sich als Prozentgröße wie folgt bestimmen läßt:

$$(IV\text{-}10) \quad U = \frac{M \cdot c_N - \dfrac{\sum\limits_{i=1}^{n} t_i(100 + z_v + z_{er} + z_s)}{G}}{M \cdot c_N} \cdot 100$$

In deutschsprachigen Untersuchungen zur Fließbandfertigung wird häufiger mit dem Komplementärbegriff des Unausgeglichenheitsgrades, dem Bandwirkungsgrad oder Abstimmungsgrad, gearbeitet[32]. Dieser stellt das Verhältnis zwischen der Summe der für die Ausführung der Arbeitselemente notwendigen Zeit und der aufgrund der Taktzeiten sich ergebenden Durchlaufzeit der Erzeugnisse unter Beachtung von Verteil-, Erholungs-, materialbedingten Störungszeiten und Leistungsgraden dar. Geringe Leerzeiten und damit günstige Abstimmungsergebnisse drücken sich in niedrigen Unausgeglichenheitsgraden und hohen Bandwirkungsgraden aus. Für eine gegebene Abstimmung ergänzen sich beide Kennzahlen zu 100 %. Die Aussage der einen Kennzahl impliziert die der anderen, so daß eine der beiden Größen als Maß für die Abstimmungsgüte von Fertigungslinien ausreicht.

Der Bandwirkungsgrad W bestimmt sich wie folgt:

$$(IV\text{-}11) \quad W = \frac{\sum\limits_{i=1}^{n} t_i(100 + z_v + z_{er} + z_s)}{M \cdot c_N \cdot G} \cdot 100$$

Auf der Grundlage von (IV-7)[33] kann (IV-11) umgeformt werden:

$$(IV\text{-}12) \quad W = \frac{\sum\limits_{i=1}^{n} t_i}{M \cdot c_Z} \cdot 100$$

Wegen der gleichbedeutenden Aussagefähigkeit von Unausgeglichenheitsgrad und Bandwirkungsgrad orientieren sich die folgenden Analysen lediglich an der letztgenannten Kennzahl.

---

31 Vgl. z. B. Kilbridge, M. / Wester, L., The balance delay problem, in: Management Science, Vol. 8 (1962), S. 70 f.; Wester, L. / Kilbridge, M. D., Heuristic line balancing: a case, in: Readings in Production and Operations Management, hrsg. von E. S. Buffa, New York – London–Sydney 1966, S. 314. Die deutsche Bezeichnung „Unausgeglichenheitsgrad" findet sich bei Hahn, R. / Lutz, L. / Roschmann, K., Die Bandabgleichung – ein Problem bei Fließfertigung, in: Industrielle Organisation, 37. Jg., (1968), S. 88.

32 Vgl. Hahn, R. / Lutz, L. / Roschmann, K., Die Bandabgleichung – ein Problem bei Fließfertigung, a.a.O., S. 88; Hahn, R., Produktionsplanung bei Linienfertigung, a.a.O., S. 31; Lutz, L., Abtakten von Montagelinien, a.a.O., S. 21; Herbig, H. H., Optimale Fließstraßenabstimmung nach einem kombinatorischen Verfahren auf der Rechenanlage NE 503, a.a.O., S. 408.

33 Vgl. S. 38.

5. Analyse der Leerzeitabhängigkeiten bei der Fließbandabstimmung

Für die Beurteilung leerzeitorientierter Planungsergebnisse sowie die darauf aufbauende Untersuchung der mit Leerzeiten verbundenen Kosteneinflüsse ist eine Ermittlung der Bestimmungsgründe von Leerzeiten bei verschiedenen Abstimmungen hilfreich; denn dadurch wird erkennbar, in welcher Weise die Höhe der Leerzeiten beeinflußt werden kann. Aus diesem Grunde wird eine Abstimmungssituation konstruiert, die schrittweise an die Gegebenheiten der Realität angenähert werden soll.

Zunächst wird davon ausgegangen, daß die gesamte Fertigungsaufgabe beliebig in Arbeitsaufgaben aufgeteilt werden kann. Leerzeitfreie Abstimmungen erhält man dabei offenbar nur, wenn die Grundzeit für die Ausführung des Gesamtprozesses der Fertigung ein ganzzahliges Vielfaches der um den jeweiligen Leistungsgrad korrigierten grundzeitbezogenen Taktzeit (Zuordnungstaktzeit c_Z) ist, oder – was dasselbe sagt – wenn die Division der Summe der Grund-, Verteil-, Erholungs- und materialbedingten Störungszeiten der Gesamtaufgabe durch die mit dem Leistungsgrad multiplizierte Normaltaktzeit ein ganzzahliges Ergebnis liefert. Im Rahmen der angesprochenen Abstimmungsgegebenheiten ist die Entstehung von Leerzeiten allein auf die mangelnde Teilbarkeit von Arbeitssystemen zurückzuführen, die stets als vollständige Bearbeitungsstationen eingesetzt werden müssen. Beträgt beispielsweise die Grundzeitsumme zur Abwicklung der gesamten Fertigungsaufgabe für eine Erzeugniseinheit 30 Minuten, so wären bei der angenommenen Aufgabenteilbarkeit etwa bei Zuordnungstaktzeiten von

–	c_Z	=	10 Minuten	3 Arbeitssysteme
–	c_Z	=	6 Minuten	5 Arbeitssysteme
–	c_Z	=	5 Minuten	6 Arbeitssysteme
–	c_Z	=	3 Minuten	10 Arbeitssysteme

voll ausgelastet. In allen Fällen liefert der Quotient aus der Grundzeitsumme der Gesamtaufgabe und der Zuordnungstaktzeit ein ganzzahliges Ergebnis, das zugleich die Anzahl einzusetzender Arbeitssysteme angibt. Soll hingegen eine Zuordnungstaktzeit von c_Z = 4 Minuten realisiert werden, so ergibt der Quotient den Wert 7,5. Die Notwendigkeit des Einsatzes vollständiger Arbeitssysteme führt zu der Stationenzahl 8. Dadurch ist für die Herstellung einer Erzeugniseinheit die achtfache Taktzeit erforderlich. Betragen die Verteilzeit-, Erholungszeit- und sonstigen Störzeitzuschläge insgesamt 10 %, erhält man bei Normalleistung auf der Grundlage von (IV-9)[34] Leerzeiten in Höhe von 2,2 Minuten (8 · 4,4 Minuten – 33 Minuten). Allgemein weist jedes nicht ganzzahlige Ergebnis des angesprochenen Quotienten auf Leerzeiten hin, die an einem oder mehreren Arbeitssystemen auftreten können. Die jeweils sich ergebende Stationenzahl M läßt sich bei unbegrenzt teilbaren Arbeitsaufgaben wie folgt bestimmen:

---

34 Vgl. S. 43.

$$(\text{IV-13}) \qquad M = \left[\frac{\sum_{i=1}^{n} t_i}{c_Z} \right]^{+}$$

Die mit dem Pluszeichen versehenen eckigen Klammern fordern die Aufrundung nicht ganzzahliger Ergebnisse auf die nächsthöhere ganze Zahl[35].

Mit (IV-7)[36] geht (IV-13) über in:

$$(\text{IV-14}) \qquad M = \left[\frac{\sum_{i=1}^{n} t_i (100 + z_v + z_{er} + z_s)}{c_N \cdot G} \right]^{+}$$

Die Leerzeitwirkungen bei unterschiedlichen Taktzeiten und damit verbundenen Variationen der Stationenzahl M werden für das behandelte Beispiel in Abbildung IV-5 wiedergegeben. Als Bezugsgröße wird dabei die Normaltaktzeit c_N ge-

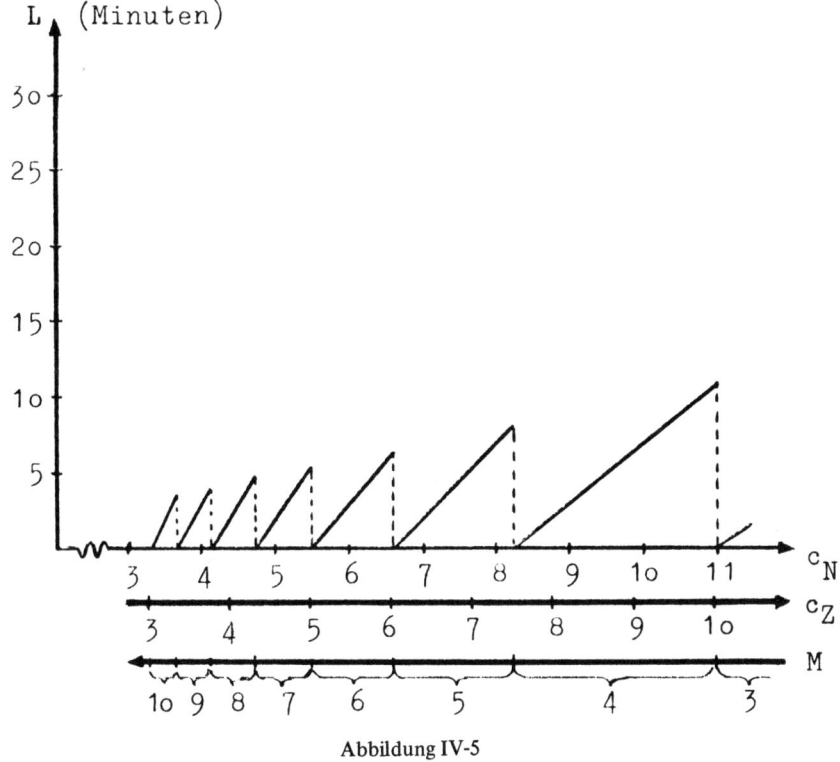

Abbildung IV-5

---

35 Dieser Aspekt wird bei REFA vernachlässigt, so daß nicht ganzzahlige Ergebnisse zu falschen Schlüssen führen müssen. Vgl. REFA e. V., Methodenlehre des Arbeitsstudiums, Teil 3, a.a.O., S. 204.

36 Vgl. S. 38.

47

wählt. Zusätzlich wird die jeweilige Zuordnungstaktzeit c_Z angegeben, die man bei Normalleistung aufgrund der den Zeitzuschlägen von 10 % entsprechenden Verminderung der Normaltaktzeit erhält.

Es ist erkennbar, daß bei beliebiger Teilbarkeit von Arbeitsaufgaben häufig leerzeitfreie Abstimmungen möglich sind. Zugleich wird deutlich, daß bei hohen Taktzeiten bzw. niedrigen Stationenzahlen höhere Leerzeitspitzen auftreten können, als dies bei kürzeren Taktzeiten bzw. höherer Anzahl der Arbeitssysteme der Fall ist. Dies kann darauf zurückgeführt werden, daß bei einer durch geringe Taktvariation erforderlichen Stationenzahlerhöhung die Leerzeit nahezu das Ausmaß der neuen Taktzeit annimmt. Taktvariationen innerhalb längerer Taktzeiten können daher höhere Leerzeitspitzen bewirken als Taktänderungen innerhalb kürzerer Taktzeiten[37].

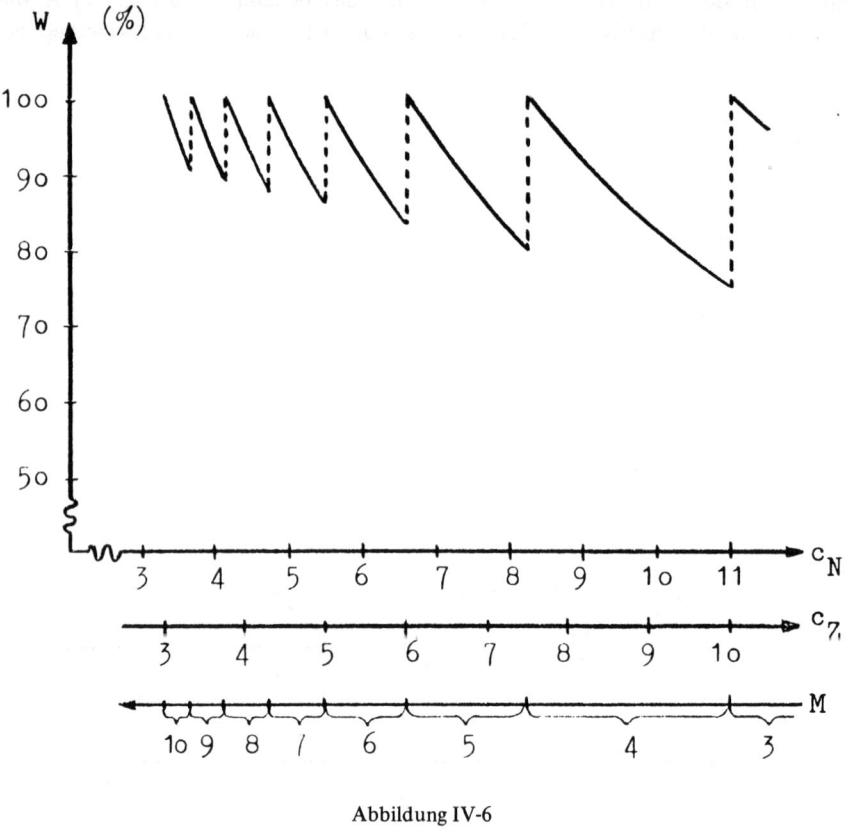

Abbildung IV-6

37 Dieser Zusammenhang wird deutlich, wenn man in Abbildung IV-5 einerseits etwa den Übergang von der Normaltaktzeit von 11 Minuten auf 10,9 Minuten und die daraus resultierende Stationenzahlerhöhung von 3 auf 4 verfolgt und andererseits eine Reduzierung des Normaltaktes von 5,5 Minuten auf 5,4 Minuten bzw. eine Variation der Anzahl der Arbeitssysteme von 6 auf 7 vornimmt.

Entsprechende Aussagen lassen sich aus dem Verlauf des Bandwirkungsgrades ableiten, der in Abbildung IV-6 gezeigt wird. Leerzeitfreie Abstimmungen der Abbildung IV-5 weisen einen Bandwirkungsgrad von 100 % auf, während das Ausmaß dieser Kennzahl bei Auftreten hoher Leerzeiten, etwa bei einer Normaltaktzeit von 10,9 Minuten, erheblich geringer ist.

Die beschriebenen Zusammenhänge zeigen, daß aufgrund der begrenzten Teilbarkeit der einzusetzenden Arbeitssysteme in vielen Abstimmungen Leerzeiten unvermeidbar sind. Gibt man im Hinblick auf eine Annäherung an praktische Abstimmungsprobleme die Annahme unbegrenzter Teilbarkeit der Arbeitsaufgaben etwa dadurch auf, daß sich innerhalb des behandelten Beispiels der Gesamtprozeß der Fertigung aus 10 Arbeitselementen mit einer Grundzeit von je 3 Minuten[38] zusammensetzt, so können bei der Abstimmung zusätzlich Leerzeiten auftreten. Die Abbildungen IV-7 und IV-8 zeigen die jeweils sich ergebenden Leerzeiten und Bandwirkungsgrade bei unterschiedlichen Normal-, Zuordnungstaktzeiten und Stationenzahlen.

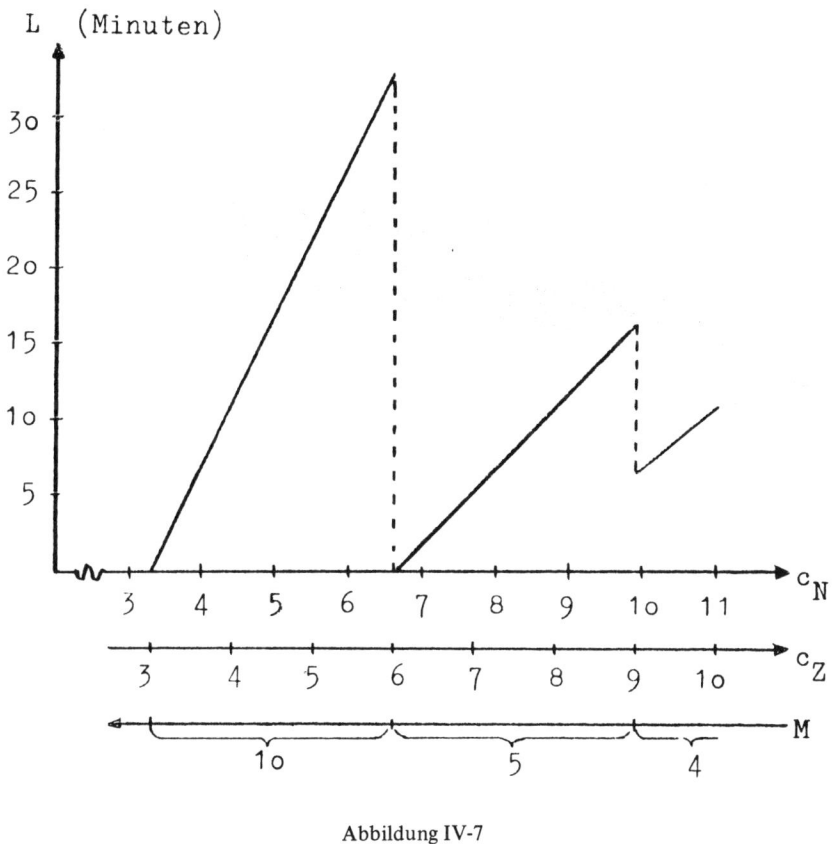

Abbildung IV-7

38 Zur Verdeutlichung der Leerzeiteinflüsse begrenzt teilbarer Arbeitsaufgaben wird eine verhältnismäßig lange zeitliche Ausdehnung der Arbeitselemente angenommen. Elementgrundzeiten praktischer Abstimmungsprobleme sind in der Regel kürzer.

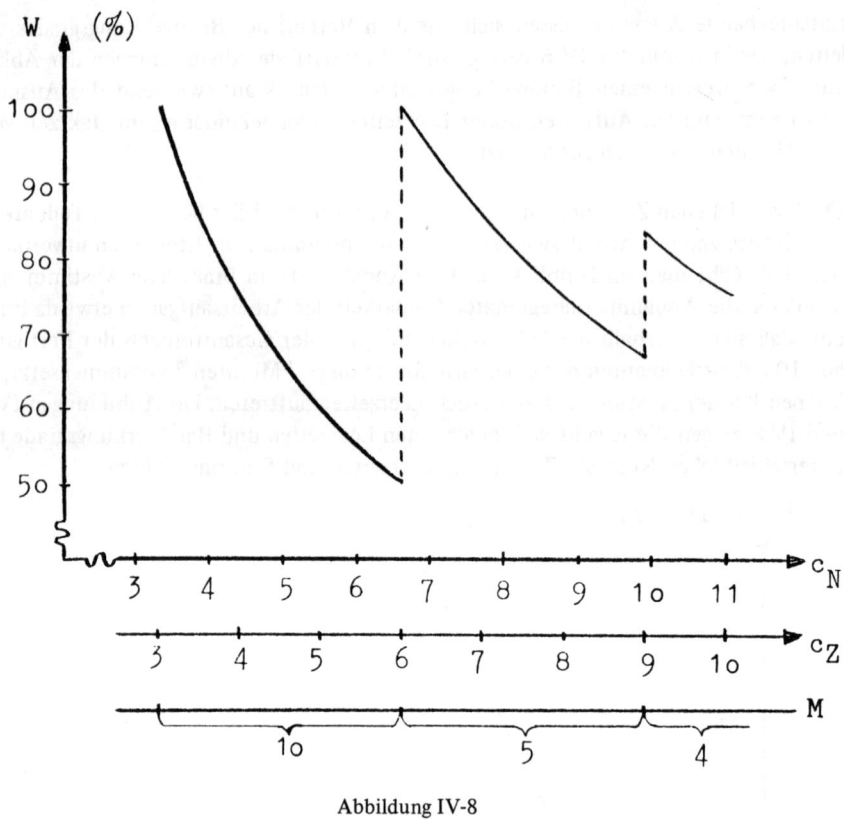

Abbildung IV-8

Man erhält im Vergleich zum vorher behandelten Fall beliebiger Teilbarkeit der Arbeitsaufgaben vielfach erheblich ungünstigere Abstimmungsergebnisse. Die Begründung ist darin zu sehen, daß Bearbeitungsstationen nunmehr nur dann vollständig ausgelastet werden können, wenn die Zuordnungstaktzeit ein ganzzahliges Vielfaches der im Beispielfall jeweils gleichen Elementzeiten ausmacht und gleichzeitig die Summe der Elementgrundzeiten ein ganzzahliges Vielfaches der Zuordnungstaktzeit ist. Dies ist in dem erweiterten Beispielfall für die gewählte Taktzeitspannweite nur zweimal gegeben.

Die begrenzte Teilbarkeit der Arbeitsaufgaben stellt des weiteren die exakte Bestimmung der Stationenzahl im Sinne von (IV-13) bzw. (IV-14)[39] in Frage. Dies läßt sich z. B. an der Zuordnungstaktzeit von 5 Minuten erläutern. Da jedes Arbeitssystem in dieser Zeit lediglich eines der 10 Arbeitselemente mit einer Grundzeit von jeweils 3 Minuten bewältigen kann, ist der Einsatz von 10 Bearbeitungsstationen erforderlich. Hingegen würde gemäß (IV-13) eine Stationenzahl von 6 ausreichen. Grundsätzlich kann daher bei umfassenden praktischen Abstimmungsproblemen für eine gegebene Taktzeit die Stationenzahl nicht vorab bestimmt werden, weil keine

39 Vgl. S. 47.

50

gesicherten Aussagen über die anfallenden Leerzeiten gemacht werden können[40]. Man erhält diese zusammen mit der Stationenzahl erst nach vollzogener Abstimmung. (IV-13) bzw. (IV-14) gibt jedoch Auskunft über nicht unterschreitbare Ergebnisse und bietet damit immerhin Anhaltspunkte für Planungsrechnungen.

Gleichermaßen schwierig aufgrund mangelnder Kenntnis der anfallenden Leerzeiten ist die Bestimmung der Zuordnungstaktzeit bei vorgegebener Anzahl der Arbeitssysteme. Auch hier kann eine Umformung von (IV-13) in (IV-15) lediglich die nicht unterschreitbare Taktgröße angeben:

$$\text{(IV-15)} \qquad c_Z = \frac{\sum_{i=1}^{n} t_i}{M}$$

Im Hinblick auf die Entstehung von Arbeitssystem-Leerzeiten ist ein weiterer Aspekt von Bedeutung, der einerseits aus unterschiedlichen Grundzeiten sowie andererseits aus vorgegebenen Reihenfolgen der Arbeitselemente resultiert. Bei beliebiger Elementfolge könnten etwa vier aus einem Abstimmungsproblem herausgegriffene Arbeitselemente mit den Grundzeiten

3,5 Minuten,
2,0 Minuten,
2,0 Minuten und
0,5 Minuten

bei einer Zuordnungstaktzeit von 4 Minuten zwei Arbeitssystemen zugeordnet werden, die ohne Leerzeiten fertigen würden. Gibt jedoch die angegebene Reihenfolge der Elementzeiten die fertigungstechnisch notwendige Elementfolge an, müssen die Arbeitselemente auf 3 Stationen verteilt werden, wobei Leerzeiten unvermeidbar sind.

In allen Fällen ist innerhalb der vorgegebenen Bedingungen die Art der Zusammenstellung der Arbeitsaufgaben zusätzlich leerzeitbestimmend. Insoweit kann das jeweils angewandte Abstimmungsverfahren hinsichtlich der Zuordnung von Arbeitselementen zu Arbeitssystemen einen weiteren Einfluß auf den Leerzeitumfang einer Fertigungslinie mit sich bringen.

Zusammenfassend sind als wesentliche Entstehungsgründe von Leerzeiten im Rahmen zeitgebundener Fließfertigung zu nennen:

— begrenzte Teibarkeit der Arbeitssysteme,

— begrenzte Teilbarkeit der Arbeitsaufgaben,

---

40 Diese Zusammenhänge verstärken die Kritik an der Ermittlung der Stationenzahl bei REFA. Vgl. S. 47, Fußnote 35.
Hautsch, John und Schürgers beziehen in die Bestimmungsgleichung der Stationenzahl einen geschätzten Taktverlust ein. Die Festlegung des Ausmaßes dieser Leerzeiten ist jedoch nicht begründbar. Vgl. Hautsch, K. / John, H. / Schürgers, H., Taktbestimmung bei Fließarbeit mit dem Positionswert-Verfahren, in: REFA-Nachrichten, 25. Jg. (1972), S. 457.

– ungleiche Grundzeiten der Arbeitselemente in Verbindung mit vorgegebener Elementfolge,

– Zuordnungsreihenfolge der Arbeitselemente zu den Arbeitssystemen (Abstimmungsverfahren).

Dabei ist zu vermerken, daß die beschriebenen Einflüsse nicht isoliert auftreten, sondern kombiniert wirken und sich teilweise überlagern. Im Zusammenhang mit der Wahl der Zuordnungsfolge der Arbeitselemente im Rahmen von Abstimmungsverfahren ist wesentlich, daß bei konstantem Leistungsgrad die gesamte Leerzeit einer abgestimmten Fertigungslinie durch erneute Abstimmung für gleichbleibende Taktzeiten nur um die jeweilige Taktzeit oder um ein Vielfaches dieser Zeit reduziert, erhöht wird oder unverändert bleibt[41]. Verminderung der Leerzeit ist hier mit dem Einsatz einer geringeren Anzahl Arbeitssysteme verbunden. Wird hingegen die Stationenzahl konstant gehalten, bedeuten Leerzeitreduzierungen durch erneute Abstimmung Verminderung der realisierbaren Taktzeit. Dies ist gleichbedeutend mit der Erhöhung der Erzeugnismenge innerhalb vorgegebener Betriebszeit. In beiden Fällen werden über Leerzeitverminderungen ökonomisch bedeutsame Größen verändert. Bezogen auf die Fertigung einer bestimmten Produktmenge kann auf Kostensenkungen geschlossen werden. Im erstgenannten Fall werden diese durch den verminderten Einsatz von Potentialfaktoren, im zweiten Fall durch die bessere Nutzung vorhandener Arbeitssysteme erreicht. Auf derartige Zusammenhänge zwischen Produktionskosten und Leerzeiten stützen sich offenbar leerzeitorientierte Abstimmungsverfahren, auf die im folgenden eingegangen wird, um darauf aufbauend untersuchen zu können, ob unter Kostengesichtspunkten bessere Abstimmungsergebnisse erreichbar sind.

6. Darstellung ausgewählter zeitorientierter Abstimmungsverfahren

a) Vorbemerkungen

Abstimmungen von Fertigungslinien werden in der betrieblichen Praxis vielfach noch durch manuelle Probierverfahren vorgenommen, die erfahrungsgemäß viel Zeit erfordern. Um einerseits den Abstimmungsaufwand zu vermindern und andererseits bessere Ergebnisse zu erreichen, sind – überwiegend in den USA – eine Reihe systematischer Verfahren entwickelt worden. Mit ihnen sollen die Arbeitselemente so zu Arbeitsaufgaben kombiniert werden, daß die einzusetzenden Bearbeitungsstationen möglichst vollständig ausgelastet sind. Wenngleich die Verfahren überwiegend darauf angelegt sind, bei vorgegebener Taktzeit bzw. Erzeugnismenge und Betriebszeit die leerzeitminimale Anzahl einzusetzender Arbeitssysteme zu ermitteln, läßt sich grundsätzlich auch die Fragestellung der Bestimmung leerzeitminimaler Taktzeiten bei festliegender Stationenzahl M damit bewältigen. Zu diesem Zweck wird die für solche Fälle nicht unterschreitbare Taktzeit vorgegeben, die sich

41 Vgl. dazu auch Herbig, H. H., Optimale Fließstraßenabstimmung nach einem kombinatorischen Verfahren auf der Rechenanlage NE 503, a.a.O., S. 408.

durch (IV-15)[42] bestimmt. Entspricht die nach der Abstimmung sich ergebende Stationenzahl nicht der Planungssituation, wird die Taktzeit schrittweise geringfügig erhöht, bis eine Lösung gefunden wird, die gerade mit M Arbeitssystemen auskommt.

Die vorangegangenen Erörterungen zur Vorgabezeitermittlung verdeutlichen, daß die Abstimmungsverfahren sich an den Zuordnungstaktzeiten orientieren müssen, sofern — wie in der Regel — Arbeitselementzeiten als Grundzeiten angegeben sind. Hinsichtlich ihrer Lösungsermittlung lassen sich die Planungsansätze in exakte und heuristische Verfahren einteilen. Exakte Verfahren scheitern vielfach an dem Umfang betrieblicher Abstimmungsprobleme. Der dabei anfallende Rechenaufwand und der hohe Bedarf an Speicherkapazitäten bilden selbst für den Einsatz leistungsfähiger elektronischer Datenverarbeitungsanlagen ein Hindernis. Dennoch darf der Wert exakter Abstimmungsverfahren nicht unterschätzt werden. Auf das in diesem Zusammenhang wesentliche Problemlösen durch Problemstrukturieren weist vor allem Müller-Merbach hin: „Man macht sich ... die zur Lösung anstehenden Probleme in ihren Ursache-Wirkung-Beziehungen dadurch besser verständlich, daß man sie in Modellen (oder Formalproblemen) abbildet und daß man durch Untersuchung dieser Modelle ... Erfahrungen über die Realität sammelt, die bei Entscheidungen in bezug auf das Problem vorteilhaft verwendet werden können"[43]. Zudem werden exakte Verfahren bei der Rückbildung weitgehender Arbeitsteilungen durch Auflösung umfassender Fließbandsysteme in mehrere kleinere Arbeitsgruppen zunehmend an Bedeutung gewinnen. Umfangreiche Abstimmungsprobleme werden dabei in Teilprobleme zerlegt, für die exakte Abstimmungsverfahren anwendbar sind. Der gleiche Effekt ist zu verzeichnen, wenn durch Arbeitsstrukturierung abwechslungsreiche Arbeitselemente vor der Abstimmung zu Elementgruppen zusammengefaßt werden, die untrennbare Bestandteile der abzugrenzenden Arbeitsaufgaben bilden. Komplexe Abstimmungsaufgaben reduzieren sich aufgrund der im Vergleich zu den Arbeitselementen geringeren Anzahl der Elementgruppen, so daß exakte Abstimmungsverfahren zum Einsatz gelangen können.

Die auf der Grundlage exakter Optimierungsverfahren gewonnenen Erfahrungen hinsichtlich der Erreichung optimaler Abstimmungen von Fertigungslinien sind wesentlich für die Entwicklung heuristischer Verfahren, bei denen die Arbeitselemente den Arbeitssystemen nach bestimmten Vorschriften in einer zulässigen Folge zugeordnet werden. Dabei sollen möglichst optimale, zumindest aber diesen naheliegende Lösungen erreicht werden. Einige solcher Heuristiken haben sich bei der Anwendung auf praktische Abstimmungsprobleme, gemessen an den Abstimmungsergebnissen und am Rechenaufwand, als äußerst leistungsfähig erwiesen. Ihnen und ihrer Weiterentwicklung ist daher unter Anwendungsgesichtspunkten bisher noch die größere Bedeutung beizumessen.

---

42 Vgl. S. 51.
43 Müller-Merbach, H., Theorie des Operations Research? in: Zeitschrift für Operations Research, Band 18 (1974). S. 89.

Die Abstimmungsverfahren sind mehrfach in Einzelheiten beschrieben und auf ihre Anwendbarkeit hin untersucht worden[44]. Aus diesem Grunde wird auf eine umfassende Darstellung aller Lösungsansätze verzichtet. Vorgestellt werden einige ausgewählte Verfahren, die kostenbezogene Erweiterungsmöglichkeiten versprechen.

b) Zeitorientierte exakte Abstimmungsverfahren

Für die Ermittlung leerzeitminimaler Lösungen von Fließbandabstimmungsproblemen werden im Schrifttum zahlreiche Verfahren vorgestellt. Ihre methodischen Grundlagen lassen sich im wesentlichen zurückführen auf

— (ganzzahlige) lineare Optimierung[45],

— dynamische Optimierung[46],

— Netzwerktechnik[47],

— begrenzte Enumeration[48],

— Branch-and-Bound-Verfahren[49].

44 Vgl. Bussmann, K. F., u. a., Ein Vergleich von Fließbandabstimmungsverfahren, in: Operations Research und Datenverarbeitung bei der Produktionsplanung, hrsg. von K. F. Bussmann und P. Mertens, Stuttgart 1968, S. 313 ff.; Hahn, R. / Lutz, L. / Roschmann, K., Die Bandabgleichung — ein Problem bei Fließfertigung, a.a.O., S. 89 ff.; Hahn, R. Produktionsplanung bei Linienfertigung, a.a.O., S. 32 ff.; Lutz, L., Abtakten von Montagelinien, a.a.O., S. 32 ff.; Lutz, L., Bandabgleichung, in: Industrie-Anzeiger, 93. Jg. (1971), S. 2487 f.; Lutz, L., Abgleichen von Montagebändern, in: Industrie-Anzeiger, 95. Jg. (1973), S. 348 f.; Kilbridge, M. D. / Wester, L., A review of analytical systems of line balancing, in: Operations Research, Vol. 10 (1962) S. 626 ff.; Ignall, E. J., A review of assembly line balancing, in: Journal of Industrial Engineering, Vol. 16 (1965), S. 244 ff.; Cauley, J. M., A review of assembly line balancing algorithms, in: Proceedings of the Annual Conference of the American Institute of Industrial Engineers, Vol. 19 (1968), S. 223 ff.; Buffa, E. S., Production-Inventory Systems, Homewood 1968, S. 230 ff.; Mastor, A. A., An experimental investigation and comparative evaluation of production line balancing techniques, in: Management Science, Vol. 16 (1970), S. 728 ff.
Über praktische Anwendungen von Abstimmungsverfahren in den USA berichten: Lehmann, M. W., What's going on in product assembly, in: Industrial Engineering (amerikanische Ausgabe), Vol. 1 (1969), S. 41 ff.; Chase, R. B., Survey of paced assembly lines, in: Industrial Engineering (amerikanische Ausgabe), Vol. 6 (1974), S. 14 ff.
45 Vgl. Bowman, E. H., Assembly-line balancing by linear programming, in: Operations Research, Vol. 8 (1960), S. 385 ff.; White, W. W., Comments on a paper by Bowman, in: Operations Research, Vol. 9 (1961), S. 274 ff.; Klein, M., On assembly line balancing, in: Operations Research, Vol. 11 (1963), S. 274 ff.; Salveson, M. E., The assembly line balancing problem, in: Journal of Industrial Engineering, Vol. 6 (1955), No. 3, S. 18 ff.; Wedekind, H., Ein linearer Programmansatz für das Fließbandproblem, in: Ablauf- und Planungsforschung, 4. Jg. (1963), S. 245 ff.
46 Vgl. Jackson, J. R., A computing procedure for a line balancing problem, in: Management Science, Vol. 2 (1956), S. 261 ff.; Held, M. / Karp, R. M. / Shareshian, R., Assembly-line balancing — dynamic programming with precedence constraints, in: Operations Research, Vol. 11 (1963), S. 442 ff.
47 Vgl. Klein, M., On assembly line balacing, a.a.O., S. 278 ff.; Gutjahr, A. L. / Nemhauser, G. L., An algorithm for the line balancing problem, in: Management Science, Vol. 11 (1964), S. 308 ff.
48 Vgl. Mertens , P.. Fließbandabstimmung mit dem Verfahren der begrenzten Enumeration nach Müller-Merbach, in: Ablauf- und Planungsforschung, 8. Jg. (1972), S. 429 ff.
49 Vgl. Jaeschke, G., „Branching and Bounding". Eine allgemeine Methode zur Lösung kombinatorischer Probleme, in: Ablauf- und Planungsforschung, 5. Jg. (1964), S. 151 ff.

Ein — wie weiter unten gezeigt wird — im Hinblick auf kostenorientierte Planungen erweiterungsfähiges Abstimmungsverfahren ist von Wedekind[50] für die Bestimmung der (leerzeit-)minimalen Stationenzahl bei vorgegebener Zuordnungstaktzeit entwickelt worden. Es handelt sich um einen Ansatz der linearen Optimierung, bei dem im Gegensatz zu anderen Verfahren aus diesem Bereich die Ganzzahligkeit bestimmter Variablen nicht explizite gefordert wird[51].

Zur Erläuterung der von Wedekind gewählten Strukturierung des Abstimmungsproblems wird das Verfahren an Hand eines kleinen Beispiels kurz beschrieben. Dabei müssen allerdings einige Korrekturen vorgenommen werden, weil mit der von Wedekind vorgeschlagenen Zielfunktion die angestrebte Lösung nicht erreichbar ist. Dem zu behandelnden Beispiel liegt der in Abbildung IV-9 dargestellte Vorranggraph zugrunde.

Abbildung IV-9

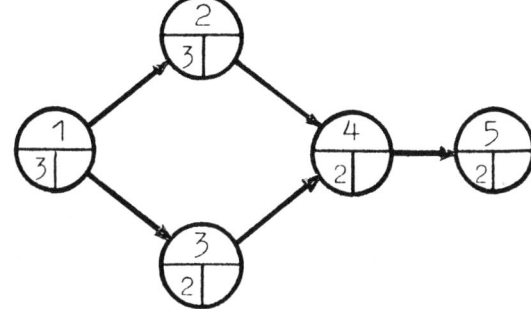

Unter Beachtung einer vorgegebenen Taktzeit und der Reihenfolgenbeziehungen sind zunächst alle realisierbaren Arbeitselementkombinationen zu bilden. Für eine Zuordnungstaktzeit von 6 Minuten sind in Tabelle IV-1 Gestaltungsalternativen der abzugrenzenden Arbeitsaufgaben angegeben.

Arbeitselement i	mögliche Arbeitsaufgaben
1	1, 1-2, 1-3
2	2, 1-2, 2-3, 2-4
3	3, 1-3, 2-3, 3-4, 3-4-5
4	4, 2-4, 3-4, 3-4-5, 4-5
5	5, 3-4-5, 4-5

Tabelle IV-1

50 Vgl. Wedekind, H., Ein linearer Programmansatz für das Fließbandproblem, a.a.O., S. 245 ff.
51 Mit Ganzzahligkeitsbedingungen arbeiten z. B. Bowman, White, Klein und Salveson. Vgl. dazu die auf S. 54 in Fußnote 45 angegebenen Schriften dieser Autoren.

Um zu gewährleisten, daß jedes Arbeitselement einer Bearbeitungsstation nur einmal zugewiesen wird, führt Wedekind Zuordnungsvariablen ein, deren Summe bezüglich der möglichen Arbeitsaufgaben für jedes Arbeitselement 1 beträgt. So existieren in dem obigen Beispiel für das Arbeitselement 1 die Zuordnungsvariablen e_1, e_{12} und e_{13}. Nur eine dieser Variablen kann den Wert 1 annehmen, während die restlichen mit 0 belegt werden. Dadurch ist die einmalige Zuordnung des Arbeitselementes 1 sichergestellt. Für alle anderen Elemente gilt Entsprechendes.

Man erhält für das angegebene Beispiel nach Wedekind den in Tabelle IV-2 dargestellten Programmansatz der linearen Optimierung.

$$
\begin{aligned}
e_1 + e_{12} + e_{13} &= 1 \\
e_{12} + e_2 + e_{23} + e_{24} &= 1 \\
e_{13} + e_{23} + e_3 + e_{34} + e_{345} &= 1 \\
e_{24} + e_{34} + e_{345} + e_4 + e_{45} &= 1 \\
e_{345} + e_{45} + e_5 &= 1 \\
3e_1 + 6e_{12} + 5e_{13} + 3e_2 + 5e_{23} + 5e_{24} + 2e_3 + 4e_{34} + 6e_{345} + 2e_4 + 4e_{45} + 2e_5 &= Z(\text{Max.})
\end{aligned}
$$

Tabelle IV-2

Die Koeffizienten der in der letzten Zeile des Tableaus angegebenen Zielfunktion ergeben sich aus den Summen der Ausführungszeiten der jeweiligen Kombination der Arbeitselemente. Mit der Maximierung dieser Funktion will Wedekind erreichen, „. . . daß jene Kombination der Arbeitsgänge ausgesucht wird, die die Arbeiter maximal belasten, was einer Minimierung der Arbeiterwartezeiten, der Werkstoffliegezeiten und der Maschinenbrachzeiten gleichbedeutend ist"[52].

Nach Durchrechnung des Systems ist festzustellen, daß ein maximaler Zielwert von 12 erreicht wird[53]. Jedoch zeigt sich ein mehrdeutiges Ergebnis; das System weist eine beachtliche Anzahl (gleichwertiger) optimaler Lösungen auf. Dieses Resultat ist zumindest für ein derart eng gewähltes Beispiel zur Fließbandabstimmung in Frage

---

52 Wedekind, H., Ein linearer Programmansatz für das Fließbandproblem, a.a.O., S. 247.
53 Üblicherweise werden bei Anwendung des Simplex-Algorithmus Ungleichungen mit Hilfe von Schlupfvariablen in Gleichungen transformiert, wobei eine zulässige Ausgangslösung mit den Schlupfvariablen als Lösungswerten erreicht wird. Da im vorliegenden Fall „="-Restriktionen auftreten, ist der Einsatz von Schlupfvariablen nicht möglich. Man erweitert das Gleichungssystem um künstliche Variablen, die durch Einführung einer künstlichen Zielfunktion nach einigen Rechenschritten den Wert Null annehmen müssen. Auf diese Weise wird eine zulässige Ausgangslösung für das ursprüngliche Gleichungssystem gewonnen, auf deren Grundlage das Optimum bestimmt werden kann. Vgl. dazu im einzelnen Dantzig, G. B., Lineare Programmierung und Erweiterungen, ins Deutsche übertragen und bearbeitet von A. Jaeger, Berlin–Heidelberg–New York 1966, S. 118 ff.

zu stellen. Zudem wird deutlich, daß die einzelnen Optimallösungen z. T. unterschiedlich viele Kombinationen von Arbeitselementen und damit Bearbeitungsstationen enthalten[54]. Angestrebt werden soll aber gerade die Minimierung der Stationenzahl. Bei näherer Prüfung des von Wedekind gewählten Zielkriteriums fällt auf, daß grundsätzlich alle aufgrund der Reihenfolgebedingungen und der vorgegebenen Zuordnungstaktzeit zulässigen Lösungen optimal im Sinne der Zielsetzung sind, d. h. die Bearbeitungsstationen maximal auslasten. Es wird offenbar übersehen, daß alle realisierbaren Kombinationen die einzusetzenden Arbeitskräfte insgesamt stets gleich belasten[55]. Unabhängig davon, ob im behandelten Beispiel 2, 3, 4 oder 5 Bearbeitungsstationen gebildet werden, ergibt sich der Zielwert 12. Dies ist dadurch zu erklären, daß Wedekind die Summe der Ausführungszeiten der Elementkombinationen maximieren will. Diese muß jedoch für alle zulässigen Lösungen gleich sein; es handelt sich stets um die Summe der Ausführungszeiten aller Arbeitselemente.

Durch eine Veränderung der Zielfunktion läßt sich eine Lösung des Planungsansatzes herbeiführen. Es empfiehlt sich dafür eine Formulierung, in der die Leerzeitminimierung der Arbeitssysteme unmittelbar angestrebt wird. Dies bedarf einer Ermittlung der Leerzeiten für alle realisierbaren Elementkombinationen, die als Koeffizienten in der zu minimierenden Zielfunktion erscheinen.

Die Leerzeit einer Bearbeitungsstation m, die sich durch eine bestimmte Arbeitselementkombination ergibt, bestimmt sich auf der Grundlage von (IV-8)[56] wie folgt:

(IV-16)

$$l_m = c_N - \frac{(100 + z_v + z_{er} + z_s)}{G} \cdot \sum_{h,\ldots,p} t_{h,\ldots,p;m} \cdot e_{h,\ldots,p}$$

$\sum_{h,\ldots,p} t_{h,\ldots,p;m}$ = Elementgrundzeitsumme der Elementkombination des Arbeitssystems m, bestehend aus den Arbeitselementen $h,\ldots,p$; $h,\ldots,p$ $\in \{1; 2,\ldots,n\}$

$e_{h,\ldots,p}$ = Zuordnungsvariable für die Zuweisung der Arbeitselemente $h,\ldots p$; $h,\ldots,p$ $\in \{1, 2,\ldots n\}$

In ähnlicher Weise läßt sich das Problem auch mit Hilfe der sog. M-Methode lösen. Vgl. dazu Krelle, W. / Künzi, H. P., Lineare Programmierung, Zürich 1958, S. 63; Angermann, A., Entscheidungsmodelle, Frankfurt a. M., 1963, S. 211 ff.

54 So erfordern beispielsweise die Werte einer der optimalen Lösungen (e_{13} = 1, e_2 = 1, e_{45} = 1) die Einrichtung von 3 Stationen, hingegen die Werte einer anderen Optimallösung (e_1 = 1, e_{24} = 1, e_3 = 1, e_5 = 1) den Aufbau von 4 Stationen.

55 In der Zielformulierung fehlt offensichtlich ein Kriterium für die Auswahl derjenigen Lösungsalternative(n) mit der minimalen Anzahl gewählter Elementkombinationen.

56 Vgl. S. 43.

Die Zielfunktion zur Minimierung der gesamten Leerzeit lautet daher:

(IV-17)

$$\sum_{m=1}^{M} 1_m = \sum_{m=1}^{M} \left[c_N - \frac{(100 + z_v + z_{er} + z_s)}{G} \cdot \sum_{h,\dots,p} t_{h,\dots,p;m} \cdot e_{h,\dots,p} \right]$$

$$= L \text{ (Min.)}$$

Betragen die Zeitzuschläge z_v, z_{er} und z_s insgesamt 10%, erhält man für den Beispielfall bei Normalleistung für c_N 6,6 Minuten. In den Ansatz der linearen Optimierung ist folgende Zielfunktion einzubeziehen:

$3,3\,e_1 + 0\,e_{12} + 1,1\,e_{13} + 3,3\,e_2 + 1,1\,e_{23} + 1,1\,e_{24} + 4,4\,e_3 + 2,2\,e_{34} + 0\,e_{345}$
$+ 4,4\,e_4 + 2,2\,e_{45} + 4,4\,e_5 = L\,(\text{Min.})$

Nach Durchrechnung des Systems ergeben sich als Lösungswerte

$e_{12} = 1$ und $e_{345} = 1$.

Es sind also zwei Bearbeitungsstationen zu bilden, wobei der ersten Station die Arbeitselemente 1 und 2 und der zweiten die Elemente 3, 4 und 5 zuzuweisen sind. Bei dieser Lösung treten keine Leerzeiten auf.

Eine weitere Möglichkeit zur Gewinnung kostenorientierter Abstimmungsergebnisse ist in der Anwendung des Verfahrens der begrenzten Enumeration zu sehen. Mertens[57] hat auf dieser Basis einen Ansatz zur zeitorientierten Fließbandabstimmung aufgebaut, der im folgenden vorgestellt werden soll. Das Optimierungsziel dieses Verfahrens, das von Müller-Merbach[58] zunächst für andere Fragestellungen entwickelt wurde, besteht in der Minimierung der Stationenzahl bei vorgegebener Taktzeit, was gleichbedeutend ist mit der Minimierung der gesamten Leerzeit aller Bearbeitungsstationen. Die Verfahrensanwendung erfordert zunächst die Ermittlung einer Näherungslösung, die für weitere Rechenschritte die anfängliche Leerzeitobergrenze bzw. Stationenzahlobergrenze angibt. Denkbar wäre auch eine Orientierung an dem Bandwirkungsgrad der Näherungslösung, der als Untergrenze für weitere Schritte zur Lösungsverbesserung anzusehen wäre.

---

57 Vgl. Mertens, P., Fließbandabstimmung mit dem Verfahren der begrenzten Enumeration nach Müller-Merbach, a.a.O., S. 429 ff.; vgl. auch Müller-Merbach, H., Operations Research, Berlin und Frankfurt 1969, S. 338 ff.
58 Vgl. Müller-Merbach, H., Ein Verfahren zur Lösung von Reihenfolgeproblemen der industriellen Fertigung, in: Zeitschrift für wirtschaftliche Fertigung, 61. Jg. (1966), S. 147 ff.; Müller-Merbach, H., Drei neue Methoden zur Lösung des Traveling Salesman Problems, in: Ablauf- und Planungsforschung, 7. Jg. (1966), S. 32 ff. und S. 78 ff.; Müller-Merbach, H., Ein Verfahren zur Planung des optimalen Betriebsmitteleinsatzes bei der Terminierung von Großprojekten, in: Zeitschrift für wirtschaftliche Fertigung, 62. Jg. (1967), S. 86 f. und S. 135 ff.

Für die Erzeugung von Näherungslösungen bedient man sich zweckmäßigerweise leicht rechenbarer Verfahren, deren Lösung nicht optimal sein muß. Mertens schlägt beispielsweise eine Abstimmung vor, bei der „. . . man von allen nach der technologischen Reihenfolgebedingung möglichen das Element mit der längsten Ausführungszeit zuerst der gerade im Aufbau befindlichen Station zuzuordnen versucht"[59].

Dem Aufbau der Näherungslösung folgt die systematische Abstimmung. Unter Beachtung der technologischen Vorrangbedingungen und der Zuordnungstaktzeit wird für die erste Bearbeitungsstation eine Elementkombination festgelegt. Danach wird die für die auf diese Weise abgegrenzte Fertigungsaufgabe der ersten Station günstigstenfalls noch benötigte Stationenzahl berechnet, indem die Summe der Ausführungszeiten der noch nicht zugeteilten Arbeitselemente durch die Zuordnungstaktzeit dividiert wird. Erhält man ein nicht ganzzahliges Ergebnis, so ist dieses analog zu (IV-13)[60] auf die nächstgrößere ganze Zahl aufzurunden, da nur ganzzahlige Werte für die Stationenzahl in Frage kommen. Der systematische Kombinationsprozeß wird fortgesetzt, wenn die Stationenzahl bzw. die Leerzeitsumme nach einem Zwischenschritt (also jeweils nach Aufbau einer weiteren Station) insgesamt geringer als die der Näherungslösung ist; die nächste Station wird systematisch aufgebaut. Ist das Ergebnis der Näherungslösung auch unter günstigsten Zuordnungsbedingungen der noch nicht zugewiesenen Arbeitselemente nicht erreichbar, wird der Prozeß abgebrochen. Die Fertigungsaufgabe der jeweils zuletzt gebildeten Station wird dann neu konzipiert. Findet man eine im Vergleich zur Näherungslösung günstigere systematische Lösung, so wird die dabei erhaltene Stationenzahl bzw. die Leerzeitsumme zur neuen Obergrenze für das Enumerieren von weiteren Lösungen bestimmt. Die Optimallösung ist diejenige Abstimmungsalternative, deren Stationenzahl bzw. Leerzeitsumme die letzte Obergrenze bildete[61].

Gegenüber vollenumerierenden Optimierungsansätzen hat die begrenzte Enumeration den Vorteil, daß Lösungswege, die mit Sicherheit keine günstigere Lösung als die beste bekannte erwarten lassen, vorzeitig abgebrochen werden. Liegt allerdings die mit dem Näherungsverfahren ermittelte Stationenzahlobergrenze bzw. Leerzeitobergrenze sehr nahe am Optimum, so müssen unter Umständen sehr viele systematische Lösungsalternativen weit verfolgt werden, bis erkennbar wird, daß eine bessere Lösung nicht erbracht werden kann[62]. Es besteht jedoch die Möglichkeit, den Verfahrensablauf bei Erreichen zufriedenstellender Ergebnisse, etwa gemessen am jeweiligen Bandwirkungsgrad, vorzeitig zu beenden, um auf diese Weise den Rechenaufwand bei der Suche nach Verbesserungsmöglichkeiten in vertretbaren

---

59 Mertens, P., Fließbandabstimmung mit dem Verfahren der begrenzten Enumeration nach Müller-Merbach, a.a.O., S. 430.
60 Vgl. S. 47.
61 Vgl. dazu auch Müller-Merbach, H., Optimale Reihenfolgen, Berlin—Heidelberg—New York 1970, S. 31.
62 Vgl. Bussmann, K. F., u. a., Ein Vergleich von Fließbandabstimmungsverfahren, a.a.O., S. 352.

Grenzen zu halten[63]. Wie das Verfahren der begrenzten Enumeration sich aufgrund seiner Struktur zur Ermittlung kostenminimaler Abstimmungsergebnisse erweitern läßt, wird an anderer Stelle im einzelnen gezeigt[64].

c) Zeitorientierte heuristische Abstimmungsverfahren

Da sich umfangreiche kombinatorische Probleme im allgemeinen nur unter sehr hohem Rechenaufwand optimieren lassen, wurden insbesondere unter dem Aspekt der praktischen Anwendbarkeit heuristische Lösungsverfahren aufgebaut. Problemlösungen werden dabei auf der Grundlage bestimmter Vorgehensregeln ermittelt, die im Hinblick auf das jeweils angesteuerte Ziel „... erfolgversprechend erscheinen, aber nicht immer die optimale Lösung hervorbringen. Der Rechenaufwand ist dafür meist gering"[65].

Die Entwicklung heuristischer Verfahren ist in der Regel auf Anstöße durch spezifische Planungsaufgaben zurückzuführen, deren Lösung durch exakte Methoden des Operations Research aufgrund der Problemstruktur und/oder des Problemumfanges nicht bzw. durch Einführung einengender Prämissen nur unzureichend bewältigt werden kann[66]. „Heuristische Verfahren werden demnach fast immer maßgeschneidert für bestimmte Probleme"[67]. In diesem Sinne sind auch durch den Anstoß zur Bewältigung von Abstimmungsproblemen bei Fertigungslinien entsprechende Näherungsverfahren entstanden, weil einerseits dem Einsatz exakter Optimierungsverfahren für die praktische Anwendung relativ enge Grenzen gesetzt sind, andererseits aber die Bewältigung der Abstimmungsaufgaben mit Hilfe manueller (unsystematischer) Vorgehensweisen sehr viel Zeit und den Einsatz qualifizierter Fachleute erfordert, wenn zufriedenstellende Abstimmungsergebnisse erzielt werden sollen. Für umfassende Planungsaufgaben dauert eine manuelle Abstimmung oft mehrere Wochen[68].

Mit Hilfe heuristischer Fließbandabstimmungsverfahren wird meist nach einer verhältnismäßig geringen Anzahl von Rechenschritten eine Lösung der anstehenden Planungsaufgabe erreicht. Anwendungen der Heuristiken auf kleinere Abstimmungsprobleme lassen Vergleiche mit den Ergebnissen exakter Verfahren zu. Dabei zeigt

---

63 Bei der computergestützten Anwendung des Verfahrens hat Mertens für Abstimmungsprobleme mit 10 Arbeitselementen günstige Rechenzeiten erzielt. Speicherplatzprobleme ergaben sich bei Abstimmungsaufgaben, bei denen über 30 Arbeitselemente zuzuteilen waren. Vgl. Mertens, P., Fließbandabstimmung mit dem Verfahren der begrenzten Enumeration nach Müller-Merbach, a.a.O., S. 432 f.

64 Vgl. dazu S. 95 ff.

65 Müller-Merbach, H., Operations Research, a.a.O., S. 273.

66 Vgl. Müller-Merbach, H., Operations Research, a.a.O., S. 273.

67 Müller-Merbach, H., Operations Research, a.a.O., S. 273.

68 Unter wirtschaftlichen Gesichtspunkten ist daher die Anwendung systematischer Abstimmungsverfahren insbesondere dort erstrebenswert, wo im Sinne einer arbeitsteilungsbezogenen Anpassung häufig neue Abstimmungen erforderlich werden. Zu erwähnen sind in diesem Zusammenhang Betriebe der Fernsehgerätemontage, in denen Abstimmungen zur Anpassung an Nachfrageverschiebungen in der Regel in zeitlichen Abständen von 2 bis 6 Monaten vorgenommen werden.

sich, daß die heuristischen Abstimmungsverfahren nicht immer die leerzeitminimale Lösung finden, jedoch in der Regel dem Optimum naheliegende Resultate erzeugen[69]. Die Abweichung vom Optimum steht in den meisten Fällen in keinem Verhältnis zu dem viel höheren Rechenaufwand von exakten Verfahren. Dieser wird bei den Heuristiken dadurch stark eingeschränkt, daß aufgrund der jeweiligen Zuordnungskriterien Lösungen mit relativ geringer Zielerfüllung von vornherein ausgeschlossen werden. Jedoch gelingt es nicht, optimale Lösungen, die − wie angedeutet − durchaus erreicht werden können, als solche zu kennzeichnen. Es wird nichts darüber ausgesagt, ob ein besseres Ergebnis erzielt werden kann oder nicht, wie dies bei den exakten Optimierungsverfahren innerhalb der einzelnen Rechenschritte der Fall ist.

Bisweilen ist erkennbar, daß die heuristischen Vorgehensregeln sich an ausgewählten Zuordnungsweisen der oben angesprochenen exakten Abstimmungsverfahren orientieren, um gute Lösungen zu erreichen. Auch aus diesem Grunde ist trotz eng begrenzter praktischer Anwendungsmöglichkeiten die Entwicklung exakter Verfahren keineswegs in Frage zu stellen. Sie liefern Impulse für den Aufbau und die Erweiterung leistungsfähiger Heuristiken.

Exakte Aussagen über einen Vergleich der Qualität heuristischer Abstimmungsverfahren sind nicht möglich. Vergleiche können sich lediglich auf die Ergebnisse der einzelnen Ansätze bei vielen Anwendungen stützen. Jedoch können bei unterschiedlichen Ausgangsbedingungen die Resultate dieses oder jenes Verfahrens besser sein. Für den Einsatz elektronischer Rechenanlagen sind die heuristischen Abstimmungsverfahren in der Regel zugeschnitten. Bemerkenswert sind der vielfach geringe Speicherplatzbedarf und geringe Rechenzeiten[70].

Die heuristischen Abstimmungsregeln lassen sich sehr schwierig systematisieren. Sie nutzen zum Teil die aufgrund der Vorrangbeziehungen bisweilen gegebene Verschiebbarkeit einzelner Arbeitselemente[71]. Ein anderes Verfahren bestimmt für alle Arbeitselemente sog. Positionswerte, die die Grundlage für eine Zuordnung zu Bearbeitunsstationen bilden[72]. In einem weiteren Ansatz wird die Elementzuteilung unter Beachtung der Reihenfolgebedingungen nach abfallenden Elementzeiten vorgenommen (Maximal-Vorgabezeit-Regel) und anschließend versucht, ein besseres Ergebnis durch ein Vertauschen von Arbeitselementen verschiedener Stationen zu

69 Vgl. dazu z. B. die Übersicht über Verfahrensergebnisse bei Bussmann, K. F., u. a., Ein Vergleich von Fließbandabstimmungsverahren, a.a.O., S. 353.
70 Vgl. dazu auch Lutz, L., Abtakten von Montagelinien, a.a.O., S. 23.
71 Vgl. Kilbridge, M. D. / Wester, L., A heuristic method of assembly line balancing, in: Journal of Industrial Engineering, Vol. 12 (1961), S. 294 ff.; Wester, L. / Kilbridge, M. D., Heuristic line balancing: a case, a.a.O., S. 308 ff. Vgl. auch die umfassende Darstellung dieses Verfahrens bei Buffa, E. S., Production − Inventory Systems, a.a.O., S. 235 ff. sowie bei Sawyer, J. H. F., Line Balancing, Brighton, Sussex 1970, S. 48 ff.
72 Vgl. Helgeson, W. B. / Birnie, D. P., Assembly line balancing using the ranked positional weight technique, a.a.O., S. 394 ff.; vgl. auch Sawyer, J. H. F., Line Balancing, a.a.O., S. 40 ff.

erreichen[73]. Bei einem von Hoffmann[74] entwickelten Verfahren werden unter Beachtung der Reihenfolgebeschränkungen und der Zuordnungstaktzeit zunächst für die erste Station alle Kombinationsmöglichkeiten der zuteilbaren Arbeitselemente gebildet und diejenige mit der geringsten Leerzeit ausgewählt. Daran schließt sich in entsprechender Weise die Zuordnung der verbleibenden Arbeitselemente zu den Folgestationen an. Diese Zuordnungsregel, die einer Abkürzung eines von Jackson[75] aufgebauten exakten Ansatzes auf der Grundlage der dynamischen Optimierung entspricht, kann als stationsweise Kombinatorik bezeichnet werden. Einer neueren Abstimmungsheuristik von Nevins[76] liegt das Branch-and-Bound-Verfahren zugrunde. Des weiteren sind Planungsansätze entwickelt worden, die hinsichtlich der jeweiligen Zuordnung der Arbeitselemente auf der Grundlage von Wahrscheinlichkeiten arbeiten. Dabei werden eine Reihe von Abstimmungslösungen ermittelt, von denen die beste ausgewählt wird[77]. Allerdings ist mit zunehmender Anzahl durchzuführender Abstimmungen das von Heuristiken angestrebte Ziel geringer Rechenzeiten nicht mehr erreichbar[78].

In drei unabhängig voneinander durchgeführten Verfahrensvergleichen von Bussmann u. a.[79], Hahn[80] und Lutz[81] kommt zum Ausdruck, daß das erwähnte Positionswert-Verfahren hinsichtlich Bandwirkungsgrad, Rechenzeit und Speicherplatzbedarf relativ gute Ergebnisse liefert. Mehrere Veröffentlichungen deuten darauf hin, daß dieser von Helgeson und Birnie konzipierte Ansatz auch in Deutschland

73 Vgl. Moodie, C. L. / Young, H. H., A heuristic method of assembly line balancing for assumptions of constant or variable work element times, in: Journal of Industrial Engineering, 16. Jg. (1965), S. 23 ff.

74 Vgl. Hoffmann, Th. R., Assembly line balancing with a precedence matrix, in: Management Science, Vol. 9 (1963), S. 551 ff.

75 Der Ansatz von Jackson ist jedoch weitergehend, weil das Optimum erreicht werden soll. Er bildet daher für jede der möglichen Arbeitselementkombinationen des ersten Arbeitssystems alle zulässigen Arbeitsaufgaben der zweiten Station, für jede Kombination der Aufgaben der ersten und zweiten Station die zulässigen Aufgaben der dritten Station usw. Vgl. dazu im einzelnen Jackson, J. R. A., A computing procedure for a line balancing problem, a.a.O., S. 261 ff.

76 Vgl. Nevins, A. J., Assembly line balancing using best bud search, in: Management Science, Vol. 18 (1972), S. 529 ff.

77 Vgl. Tonge, F. M., Assembly line balancing using probabilistic combinations of heuristics, in: Management Science, Vol. 11 (1965), S. 727 ff.; Arcus, A. L., COMSOAL: A computer method of sequencing operations for assembly lines, in: Readings in Production and Operations Management, hrsg. von E. S. Buffa, New York–London–Sydney 1966, S. 336 ff. Arcus, A. L., COMSOAL: A computer method of sequencing operations for assembly lines, in: International Journal of Production Research, Vol. 4 (1966), S. 259 ff.

78 Darauf weisen Bussmann u. a. im Zusammenhang mit dem Verfahren von Arcus hin: „Der hierfür erforderliche Aufwand an Arbeit reicht nahezu an die Rechenzeiten exakter Abstimmungsverfahren heran . . .“. Bussmann, K. F. u. a., Ein Vergleich von Fließbandabstimmungsverfahren, a.a.O., S. 326.

79 Vgl. Bussmann, K. F. u. a., Ein Vergleich von Fließbandabstimmungsverfahren, a.a.O., S. 353 ff.

80 Vgl. Hahn, R., Produktionsplanung bei Linienfertigung, a.a.O., S. 42 ff.

81 Vgl. Lutz, L., Abtakten von Montagelinien, a.a.O., S. 38 ff.

vielfach erfolgreiche Anwendung gefunden hat[82]. Da das Verfahren zugleich die Möglichkeit für Erweiterungen im Hinblick auf kostenbezogene Planungen bietet, wird es für zeitorientierte Abstimmungen von Anwendungsbeispielen innerhalb dieser Untersuchung herangezogen und dient als Vergleichsmaßstab für kostenorientierte Ergebnisse. Diesem Ansatz wird daher im folgenden umfassendere Aufmerksamkeit gewidmet.

Wesentliche Grundlage des angesprochenen Verfahrens bildet die Ermittlung der arbeitselementbezogenen Positionsgewichte. Für ein Arbeitselement bestimmt sich diese Größe aus der Summe der Elementgrundzeit sowie der Grundzeiten aller Nachfolgeelemente. Sie ist ein Maß für den Zuordnungsstellenwert, den ein Arbeitselement innerhalb der gesamten Fertigungsaufgabe einnimmt. Die Arbeitselemente werden nach abnehmenden Positionswerten geordnet. Elemente gleicher Positionsgewichte werden zusätzlich nach fallenden Grundzeiten sortiert[83].

Unter Beachtung der Vorrangbedingungen und der Zuordnungtaktzeit werden die Arbeitselemente den Bearbeitungsstationen nach abnehmenden Positionsgewichten zugeordnet. Die Positionswerte bewirken dabei, daß aus zuteilbaren Arbeitselementen diejenigen mit zahlreichen Nachfolgeelementen früher als solche mit vergleichsweise weniger Nachfolgern zugewiesen werden, wenn nicht letztere durch längere Grundzeiten ein höheres Gewicht erhalten. Zudem werden von Elementen mit den gleichen Nachfolgern die zeitlängeren bei der Zuteilung vorrangig behandelt. Ist ein aufgrund seines Positionswertes zuzuordnendes Arbeitselement mangels ausreichender verfügbarer Grundzeit des betreffenden Arbeitssystems nicht zuteilbar, werden die anderen zulässigen Elemente nach abfallenden Positionsgewichten abgefragt und bei hinreichend geringer Elementzeit zugewiesen. Unabhängige Arbeitselemente, deren Ausführung an beliebiger Stelle des Fertigungsprozesses erfolgen kann, erhalten als Positionswerte lediglich ihre Grundzeit. Sie werden häufig dann in eine Arbeitsaufgabe eingegliedert, wenn andere Elemente aufgrund von Reihenfolgebeschränkungen und ihrer Grundzeit nicht mehr zuteilbar sind. Nach Zuordnung aller Arbeitselemente ist die Lösung des Verfahrens erreicht[84]. Da die

---

82 Vgl. Hautsch, K. / John, H. / Schürgers, H., Taktabstimmung bei Fließarbeit mit dem Positionswert-Verfahren, a.a.O., S. 451 ff.; Hardeck, W. / Schönfelder, G., Rechnerunterstützte Austaktung von Fließlinien, a.a.O.; Hahn, R., Produktionsplanung bei Linienfertigung, a.a.O., S. 47 ff.
83 Hautsch, John und Schürgers weisen auf eine andere Möglichkeit der Positionswertermittlung hin. Sie bestimmen das Gewicht eines Elementes aus der Anzahl aller nachfolgenden Arbeitselemente und dem jeweils betrachteten. Es ist leicht erkennbar, daß bei dieser Berechnung häufig gleiche Positionswerte auftreten, so daß hier das Zusatzkriterium „Elementdauer" sehr häufig abgefragt werden muß, um eindeutige Rangfolgen zu erhalten. Aus dieser Sicht erscheint ein solches Vorgehen wenig sinnvoll.
Vgl. Hautsch, K. / John, H. / Schürgers, H., Taktabstimmung bei Fließarbeit mit dem Positionswert-Verfahren, a.a.O., S. 455.
84 Nach Helgeson und Birnie wird für die ermittelte Stationenzahl in anschließenden Abstimmungsprozessen die minimale Zuordnungtaktzeit angestrebt. Dies erfolgt durch geringfügige Verringerung der Taktzeit für den folgenden Abstimmungsprozeß. Eine schrittweise Taktzeitreduzierung wird so oft wiederholt, bis für eine Abstimmung die anfangs ermittelte Stationenzahl nicht mehr ausreicht. Die vorangehende Abstimmung wird realisiert. Vgl. Helegeson, W. B. / Birnie, D. P., Assembly line balancing using the ranked positional weight technique, a.a.O., S. 396 f.

errechneten Positionsgewichte taktzeitunabhängig sind, können sie bei arbeitsteilungsbezogenen Anpassungsprozessen jeweils wieder herangezogen werden[85].

Für die Berechnung der Positionswerte sind jeweils neben der Elementzeit des betrachteten Arbeitselementes alle Nachfolgeelemente auf ihre Grundzeit hin abzufragen. Der dafür erforderliche Rechenaufwand und der im Hinblick auf den Einsatz von Elektronenrechnern benötigte Speicherplatzbedarf sind erheblich. Beide lassen sich durch einen von Hahn vorgeschlagenen Weg reduzieren: „Für die einzelnen Arbeitselemente müssen sogenannte Rangwerte ermittelt werden, die wie die Positionswerte die Reihenfolge für die Zuteilung bestimmen. Der Rangwert eines Arbeitselementes errechnet sich aus seiner Ausführungszeit plus den Rangwerten seiner direkten Nachfolger. Der Rangwert eines Arbeitselementes ohne Nachfolger ist identisch mit seiner Ausführungszeit. Wenn man den Vorranggraphen zugrunde legt, so werden ausgehend von dessen Endknoten rückwärts schreitend die Rangwerte der einzelnen Arbeitselemente ermittelt"[86]. Die Bestimmung der Rangwerte ist also neben der Ermittlung der Grundzeit eines Arbeitselementes jeweils nur auf die Abfrage der Rangwerte der direkten Nachfolger gerichtet, so daß sich der Rechenaufwand gegenüber der Berechnung der Positionswerte erheblich verringert[87]. Es ist jedoch theoretisch nicht exakt, mit Hahn[88] und Lutz[89] davon auszugehen, daß die Orientierung der Abstimmung an Rangwerten grundsätzlich zu den gleichen Ergebnissen führt, die aus einer positionswertbezogenen Abgrenzung der Arbeitsaufgaben resultieren würden. Abbildung IV-10 zeigt einen Beispielfall, bei

Abbildung IV-10

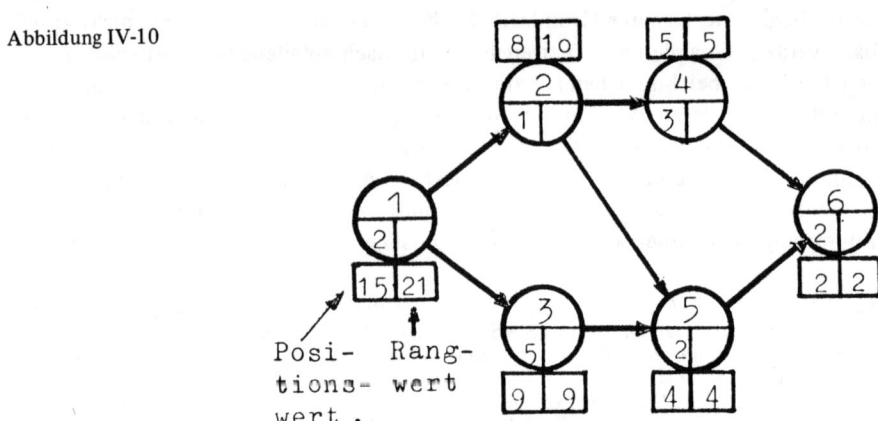

Posi- Rangtions- wert
wert .

85 Eine Verfeinerung des Positionsgewichtsverfahrens von Helgeson und Birnie findet sich bei Mansoor, der zusätzlich durch vollständige Enumeration der Kombinationsmöglichkeiten der Arbeitselemente eine Optimallösung erreicht. Dabei erfordert der Aufbau einer Vielzahl zulässiger Kombinationen regelmäßig erheblichen Rechenaufwand.
Vgl. Mansoor, E. M., Assembly line balancing – an improvement on the ranked positional weight technique, in: Journal of Industrial Engineering, Vol. 15 (1964), S. 73 ff.
86 Hahn, R., Produktionsplanung bei Linienfertigung, a.a.O., S. 46.
87 Aufgrund dieses Vorgehens hat Hahn bei einem 69 Arbeitselemente umfassenden Anwendungsbeispiel die für eine Abstimmung erforderliche Rechenzeit von 53 Sekunden auf 4 Sekunden reduziert. Vgl. Hahn, R., Produktionsplanung bei Linienfertigung, a.a.O., S. 45.
88 Vgl. Hahn, R., Produktionsplanung bei Linienfertigung, a.a.O., S. 44 f.
89 Vgl. Lutz, L., Abtakten von Montagelinien, a.a.O., S. 33 und S. 36.

dem Rangwerte und Positionswerte eine unterschiedliche Reihenfolge der Zuordnung der Arbeitselemente zu Bearbeitungsstationen bewirken würden. Für die Elemente 2 und 3 erhält man durch die Rangwerte eine im Vergleich zu den Positionsgewichten umgekehrte Rangfolge. Dies ist darauf zurückzuführen, daß in den Rangwert des Elementes 2 neben der Elementgrundzeit aufgrund der Anzahl der unmittelbaren Nachfolgeelemente zwei Rangwerte eingehen (Element 4 und 5), während Element 3 lediglich den Rangwert des Elementes 5 berücksichtigt. Die Rangfolge der Positionsgewichte entspricht in diesem Falle nicht derjenigen der Rangwerte.

Da die Orientierung der Abstimmung von Fertigungslinien an den Rangwerten jedoch überwiegend zu guten zeitlichen Auslastungen der Bearbeitungsstationen führt[90], erscheint eine Modifizierung des Positionswert-Verfahrens aus Gründen der Verringerung des Rechenaufwandes gerechtfertigt. Die Überlegungen zur Entwicklung kostenorientierter heuristischer Abstimmungsverfahren knüpfen daher an die als Rangwert-Regel[91] zu bezeichnende Vorgehensheuristik an[92].

B. Kostenorientierte Planung

1. Analyse der Kostenabhängigkeiten bei der Fließbandabstimmung

a) Vorbemerkungen

Will man zeitorientierte Abstimmungsergebnisse betriebswirtschaftlich beurteilen, ist die Ermittlung der damit verbundenen Kosten unumgänglich. Es ist zu prüfen, ob und unter welchen Bedingungen das Ziel, Leerzeiten weitestgehend gering zu halten, ausreicht, um kostengünstige Lösungen zu erhalten, und ob gegebenenfalls durch andere Abstimmungskriterien als Ersatz bzw. Ergänzung der Leerzeitorientierung bessere Resultate herbeigeführt werden können. Zu diesem Zweck ist das Verhalten der einzelnen Fertigungskostenarten zu analysieren, um darauf aufbauend Änderungen und Erweiterungen bestehender Abstimmungsverfahren vornehmen zu können. Wesentlich ist dabei das ökonomische Gewicht von Leerzeiten der in den Arbeitssystemen wirkenden Potentialfaktoren.

---

90 Vgl. dazu die von Hahn und Lutz ermittelten Abstimmungsergebnisse für umfassende Anwendungsbeispiele: Hahn, R., Produktionsplanung bei Linienfertigung, a.a.O., S. 47 ff.; Lutz, L., Abtakten von Montagelinien, a.a.O., S. 38 ff.
91 Vgl. dazu auch Lutz, L., Abtakten von Montagelinien, a.a.O., S. 32.
92 Vgl. dazu S. 105 ff.
Helgeson und Birnie legen ihrem Verfahren die erheblichen Speicherplatz erfordernde quadratische Vorrangmatrix zugrunde. Günstiger ist in dieser Hinsicht die oben beschriebene Doppelmatrix, auf die bei den hier vorzunehmenden Abstimmungen zurückgegriffen wird. Vgl. Helgeson, W. B. / Birnie, D. P., Assembly line balancing using the ranked positional weight technique, a.a.O., S. 395.

Leerzeit ist der Ausdruck unvollständiger Nutzung von Potentialen. An diesen Zusammenhang knüpft der von Bredt[93] geprägte Leerkostenbegriff an, der von Gutenberg[94] unter Ergänzung des Komplementärbegriffs, der Nutzkosten, in die Kostentheorie einbezogen wird. Es liegt daher nahe, zu untersuchen, ob auf der Grundlage dieses Konzeptes eine Angabe des kostenmäßigen Gewichtes von Leerzeiten der bei Fließbandfertigung eingesetzten Potentialfaktoren möglich ist.

Allgemein sollen Nutzkosten und Leerkosten angeben, inwieweit erzeugnismengenunabhängige (fixe) Kostenbestandteile, die auf das Vorhandensein von Potentialen zurückzuführen sind (z. B. zeitverschleißbezogene Abschreibungen von Fertigungsanlagen, zeitabhängige Entlohnung von Arbeitskräften u. ä.), bei der Produktion ausgenutzt bzw. nicht ausgenutzt werden. Betrachtet man einen einzelnen Potentialfaktor, etwa eine Maschine, so werden dafür anfallende zeitabhängige Kosten während einer bestimmten Betriebszeit nicht durch die innerhalb dieser Zeitspanne vollzogenen Anzahl erzeugnismengenabhängiger Fertigungsvorgänge beeinflußt. Für das Intervall in vorgegebener Zeit realisierbarer (gleichartiger) Werkverrichtungen ergeben sich fixe Kosten. Überträgt man das Verhältnis des nicht genutzten Teiles dieses Intervalls zum Gesamtintervall auf die Fixkosten, so ergibt sich ein Kostenbestandteil, der als Leerkosten bezeichnet wird. Als Nutzkosten wird der Teil der Fixkosten angesehen, der dem Verhältnis des genutzten Intervallbereichs zur gesamten Intervallbreite entspricht. Bei jeglicher Nutzung des Potentials ergeben sich die fixen Kosten als Summe aus in dieser Weise abgegrenzten Nutz- und Leerkosten. Es ist jedoch anzumerken, daß hier eine rein verrechnungstechnische Aufspaltung der Fixkosten vorliegt, deren Höhe nicht beeinflußbar ist[95]. Leerkosten sind in diesem Zusammenhang nicht als vermeidbare Kosten anzusehen. Es darf nicht der Eindruck entstehen, daß Nutzkosten als fiktiv zur Erzeugnismenge bzw. zur daraus resultierenden Werkverrichtungsanzahl proportionalisierter Teil der Fixkosten erzeugnismengenabhängige Kosten darstellen. Angesprochen wird ein Kostenverlauf, der sich bei beliebiger Teilbarkeit des betrachteten Produktionsfaktors ergeben würde. Es werden gewissermaßen „. . . zwei unterschiedliche Situationen miteinander verglichen, und zwar die tatsächlich mögliche quantitative Proportionierung des Einsatzes eines v o r h a n d e n e n , starren Produktivfaktors einerseits mit der idealen Teilbarkeit andererseits. Erst dadurch, daß effektive Kostenverhältnisse in bezug auf eine hypothetische Situation relativiert werden, gewinnt das Leerkostenphänomen seine Quantifizierbarkeit"[96]. Offensichtlich soll ein in der beschriebenen Weise vorgenommener Nachweis von Leerkosten eine Signalwirkung

93 Vgl. Bredt, O., Der endgültige Ansatz der Planung (II), in: Technik und Wirtschaft, Bd. 32 (1939), S. 261.
94 Vgl. Gutenberg, E., Grundlagen der Betriebswirtschaftslehre, 1. Band, a.a.O., S. 348 ff.; vgl. auch Munzel, G., Die fixen Kosten in der Kostenträgerrechnung, Wiesbaden 1966, S. 39 f.
95 Vgl. Heinen, E., Betriebswirtschaftliche Kostenlehre, a.a.O., S. 427; Vormbaum, H., Fixe Kosten – Ihre sich wandelnde Problematik, in: Die Wirtschaftsprüfung, 15. Jg. (1962), S. 343.
96 Gümbel, R., Die Bedeutung der Leerkosten für die Kostentheorie, in: Zeitschrift für betriebswirtschaftliche Forschung, 16. Jg. (1964), S. 78.

im Hinblick auf ein Bemühen um bessere Ausnutzung überdimensionierter Kapazitäten ausüben. In diesem Zusammenhang stellt Riebel[97] mit Recht das Rechenmanöver der künstlichen Aufspaltung fixer Kosten in Nutz- und Leerkosten in Frage, weil von einem unmittelbaren Vergleich der tatsächlichen Nutzung eines Potentialfaktors mit seinen Nutzungsmöglichkeiten bereits gleiche Effekte ausgehen[98].

Im Schrifttum wird bei der Diskussion der Nutzkosten-Leerkosten-Analyse die spezifische Planungssituation einer Fließbandabstimmung nicht explizite angesprochen. Daher ist bei der Untersuchung des Verhaltens der wesentlichen Kostenarten bei alternativen Abstimmungen von Fertigungslinien zu fragen, ob auf der Basis dieses Konzeptes der Fixkostenaufteilung betriebswirtschaftlich bedeutsame Zusammenhänge veranschaulicht werden können, oder ob auf die dadurch gewonnenen Aussagen gleichwohl verzichtet werden kann.

b) Zusammenhänge zwischen Fließbandabstimmung
   und Lohnkosten

Für die Entlohnung der an Fließbändern eingesetzten Arbeitskräfte wird in der Regel die gesamte Arbeitszeit zugrunde gelegt. Betrachtet man ein einzelnes Arbeitssystem, so erhält der dort tätige Arbeiter je Taktzeit einen bestimmten Lohn, der unabhängig von der jeweils anfallenden Nutz- und Leerzeit zu zahlen ist. Im Hinblick auf die Anzahl und die zeitliche Ausdehnung der innerhalb der Taktzeit auszuführenden Arbeitselemente (Nutzzeit) sind die je Takt anfallenden Lohnkosten fix. Die Übertragung des Nutzkosten-Leerkosten-Konzeptes in diesen Zusammenhang bedeutet daher eine Aufteilung der taktbezogenen Lohnkosten in einen Teil, der durch das Verhältnis der Nutzzeit zur Taktzeit bestimmt wird (Nutzkosten), und in einen anderen Teil, der aus dem Verhältnis der Leerzeit zur Taktzeit resultiert (Leerkosten). Während sich die Nutzkosten-Leerkosten-Analyse im Schrifttum üblicherweise auf ausgedehntere Planungszeiträume (etwa auf einen Monat) bezieht, wird hier eine Übertragung auf kurze, oft wenige Minuten umfassende Zeitspannen (Taktzeiten) vorgenommen. Eine entsprechende verrechnungstechnische Aufspaltung der Lohnkosten (K_L) eines Fließbandarbeiters läßt sich graphisch verdeutlichen. Werden die an dem Arbeitssystem m für die Taktzeit c_N bei Normalleistung anfallenden Lohnkosten mit K_{Lmc} bezeichnet, so erhält man den in Abbildung IV-11 dargestellten Zusammenhang zwischen Nutzzeit, Leerzeit, Nutzkosten (K_L^{nuz}) und Leerkosten (K_{Ll}^{leer})[99].

97 Vgl. Riebel, P., Eine betriebswirtschaftliche Theorie der Produktion, in: Finanzarchiv, Neue Folge, Band 26 (1967), S. 137 f.
98 Vgl. auch Diederich, H., Allgemeine Betriebswirtschaftslehre II, a.a.O., S. 48.
99 Da Leerkosten — wie weiter unten gezeigt wird — nicht nur auf Leerzeiten zurückzuführen sind, wird zur Kennzeichnung der Leerzeitbezogenheit der hier angesprochenen Leerkosten der Leerzeitindex l hinzugefügt.

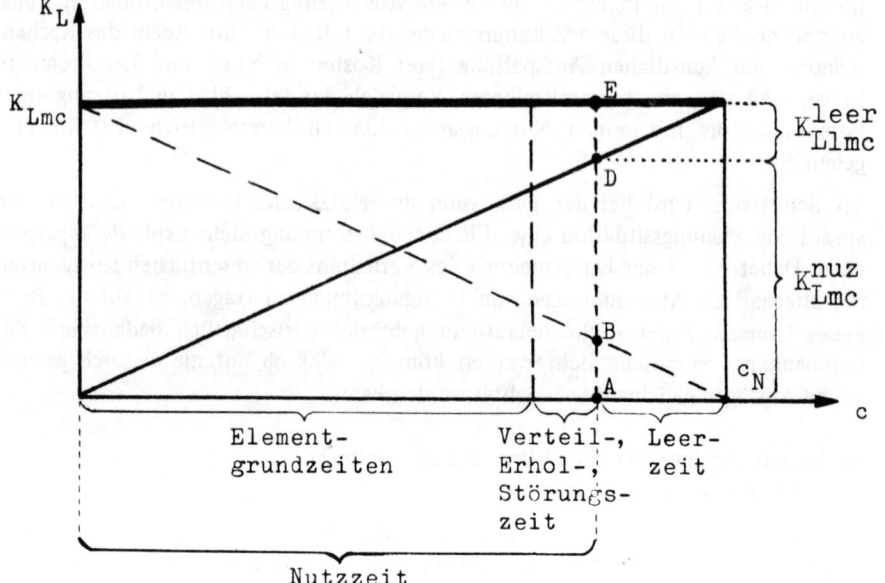

Abbildung IV-11

Die Nutzkosten werden durch die Strecke $\overline{AD}$ und die Leerkosten durch $\overline{DE}$ bzw. $\overline{AB}$ angegeben. Man erhält für die auf Leerzeiten zurückgeführten lohnbezogenen Leerkosten des Arbeitssystems m unter Berücksichtigung alternativer Leistungs- bzw. Zeitgrade (G) folgende Bestimmungsgleichung:

$$(IV-18) \qquad K^{leer}_{Llmc} = \left[c_N \cdot \frac{G}{100} - \frac{\sum_i t_{im}(100 + z_v + z_{er} + z_s)}{100} \right] \cdot \frac{K_{Lmc}}{c_N}$$

K^{leer}_{Llmc} = taktzeitbezogene Leerkosten aufgrund von Leerzeiten des Arbeitssystems m (m=1,2,...,M)

Die Hohe in dieser Weise angegebener Leerkosten eines Arbeitssystems innerhalb einer Taktzeit wird durch die anfallende (um den jeweiligen Leistungsgrad korrigierte)[100] Leerzeit und den auf die Zeiteinheit bezogenen Lohn determiniert. Zur Kennzeichnung des Verhaltens der lohnbezogenen Leerkosten aller Arbeitssysteme

---

100 Bei Normalleistungen überschreitenden Leistungsgraden sind Leerzeiten entsprechend höher zu bewerten, weil die Taktzeit c_N im Vergleich zu Normalleistungen höher entlohnt wird. Im Hinblick auf die Leerkosten wirkt ein zunehmender Leistungsgrad erhöhend auf die zu entlohnenden Leerzeiteinheiten (Ausdruck in den eckigen Klammern in (VI-18)), was einer Steigerung des Lohnsatzes je Zeiteinheit gleichkommt. (IV-18) könnte daher auch wie folgt angegeben werden:

$$K^{leer}_{Llmc} = \left[c_N - \frac{\sum_i t_{im}(100 + z_v + z_{er} + z_s)}{G} \right] \cdot \frac{K_{Lmc}}{c_N} \cdot \frac{G}{100}$$

68

einer Fertigungslinie bei der Produktion alternativer Erzeugnismengen innerhalb einer vorgegebenen Betriebszeit wird analog zu der Beschreibung der Leerzeitabhängigkeiten eine einfache Abstimmungssituation konstruiert. Ihre schrittweise Erweiterung soll Auskunft über das jeweilige Ausmaß von Leerkosten und den Lohnkostenverlauf bei Produktmengenänderungen durch Taktzeitvariationen geben. Dabei wird von einer Vorgabebetriebszeit von 990 Minuten ausgegangen. Für diesen Zeitraum werden die Lohnkosten für alternative Erzeugnismengen zwischen 90 und 300 Produkteinheiten ermittelt. Mit (IV-1)[101] bestimmt sich die jeweils zu berücksichtigende Normaltaktzeit als Quotient aus Betriebszeit und Erzeugnismenge. Ausgehend von dem behandelten einfachen Beispiel beliebig teilbarer Arbeitsaufgaben[102] erhält man den in Abbildung IV-12 angegebenen Verlauf der Lohnkosten (K_L), wenn unterstellt wird, daß alle einzusetzenden Arbeitskräfte unabhängig von der während der Taktzeit anfallenden Nutz- und Leerzeit je Betriebszeitminute mit 0,10 DM zu entlohnen sind und mit normaler Leistung arbeiten.

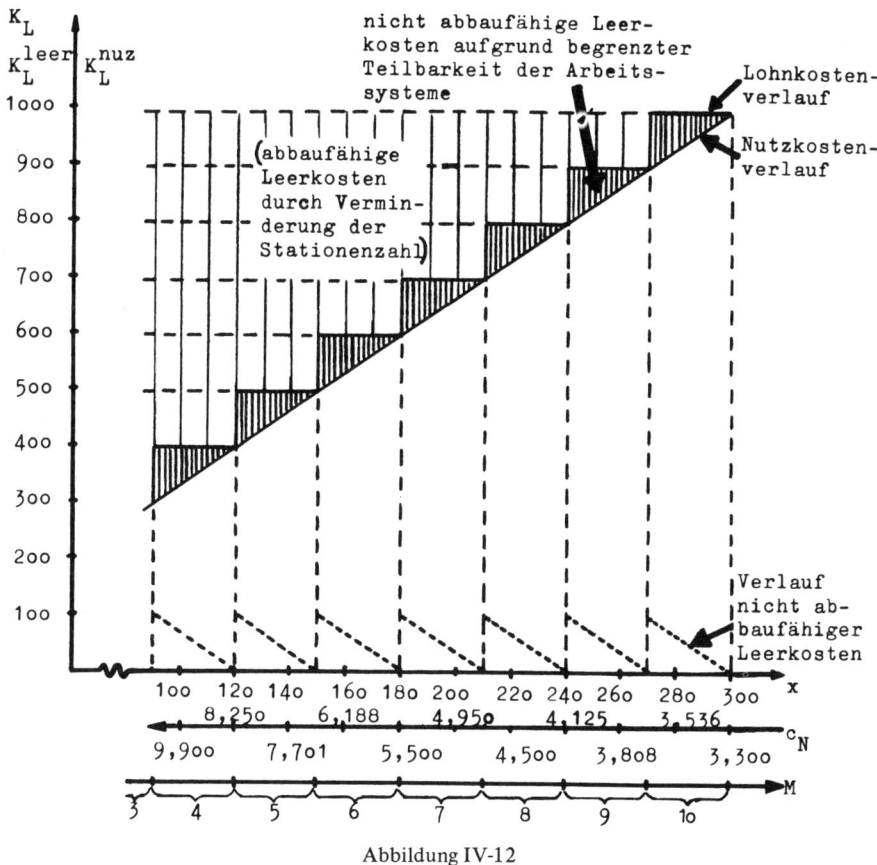

Abbildung IV-12

101 Vgl. S. 32.
102 Vgl. S. 46 ff.

Die Darstellung erinnert an aus der Produktionstheorie bekannte Kostenverläufe für quantitative Anpassungen von Potentialfaktoren[103]. Allerdings werden im Bereich der Fließbandfertigung bei alternativer Arbeitsteilung mit der Variation der Stationenzahl die Arbeitsaufgaben der einzusetzenden Arbeitskräfte verändert, so daß im Gegensatz zur quantitativen Anpassung funktionsungleiche Potentiale zum Einsatz gelangen[104]. Die Intervalle gleicher Lohnkosten beziehen sich jeweils auf eine Stationenzahl. Es ergibt sich ein Kostensprung, sobald der Einsatz eines zusätzlichen Arbeitssystems erforderlich wird bzw. wenn auf eine Bearbeitungsstation verzichtet werden kann. Jedes zusätzliche Arbeitssystem führt zunächst zu verhältnismäßig hohen Leerkosten, die mit zunehmender Erzeugnismenge (abnehmender Taktzeit) sinken und bei vollständiger Auslastung aller Stationen Null werden[105]. Lohnkostenbezogene Leerkosten variieren innerhalb dieser einfachen Problemstruktur linear mit den Leerzeiten; denn sie resultieren aus der Bewertung der bei der jeweiligen Erzeugnismenge insgesamt anfallenden Leerzeit mit dem gewählten Lohnsatz[106]. Das Ausmaß der Leerkosten ist daher — wie das der Leerzeiten — auf die begrenzte Teilbarkeit der Arbeitssysteme zurückzuführen. Mit der Realisierung einer einmal vorgenommenen Fließbandabstimmung liegen die Leerzeiten der Arbeitskräfte fest. Daraus abgeleitete Leerkosten (unausgenutzte Lohnkosten) sind unvermeidbar. Leerkosten können nur dann abgebaut werden, wenn mit der Reduzierung der Erzeugnismenge auf den Einsatz eines Arbeitssystems verzichtet werden kann[107]. Abbaufähige Leerkosten sind in Abbildung IV-12 breit, nicht abbaufähige Leerkosten eng schraffiert dargestellt.

Erweitert man die Problemstruktur durch die Annahme begrenzt teilbarer Arbeitsaufgaben, so ergibt sich für das im Zusammenhang mit der Analyse der Leerzeitabhängigkeiten behandelte Beispiel (10 Arbeitselemente mit einer Grundzeit von je 3 Minuten)[108] der Lohnkostenverlauf der Abbildung IV-13.

---

103 Vgl. z. B. Schweitzer, M. / Küpper, H.-U., Produktions- und Kostentheorie der Unternehmung, a.a.O., S. 246 f.
104 Vgl. dazu auch S. 30.
105 Im Sinne der aus der Produktionstheorie bekannten technischen Maximierungsbedingung sollte mit einem gegebenen Faktoreinsatz stets die maximale Ausbringungsmenge erwirtschaftet werden. Bezogen auf die eingesetzten Arbeitskräfte wären danach lediglich die Erzeugnismengen voller Auslastung der Stationen relevant, bei denen keine Leerkosten anfallen. Die Festlegung der Erzeugnismenge bzw. der Taktzeit erfolgt jedoch zusätzlich unter Beachtung weiterer Faktoreinsätze sowie der jeweiligen Umweltbedingungen einer Unternehmung, so daß die Lohnkosten für alle realisierbaren Erzeugnismengen von Interesse sein können.
Zur technischen Maximierungsbedingung vgl. z. B. Carlson, S., A study in the pure theory of production, Stockholm 1939, Nachdruck New York 1965, S. 14 f.
106 Die gesamten Leerkosten erhält man durch Multiplikation von (IV-9) mit dem Lohnsatz und der Erzeugnismenge bzw. durch Multiplikation von (IV-18) mit der Erzeugnismenge, aufsummiert über alle Stationen (m = 1,2, ..., M).
107 Dabei wird unterstellt, daß freiwerdende Arbeitssysteme anderweitig einsetzbar sind.
108 Vgl. S. 49.

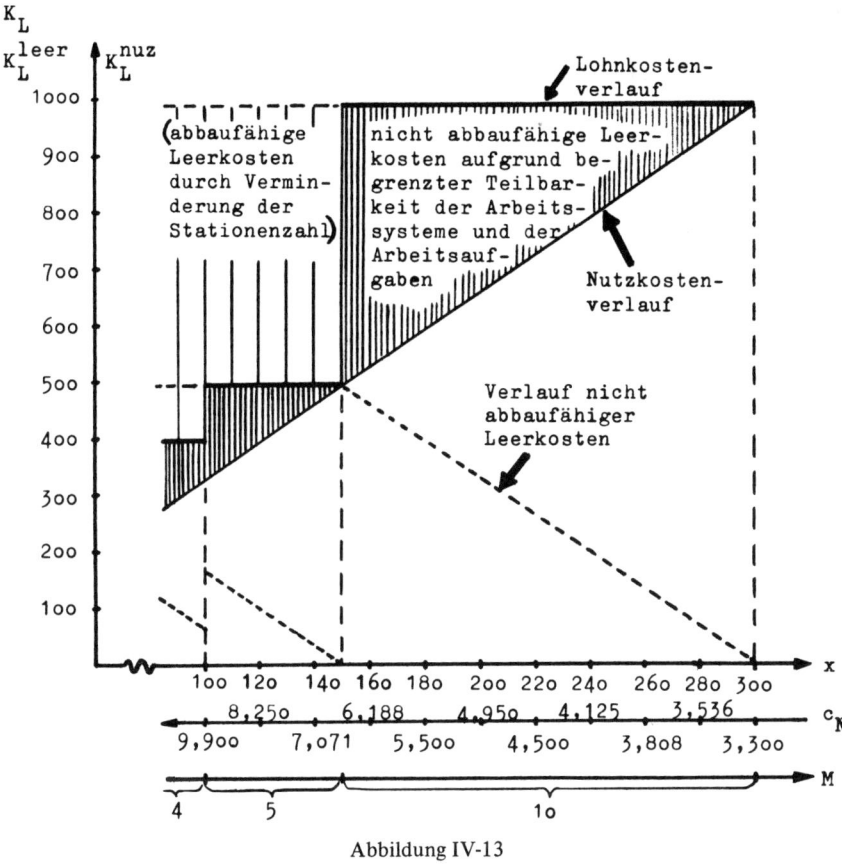

Abbildung IV-13

Analog zur Leerzeitenstehung ergeben sich nunmehr gegenüber dem Fall beliebiger Teilbarkeit der Arbeitsaufgaben erhöhte Leerkosten. Es wird deutlich, daß die eingeschränkte Zerlegbarkeit von Arbeitsaufgaben und Arbeitssystemen erheblichen Einfluß auf die Höhe dieses nicht genutzten Teiles der Lohnkosten ausübt. Dennoch liefern die in der beschriebenen Weise angegebenen Leerkosten aufgrund der angenommenen linearen Verknüpfung mit den Leerzeiten keine zusätzlichen Informationen über die Nutzung der eingesetzten Arbeitskräfte bzw. über die Güte einer Fließbandabstimmung. Das Ausmaß der Leerkosten kann nicht mehr veranschaulichen, als durch eine Angabe von Nutz- und Leerzeiten ohnehin bekannt ist. Im Sinne von Riebel könnte man daher auch in diesem Bereich auf das Rechenmanöver der Aufspaltung taktbezogener Lohnkosten in Nutz- und Leerkosten verzichten[109]. Eine Minimierung der Leerzeiten aller Arbeitssysteme bedeutet gleichzeitig Minimierung der lohnbezogenen Leerkosten. Unter der Voraussetzung gleicher Entlohnung der Arbeitskräfte reicht daher in diesem Zusammenhang eine

109 Vgl. S. 67.

Orientierung der Abstimmung von Fertigungslinien an der Leerzeitsumme aller Stationen aus; sie liefert zugleich lohnkostengünstige Ergebnisse. Bei leerzeitminimalen Abstimmungen werden hier die Einsatzmöglichkeiten zuzuordnender Arbeitskräfte für die Produktion einer gewünschten Erzeugnismenge und die dafür anfallenden Lohnkosten bestmöglich genutzt. Diese Aussage gilt ebenfalls, wenn neben den behandelten Leerzeitbestimmungsfaktoren zusätzlich unterschiedliche Arbeitselementzeiten und vorgegebene Elementfolgen zu beachten sind[110]. Das (umfassendere) Ausmaß der Leerzeiten wirkt auch dabei linear auf die Leerkostenhöhe ein[111].

Betrachtet man die Struktur praktischer Abstimmungsprobleme, so wird erkennbar, daß neben den angesprochenen Leerkostenbetrachtungen unter Entlohnungsgesichtspunkten weitere Einflüsse beachtet werden müssen, die eine Orientierung der Abstimmungen an Kostengrößen unentbehrlich machen. Unterschiedliche Arbeitselemente stellen in der Regel differenzierte Anforderungen an die Qualifikation derjenigen, die sie auszuführen haben. Bei der Zusammenfassung von Arbeitselementen zu Stationsarbeitsaufgaben gelingt es vielfach nicht, Elemente gleicher Anforderungen miteinander zu kombinieren, weil Reihenfolgebedingungen hemmend entgegenstehen. Hinsichtlich der Personaleinsatzplanung ist zu beachten, daß einem Arbeitsplatz ein Arbeiter zugeordnet wird, der den gesamten durch die Arbeitsaufgabe gestellten Anforderungen gewachsen ist. Im allgemeinen kann davon ausgegangen werden, daß Arbeitskräfte mit vergleichsweise geringer Qualifikation Arbeitsaufgaben mit hohen Anforderungen nicht oder nur unzureichend bewältigen können. Umgekehrt sind vergleichsweise höher qualifizierte Arbeiter in der Regel in der Lage, Arbeitselemente mit geringen Anforderungen auszuführen. Die Entlohnung der Arbeitskräfte richtet sich in der betrieblichen Praxis daher an dem (den) im Rahmen der Arbeitsaufgabe auszuführenden Arbeitselement(en) mit der höchsten Anforderung aus[112]. Besteht also eine Arbeitsaufgabe aus Arbeitselementen unterschiedlicher Schwierigkeitsgrade, ergeben sich Leerkosten aufgrund von Anforderungsdifferenzen.

Um das Ausmaß von Leerkosten dieser Art sichtbar zu machen, sei unterstellt, daß die Arbeitsaufgabe eines Arbeitssystems je zur Hälfte aus beliebig teilbaren Arbeitselementen hoher und vergleichsweise geringer Anforderungen besteht. Bezogen auf die Taktzeit ergeben sich dafür die in Abbildung IV-14 wiedergegebenen Nutzkosten-Leerkosten-Beziehungen.

Sofern alle auszuführenden Verrichtungen durch hohe Anforderungen und damit verbundener hoher Entlohnung gekennzeichnet wären, würde die Gerade $\overline{OB}$ den Nutzkostenverlauf darstellen. Entsprechend ergäbe sich für Arbeitselemente vergleichsweise geringerer Schwierigkeitsgrade der Nutzkostenverlauf $\overline{OE}$. Da jedoch je

---

110 Vgl. S. 51.
111 Von linearen Abhängigkeiten zwischen den gesamten Leerzeiten einer Fertigungslinie und den Leerkosten (Taktausgleichskosten) geht auch Lutz aus. Vgl. Lutz, L., Abtakten von Montagelinien, a.a.O., S. 26 f.
112 Dies ist im Rahmen der Endmontage von Fernsehgeräten etwa dann gegeben, wenn eine Arbeitskraft sowohl die Bereichskontrolle (geringe Anforderung) als auch die Justierung der Geräte (hohe Anforderung) vorzunehmen hat.

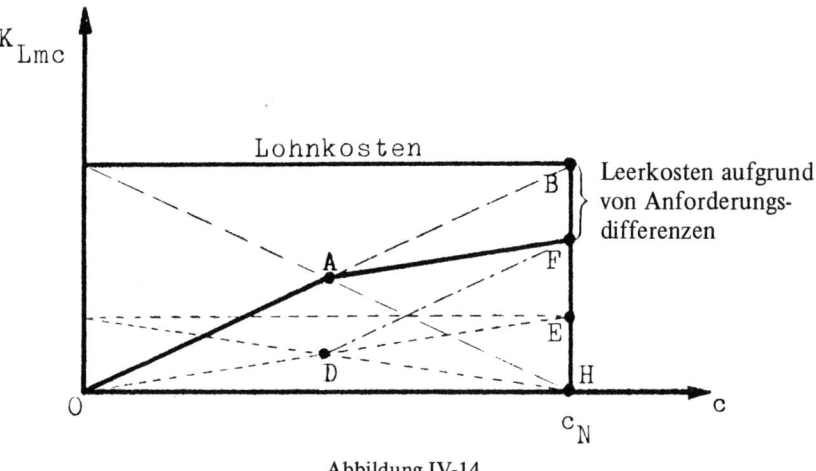

Abbildung IV-14

zur Hälfte der Taktzeit (unter Berücksichtigung angemessener Verteil-, Erholungs-
und weiterer Störungszuschläge) Verrichtungen hoher und geringerer Anforderungen zugeordnet werden, sind die Nutzkosten beider Elementarten durch $\overline{OA}$ und
$\overline{AF}$ bzw. $\overline{OD}$ und $\overline{DF}$ zu kombinieren. Man erhält als Nutzkosten das Ausmaß $\overline{FH}$,
dessen Ergänzung zu dem taktbezogenen Lohn des Arbeitssystems die Leerkosten
$\overline{BF}$ ergibt[113].

Dieser Aspekt kann über die Angabe von Leerzeiten nicht mehr erfaßt werden. Hier
ist auf entsprechende Kostengrößen zurückzugreifen. Die dabei wesentlichen Leerkosten aufgrund von Anforderungsdifferenzen (K_{La}^{leer}) lassen sich für das Arbeitssystem m wie folgt bestimmen:

$$(IV\text{-}19) \quad K_{Lamc}^{leer} = \frac{\sum\limits_{i} t_{im}(100+z_v+z_{er}+z_s)}{100} \cdot k_{Lm}$$

$$- \sum\limits_{i} \frac{t_{im}(100+z_v+z_{er}+z_s)}{100} \cdot k_{Li}$$

K_{Lamc}^{leer} = taktzeitbezogene Leerkosten aufgrund von Anforderungsdifferenzen
des Arbeitssystems m
(m = 1,2,...,M)

k_{Li} = Arbeitselement-Lohnsatz des Arbeitselementes i
(i = 1,2,...,n) (DM/Minute)

k_{Lm} = maximaler Arbeitselement-Lohnsatz
der dem Arbeitssystem m zugeteil-
ten Arbeitselemente (Stations-
lohnsatz; DM/Minute)

---

113 Analog ist vorzugehen, wenn die Anteile der Arbeitselemente unterschiedlicher Anforderungen anders gestaltet sind, etwa zu einem Drittel hohe, zu zwei Dritteln geringere
Schwierigkeitsgrade aufweisen.

Anforderungsdifferenzbedingte Leerkosten je Arbeitssystem und Taktzeit resultieren aus der Differenz zwischen

der mit dem maximalen Element-Lohnsatz bewerteten Elementzeitsumme, die um Verteil-, Erholungs- und materialbedingte Störungszeitzuschläge erweitert wurde (Nutzzeit),

und

der Summe der mit den Element-Lohnsätzen bewerteten Elementzeiten, der Arbeitselemente zuzüglich entsprechender Zeitzuschläge

der betreffenden Arbeitsaufgabe.

Durch die unterschiedlichen arbeitselementbezogenen Lohnsätze kann sich eine differenzierte Entlohnung der eingesetzten Arbeitskräfte ergeben. Für die Gesamtbetrachtung der aus einer Fließbandabstimmung resultierenden Nutzung der tätigen Personen ist in ökonomischer Sicht die Angabe von Nutz- und Leerzeiten nicht mehr hinreichend aussagefähig. Hier kann durch eine Gewichtung der Leerzeiten mit dem jeweiligen maximalen Arbeitselement-Lohnsatz des Arbeitssystems, an dem sie auftreten (k_{Lm}), die unvollständige Potentialnutzung kostenmäßig veranschaulicht werden. Zur Bestimmung der aus Leerzeiten abgeleiteten lohnbezogenen Leerkosten des Arbeitssystems m geht (IV-18)[114] daher über in:

$$(\text{IV-20}) \qquad K_{L1mc}^{leer} = \left[c_N \cdot \frac{G}{100} - \frac{\sum_i t_{im}(100 + z_v + z_{er} + z_s)}{100} \right] \cdot k_{Lm}$$

Die gesamten lohnbezogenen Leerkosten eines Arbeitssystems während der Taktzeit erhält man durch Addition von (IV-19) und (IV-20):

$$(\text{IV-21}) \qquad K_{Lmc}^{leer} = K_{L1mc}^{leer} + K_{Lamc}^{leer}$$

Lohnbezogene Nutzkosten (K_L^{nuz}) ergeben sich jeweils als Differenz aus Lohnkosten und Leerkosten.

Zwischen dem Ausmaß leerzeitbedingter und anforderungsdifferenzbedingter Leerkosten bestehen bei alternativen Fließbandabstimmungen wechselseitige Beziehungen, die auf der Grundlage der Abbildung IV-15 erläutert werden können. Dabei werden zwei Arbeitssysteme betrachtet, denen bei vorgegebener Taktzeit bestimmte anforderungs- und lohnsatzunterschiedliche Arbeitselemente in zwei Abstimmungssituationen abweichend zugeordnet werden. Leerkosten werden dabei analog zu dem in den Abbildungen IV-11 und IV-14 erläuterten Vorgehen ermittelt[115].

In der Ausgangssituation der Abstimmung I sind sowohl leerzeitbedingte als auch anforderungsdifferenzbedingte Leerkosten erkennbar. Durch Zusammenfassung aller Arbeitselemente hoher Anforderungen zur Arbeitsaufgabe der ersten Station gelingt es in der Abstimmung II, Anforderungsdifferenzen zu beseitigen. Dadurch kann die Arbeitsaufgabe des Arbeitssystems 2 von einem geringer qualifizierten

---

114 Vgl. S. 68.
115 Vgl. S. 68 und S. 73.

74

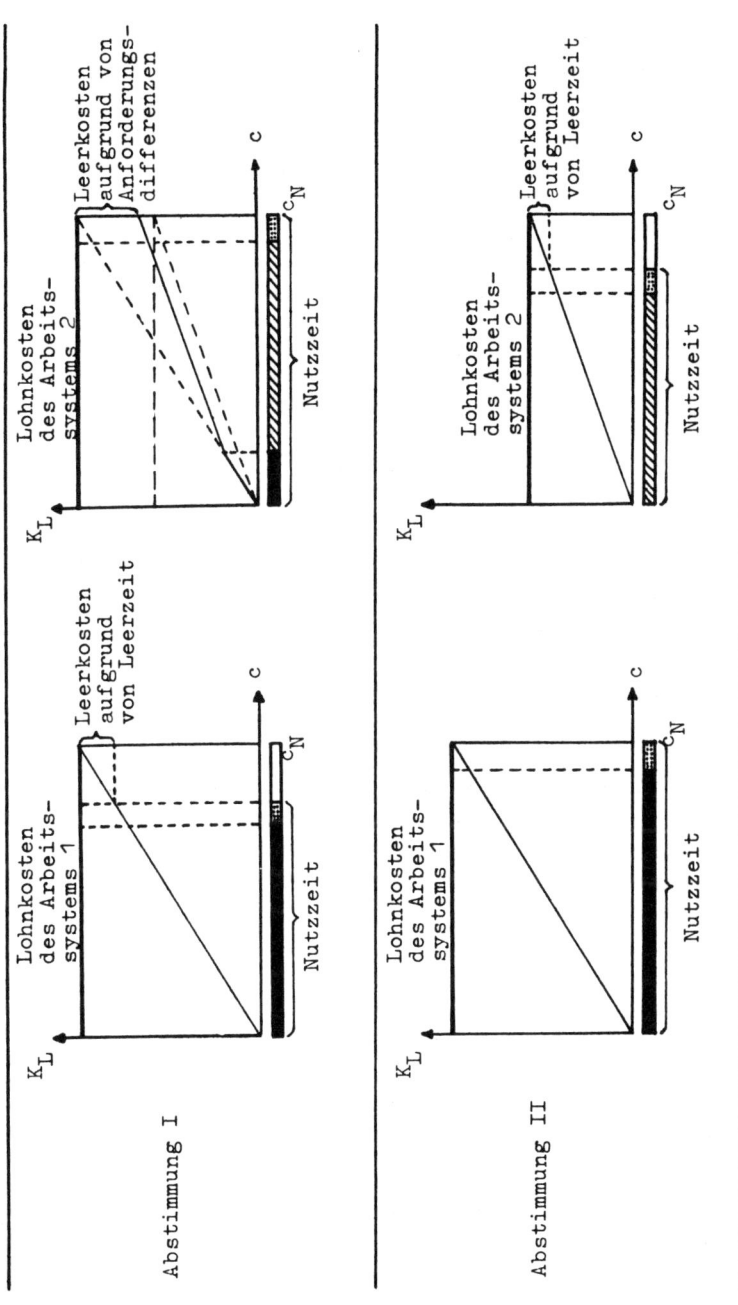

Abbildung IV-15

Grundzeit von Arbeitselementen (gleich)hoher Anforderungen
Grundzeit von Arbeitselementen (gleich)geringer Anforderungen
Verteil-, Erholungs-, Störungszeit
Leerzeit

75

Arbeiter bewältigt werden, so daß weniger hohe Lohnkosten anfallen. Die Leerzeiten verlagern sich von Station 1 nach Station 2 und erhalten durch die Bewertung mit einem geringeren Lohnsatz ein geringeres ökonomisches Gewicht. Es wird ersichtlich, daß sich durch Umstrukturierung der Arbeitsaufgaben b e i g l e i - c h e n L e e r z e i t e n nicht nur bei den Leerkosten aufgrund von Anforderungsdifferenzen Veränderungen vollziehen. Das Ausmaß leerzeitbedingter Leerkosten kann ebenfalls beeinflußt werden. Dies ist im vorliegenden Fall auf den Einsatz eines im Vergleich zur Ausgangssituation unterschiedlichen Potentialfaktors im Arbeitssystem 2 zurückzuführen.

Die dargestellten Zusammenhänge lassen sich durch entsprechende Erweiterungen in die vorangehend behandelte Abstimmungsaufgabe[116] einbeziehen. Angenommen sei, daß nunmehr je 5 der 10 zeitgleichen Arbeitselemente eine hohe und eine vergleichsweise geringe Qualifikation der einzusetzenden Arbeitskräfte erfordern. Die Reihenfolge der Elementzuordnung sei beliebig. Hat ein Arbeitssystem Arbeitselemente unterschiedlicher Schwierigkeitsgrade zu vollziehen, orientiert sich die Berwertung auftretender Leerzeiten an dem für das schwierigste Arbeitselement geltenden Lohnsatz. Zunächst sei unterstellt, daß in dem angesprochenen Beispielfall jedem Arbeitssystem — soweit möglich — jeweils mindestens ein Arbeitselement höherer Anforderungen zugeteilt wird. Bei Annahme von Lohnsätzen der beiden Anforderungsstufen von 0,10 und 0,05 DM/Minute zeigt sich dabei für den Bereich des Einsatzes bis zu 5 Bearbeitungsstationen kein Unterschied zu dem Lohnkostenverlauf der Abbildung IV-13, weil in beiden Fällen alle Arbeitssysteme mit 0,10 DM/Minute entlohnt werden. Neben leerzeitbezogenen Leerkosten, die durch die gewählte Elementzuordnung mit dem höheren Lohnsatz zu bewerten sind, ergeben sich zusätzlich Leerkosten aufgrund von Anforderungsdifferenzen. Werden hingegen durch Taktzeitreduzierung 10 Arbeitssysteme benötigt, denen jeweils lediglich 1 Arbeitselement zugeteilt wird, so entstehen je 5 Stationen mit Arbeitsaufgaben vergleichsweise hoher und geringerer Anforderungen, so daß der Einsatz von Arbeitskräften mit unterschiedlichen Qualifikationen und damit eine unterschiedliche Entlohnung möglich wird. Leerkosten sind dabei nicht mehr auf Anforderungsdifferenzen zurückzuführen, sondern ausschließlich auf Leerzeiten, die jedoch durch die differenzierten Lohnsätze der Stationen unterschiedlich gewichtet werden. Da nunmehr 5 Arbeitssysteme geringer entlohnt werden, ergeben sich beim Einsatz von 10 Arbeitssystemen im Vergleich zu dem in Abbildung IV-13 gekennzeichneten Fall niedrigere Lohnkosten. Abbildung IV-16 zeigt die Kostensituation der beschriebenen Abstimmungsweise.

Durch gezielte Veränderung der Stationsarbeitsaufgaben lassen sich innerhalb des Beispiels die Leerkosten aufgrund von Anforderungsdifferenzen und damit die gesamten Lohnkosten bei Einsatz von 4 und 5 Arbeitssystemen reduzieren. Dies erfolgt durch weitestgehende Zusammenfassung anforderungsgleicher (lohnkostengleicher) Arbeitselemente. So können etwa je 2 von 5 erforderlichen Bearbeitungs-

---

116 Vgl. S. 70 ff.

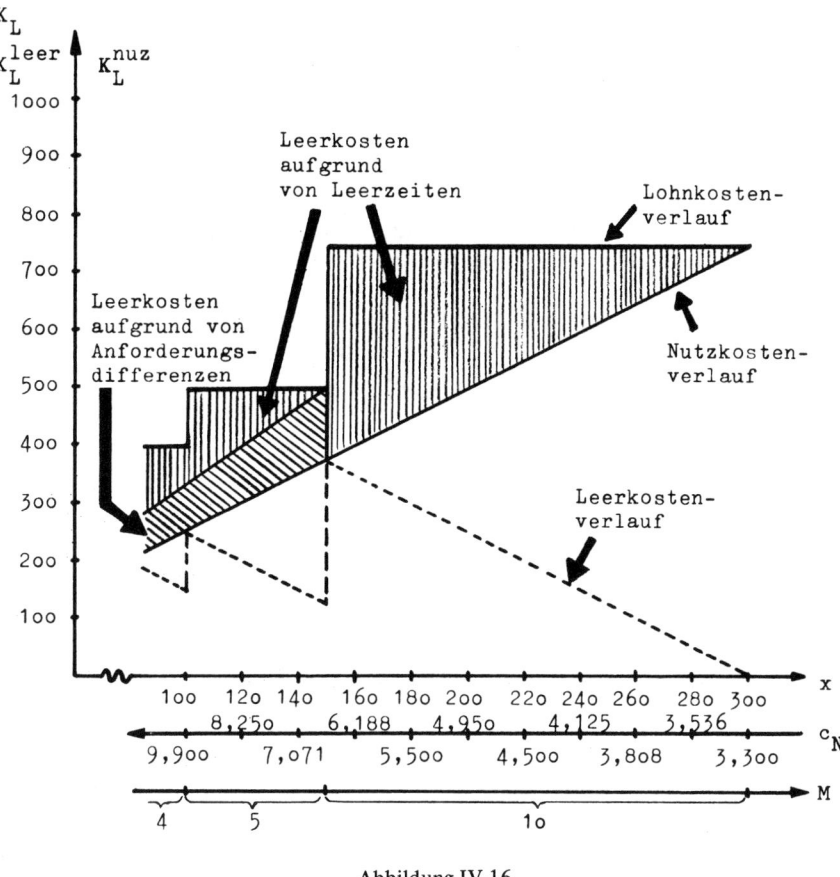

Abbildung IV-16

stationen Arbeitselemente mit jeweils lediglich hohen und ausschließlich geringeren Anforderungen zugeordnet werden. Nur bei einem Arbeitssystem ist eine Kombination beider Schwierigkeitsgrade notwendig, was aufgrund des hohen Lohnsatzes zu anforderungsdifferenzbedingten Leerkosten führt. Die auf diese Weise vorgenommene Abstimmung kennzeichnet Abbildung IV-17.

Vergleicht man die Ergebnisse der Abbildungen IV-16 und IV-17, so wird auch dabei erkennbar, daß bei gleichen Leerzeiten bzw. gleicher Stationenzahl lohnkostenunterschiedliche Abstimmungsergebnisse möglich sind. Dies ist darauf zurückzuführen, daß auf der Grundlage einer Abstimmungssituation im Vergleich zu einer anderen Abstimmung zumindest bei einigen Arbeitssystemen unterschiedlich qualifizierte Arbeitskräfte eingesetzt werden. Die qualitativ veränderten Potentiale verändern die Lohnkostensituation. Analog zur Abbildung IV-15 wird deutlich, daß die Lohnkosten abstimmungsabhängig sind. Leerzeiten sind daher als Abstimmungskriterium nicht hinreichend leistungsfähig, wenn kostenminimale Ergebnisse erzielt werden sollen. Der Meinung Zimmermanns, daß die Zusammenfassung von Arbeits-

77

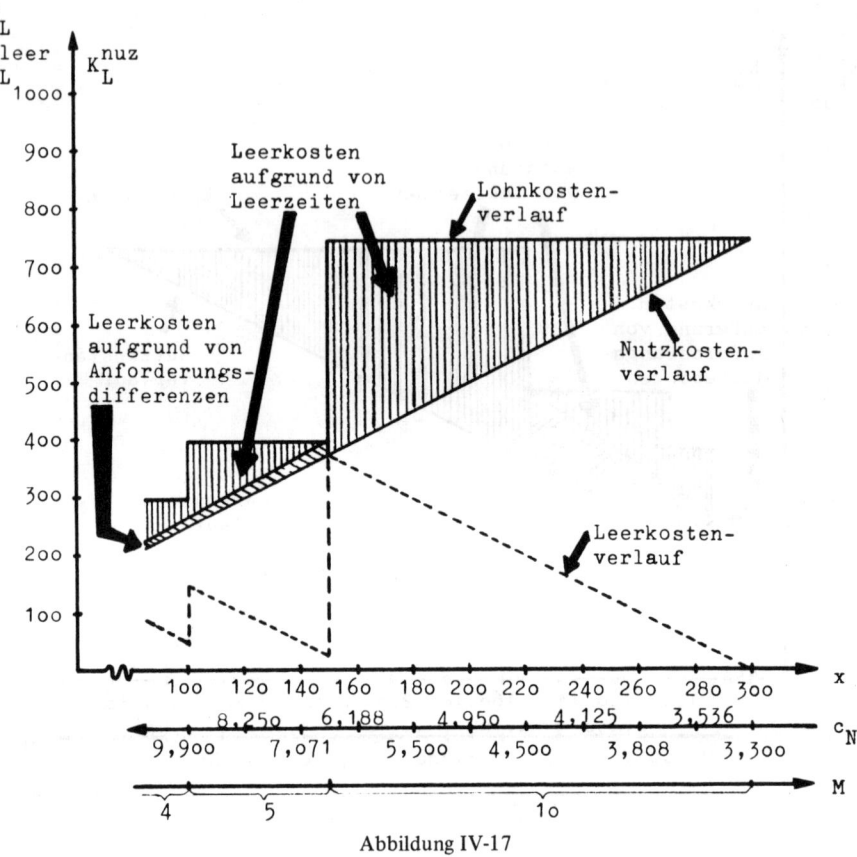

Abbildung IV-17

elementen zu Stationsarbeitsaufgaben „. . . ein reines Zeitplanungsproblem . . ."[117] ist, kann daher nicht zugestimmt werden. Unter Lohnkostengesichtspunkten kann es bisweilen sogar günstiger sein, nicht mit der leerzeitminimalen Stationenzahl zu arbeiten. Dies sei an einem einfachen Beispielfall mit 4 Arbeitselementen erläutert, deren Ausführungsreihenfolge beliebig ist:

Arbeitselement	1	2	3	4
Elementgrundzeit (Minuten)	3	1	4	2
Elementlohnsatz (DM/Minute)	0,20	0,20	0,05	0,05

Tabelle IV-3

117 Zimmermann, W., Modellanalytische Verfahren zur Bestimmung optimaler Fertigungs- programme, a.a.O., S. 94.

Für eine vorgegebene Zuordnungstaktzeit von 5 Minuten können bei Normalleistung und 10 % Zeitzuschlägen für Verteil-, Erholungs- und materialbedingte Störzeiten (c_N = 5,5 Minuten) beispielsweise die in Tabelle IV-4 angegebenen Stationsaufgaben abgegrenzt werden.

Dabei wird ersichtlich, daß die Lohnkosten der leerzeitfreien Abstimmung mit der geringstmöglichen Stationenzahl (Abstimmung I) durch eine Abstimmung mit höherer Anzahl der Arbeitssysteme unterschritten werden können (Abstimmung II). Dies ist auf vergleichsweise hohe Leerkosten aufgrund von Anforderungsdifferenzen im Fall I zurückzuführen, die über den leerzeitbedingten Leerkosten des Falles II liegen[118].

Für die Angabe der Lohnkosten für alternative Erzeugnismengen sind im Sinne der Kostentheorie stets die kostengünstigsten Abstimmungen heranzuziehen, weil alle davon abweichenden Alternativen vermeidbare Leerkosten enthalten. Unter Kostengesichtspunkten sind bei der Abbildung der Lohnkostenfunktion insbesondere die Kostenpunkte interessant, bei denen mit einem gegebenen Lohnkostenbetrag der maximal mögliche Output produziert wird. In dem Beispiel der Abbildung IV-17 ist dies bei den Produktmengen 100, 150 und 300 gegeben[119]. Es fällt auf, daß die Abstände zwischen diesen Erzeugnismengen sehr unterschiedlich sein können. Dies ist auf die vielfältigen Leerzeit- und Leerkostenbestimmungsgründe[120] zurückzuführen[121]. Produktmengen, die zwischen den angesprochenen Markierungen liegen, werden über Taktvariationen bei — notwendigerweise — unveränderter Stationenzahl und Aufgabenabgrenzung erreicht. Für die Arbeitskräfte sind damit intensitätsmäßige Anpassungsmöglichkeiten verbunden, da für die Abwicklung ihrer Arbeitsaufgaben mehr Zeit zur Verfügung steht als im Falle der bestmöglichen Nutzung.

Insgesamt ist aus den beschriebenen Lohnkostenabhängigkeiten der Mangel leerzeitorientierter Abstimmungen von Fertigungslinien erkennbar. Zur Erreichung kostengünstiger Abstimmungsergebnisse sind kostenorientierte Verfahren zu entwickeln, bei denen den abstimmungsbedingten Lohnkosteneinflüssen Rechnung getragen wird.

---

118 Im Hinblick auf die praktische Relevanz dieser Überlegungen sei auf die Ergebnisse eines umfassenden Abstimmungsproblems verwiesen. Vgl. S. 117 ff.
119 Vgl. S. 78.
120 Zu den Leerzeitbestimmungsfaktoren vgl. S. 51 f.
121 Im Schrifttum werden Leerkosten in der Regel zurückgeführt auf
   – begrenzte Teilbarkeit des technischen und dispositiven Apparates einer Unternehmung,
   – betriebspolitische Entscheidungen,
   – beschränkte Anpassungsfähigkeit aufgrund von Umweltbedingungen.
   Für den Bereich der Lohnkosten ist dieser Katalog zu ergänzen um die begrenzte Teilbarkeit von Arbeitsaufgaben. Mit der beschränkten Teilbarkeit der Potentiale hängt auch der hier angesprochene qualitative Aspekt der Leerkostenentstehung aufgrund von Anforderungsdifferenzen zusammen, der ebenfalls hinzuzufügen ist.
   Zu den Leerkostenbestimmungsgründen vgl. insbesondere Gutenberg, E., Grundlagen der Betriebswirtschaftslehre, 1. Band, a.a.O., S. 351 ff.; Heinen, E., Betriebswirtschaftliche Kostenlehre, a.a.O., S. 431 ff.; Gümbel, R., Die Bedeutung der Leerkosten für die Kostentheorie, a.a.O., S. 73 ff.

Abstimmung	Arbeits-system	Arbeits-elemente der Arbeitsaufgabe	Leerzeit	Lohnkosten je Erzeugnis-einheit	Leerkosten je Erzeugniseinheit aufgrund von Leerzeiten	Leerkosten je Erzeugniseinheit aufgrund von Anforderungs-differenzen	gesamt
I	1	1-4	–	1,10 ⎫ 2,20	–	0,33 ⎫ 0,99	0,99
	2	2-3	–	1,10 ⎭	–	0,66 ⎭	
II	1	1-2	1,1	1,10 ⎫ 1,65	0,22 ⎫ 0,44	–	0,44
	2	3	1,1	0,275 ⎬	0,055 ⎬	–	
	3	4	3,3	0,275 ⎭	0,165 ⎭	–	

Tabelle IV-4

c) Zusammenhänge zwischen Fließbandabstimmung
   und Anlagenkosten

Werden an Fertigungslinien Montageverrichtungen überwiegend manuell vorgenommen, so umfassen die dabei eingesetzten Produktionsanlagen die Fließband-
transporteinrichtungen sowie Arbeitsplatzausstattungen mit Materialkästen und
bisweilen maschinellen Einrichtungen und Prüfgeräten. Durch den Verschleiß
dieser Fertigungsanlagen bedingte Kosten weisen überwiegend Zeit- und Nutzungs-
abhängigkeit auf[122]. Würden Abstimmungsvariationen einen Einfluß auf das Ausmaß
dieser Bestimmungsgrößen ausüben, so wären Anlagenkosten abstimmungsabhängig.
Kalender- und Schichtzeiten werden von Abstimmungen nicht betroffen. Hinsichtlich der Nutzungshäufigkeit Werkverrichtungen vollziehender Anlagen ist bei vorgegebener Taktzeit ebenfalls kein Abstimmungseinfluß zu verzeichnen; nutzungs-
abhängige Anlagenkosten liegen fest. Mit der Taktzeit wird auch die Leerzeit einer
Produktionsanlage determiniert. Bezogen auf eine Erzeugniseinheit ergibt sich diese
stets als Differenz zwischen Taktzeit und Werkverrichtungsdauer. Insoweit kann
auch auf die Leerkosten als Maß für die Nichtausnutzung der zeitabhängigen Kosten
einer Anlage durch Variation der Abstimmung kein Einfluß genommen werden. Sie
werden mit der Vorgabe der Taktzeit vorbestimmt[123]. Leerzeiten und Leerkosten
des an der Anlage tätigen Arbeiters sind bei der Lohnkostenbestimmung zu beachten. Neben den mit maschinellen Einrichtungen zu vollziehenden Arbeitselementen können den jeweiligen Arbeitskräften weitere Teilverrichtungen zugeteilt
werden, sofern dies die Taktzeit erlaubt. Reduziert sich die Zuordnungstaktzeit bis
auf die Ausführungsdauer der Anlagenwerkverrichtung, entfallen Leerzeiten und
Leerkosten der betreffenden Anlage.

Soll eine Taktzeit realisiert werden, die unter der Ausführungszeit einer Anlagenwerkverrichtung liegt, so sind Parallelstationen zu bilden, denen jeweils die doppelte
Taktzeit zur Verfügung steht[124]. Die Anzahl einzusetzender Anlagen einer bestimmten Art im Sinne einer quantitativen Anpassung und die damit verbundenen Kosten
sind daher taktzeitabhängig. Entsprechendes gilt, wenn gleichartige Anlagenwerk-
verrichtungen unmittelbar nacheinander am Erzeugnis vollzogen werden können.
Aufgrund der im Vergleich zu den Lohnkosten überwiegend höheren Kosten für den
Einsatz von Betriebsanlagen wird in der Regel die an der Fertigung beteiligte Anzahl
möglichst gering gehalten. Die Zahl einzusetzender Maschinen einer bestimmten Art

---

122 Zu den Verschleißbestimmungsgrößen vgl. im einzelnen Männel, W., Wirtschaftlichkeits-
    fragen der Anlagenerhaltung, Wiesbaden 1968, S. 29 ff.
    Anlagenkosten ergeben sich durch die (oft problematische) Verteilung der Investitions-
    summe auf die Zeit- und Nutzungseinheiten eines Bezugszeitraumes sowie durch für die
    Erhaltung der Funktionsfähigkeit notwendige Instandhaltungs-, Instandsetzungs- und
    Wartungsmaßnahmen. Vgl. dazu z. B. Kilger, W., Flexible Plankostenrechnung, 5. Auflage,
    Opladen 1972, S. 401 ff.; Steffen, R., Ermittlung von Anlagenkosten auf der Grundlage
    betriebswirtschaftlicher Instandhaltungsstrategien, in: Zeitschrift für wirtschaftliche
    Fertigung, 69. Jg. (1974), S. 303 ff.
123 Auch Herbig weist darauf hin, daß sich die Auslastung von Maschinen durch Abstimmungs-
    variationen nicht verbessern läßt. Vgl. Herbig, H. H., Optimale Fließstraßenabstimmung
    nach einem kombinatorischen Verfahren auf der Rechenanlage NE 503, a.a.O., S. 408.
124 Im Bereich der Endmontage von Fernsehgeräten ist dieser Aspekt im Hinblick auf die
    Anzahl einzusetzender Funktionsprüfgeräte von Bedeutung.

wird nur dann erhöht, wenn die Summe der Ausführungszeiten damit unmittelbar hintereinander zu vollziehender Arbeitselemente je Erzeugniseinheit die geplante Taktzeit überschreitet.

Als kalenderzeitabhängig angenommene Kosten für die Grundausstattung von Arbeitsplätzen mit Materialbehältern usw. sind meist relativ gering. Ist im Vergleich zur leerzeitminimalen Stationenzahl bei davon abweichender Strukturierung der Arbeitsaufgaben der Einsatz eines zusätzlichen Arbeitssystems lohnkostengünstiger, so sind im konkreten Fall die Lohnkosteneinsparungen gegen die zusätzlichen (geringen) Ausstattungskosten abzuwägen. In der Regel überwiegen dabei die Lohn-kosteneinsparungen.

Wegen des fehlenden bzw. zum Teil geringfügigen Einflusses von Fließband-abstimmungen auf die Höhe der Anlagenkosten kann eine Orientierung der Ab-grenzung von Arbeitsaufgaben an dieser Kostenart vernachlässigt werden. Bei vor-gegebener Taktzeit führt jede Abstimmung mit gleicher Stationenzahl notwendig zu gleichen Anlagenkosten (bzw. Anlagenleerkosten). Lohnkostenbezogene Stationen-zahlerhöhungen sind meistens mit unwesentlichen Anlagenkostensteigerungen verbunden.

d) Zusammenhänge zwischen Fließbandabstimmung
   und Material- und Energiekosten

Material- und Energiekosten variieren bei konstanter Fertigungsintensität in der Regel proportional mit der Erzeugnismenge. Bei gegebener Taktzeit müßte der Produktionstheoretiker im Sinne Gutenbergs[125] bei alternativen Leistungsgraden auf u-förmige erzeugniseinheitsbezogene Energieverbrauchsfunktionen und damit auf leistungsgradabhängige Kosten schließen. Ausgehend von einem verbrauchsoptima-len Intensitätsgrad würden Verringerunen und Erhöhungen der Leistung zu höheren Energieverbräuchen je Erzeugniseinheit führen. Innerhalb der realisierten Leistungs-grade zwischen 100 % und 125 % konnte bei der Montage von Fernsehgeräten bei konstanter Anzahl eingesetzter maschineller Anlagen kein unterschiedlicher Ener-gieverbrauch festgestellt werden. Dies mag auf die relativ geringe Intensitätsva-riation zurückzuführen sein. Dennoch wäre selbst bei intensitätsabhängigem Ener-gieverbrauch dieser bei vorgegebener Taktzeit und geplantem Leistungsgrad durch alternative Abgrenzungen der Stationsarbeitsaufgaben nicht beeinflußbar. Entspre-chendes gilt für den Energieverbrauch von Fließbandantriebssystemen bei alterna-tiven Abstimmungen.

Auch beim Einsatz von Fertigungsmaterial liegt kein Einfluß zwischen alternativen Gestaltungen der Stationsaufgaben und dem Materialverbrauch vor. Der Teilebedarf je Erzeugniseinheit ist in allen Fällen gleich, sowohl bei der Umgestaltung der Arbeitsaufgaben bei konstanter Taktzeit als auch in Verbindung mit Taktzeit-variationen[126].

---

125 Vgl. Gutenberg, E., Grundlagen der Betriebswirtschaftslehre, 1. Band, a.a.O., S. 326 ff.
126 Dies ist dadurch bedingt, daß Taktzeitveränderungen bei konstantem Leistungsgrad keinen Einfluß auf die Ausführungsdauer der einzelnen Arbeitselemente ausüben. Mit abnehmen-

e) Konsequenzen für kostenorientierte Planungen

Die beschriebenen Zusammenhänge lassen erkennen, daß innerhalb der Fertigungskostenarten allein für die Entlohnung der einzusetzenden Arbeitskräfte eine ent-
scheidende Abhängigkeit von der Art der Gestaltung der Arbeitsaufgaben bei gegebener Taktzeit und gegebenem Leistungsgrad vorliegt[127]. Für kostenorientierte
Abstimmungen ist daher die Ausrichtung an den Lohnkosten zu fordern. Mit der
Minimierung der Kosten dieser Art geht in der Regel die Minimierung der gesamten
Fertigungskosten für eine bestimmte Erzeugnismenge einher. Insoweit ist zu prüfen,
wie leerzeitorientierte Abstimmungsverfahren im Hinblick auf eine Berücksichtigung des Aspektes der Lohnkostenminimierung erweitert bzw. umgestaltet werden
können.

2. Grundlegende Aufgabenstellung kostenorientierter Planungen

Um die aus den vorangehenden Kostenanalysen resultierende Forderung nach lohnkostenbezogener Fließbandabstimmung erfüllen zu können, müssen für die Abgrenzung der Arbeitsaufgaben der Arbeitssysteme entsprechende Zielsetzungen bzw.
Regeln für die Zuordnung von Arbeitselementen zu Stationen formuliert werden.
Im Rahmen der anstehenden Abstimmungsaufgabe geht es zunächst darum, für
vorgegebene Betriebszeit und Erzeugnismenge bzw. die daraus resultierende Takt-

---

der Taktzeit steigende Ausschußquoten aufgrund ggf. zunehmender Monotonieeinflüsse
konnten im Bereich der Fernsehgerätemontage nicht verzeichnet werden.

127 Im Rahmen der Umgestaltung von Fließbandfertigungen in Produktionsstrukturen mit
Einzelarbeitsplätzen, die umfassende Arbeitsaufgaben vollziehen, wird auf eine dabei sich
ergebende Verminderung monotoniebedingter Arbeitskräftefluktuation und der damit
verbundenen Kosten hingewiesen. Für konkrete Angaben über das Verhalten dieser
Kostenarten, die im wesentlichen aus Personaleinstellungen, Anlernprozessen und der
Bereitstellung sog. universal einsetzbarer Springer als Reservearbeitskräfte für Arbeiter-
ausfälle in der laufenden Produktion resultieren, fehlt jedoch gegenwärtig noch die
empirische Grundlage. Es bedarf der Beobachtung des Kostenverhaltens über mehrere
Jahre, um zu gesicherten Aussagen zu gelangen. Aus der derzeitigen Experimentierphase
können noch keine repräsentativen Ergebnisse abgeleitet werden.
Bei herkömmlichen Fließbandsystemen könnte man bei Taktzeitausdehnungen aufgrund
des zunehmenden Umfanges der Arbeitsaufgaben monotoniesenkende Effekte und damit
zusammenhängende Abnahmen fluktuationsbedingter Kosten vermuten. Die Überprüfung
des angesprochenen Aspektes im Fertigungsbereich eines Betriebes der Fernsehgerätemontage ergab jedoch eine weitgehende Konstanz der Fluktuationsrate gegenüber Taktvariationen, die sich überwiegend auf das Zeitintervall zwischen 1,0 und 3,5 Minuten
bezogen. Dies ist offenbar einerseits auf die relativ geringen Taktzeitveränderungen und
andererseits darauf zurückzuführen, daß bei Taktverlängerungen häufig gleichartige
Arbeitselemente innerhalb der einzelnen Arbeitsaufgaben auftreten, so daß ein ein-
schneidender Monotonieabbau ausbleibt. Auf ensprechende Zusammenhänge weist auch
Rühl bei der Charakterisierung von Arbeitserweiterungen hin. Vgl. Rühl, G., Untersuchung
zur Arbeitsstrukturierung, a.a.O., S. 154.
Zusammenhänge zwischen unterschiedlichen Zuordnungen der Arbeitselemente zu
Arbeitsstationen bei gegebener Taktzeit und der Fluktuationsrate konnten in dem an-
gesprochenen Montagebereich ebenfalls nicht festgestellt werden.

zeit die Anzahl einzusetzender Arbeitssysteme zu finden, bei der die Summe der Lohnkosten bzw. die Summe lohnbezogener Leerkosten ein Minimum wird[128]. Leerkosten aufgrund von Leerzeiten und von Anforderungsdifferenzen müssen im Zusammenhang gesehen werden. Zur Ausrichtung lohnkostenbestimmter Planungen an praktikablen Orientierungsgrößen wird auf die Grundlagen der Entlohnung zurückgegriffen, aus denen zielkonforme Kennzahlen abzuleiten sind.

3. Bestimmung kostenorientierter Kennzahlen der Fließbandabstimmung

a) Ableitung lohnkostenbezogener Abstimmungskennzahlen aus den Grundlagen der Entlohnung

Die Angabe der mit einem Abstimmungsergebnis verbundenen Lohnkosten bzw. Lohnleerkosten setzt die Kenntnis der arbeitselementbezogenen Lohnsätze voraus, die jeweils auf gleiche Zeiteinheiten zu beziehen sind. Lohndeterminante eines Arbeitssystems ist der Lohnsatz des zugeteilten Arbeitselementes mit der höchsten Anforderung, da die einzusetzende Arbeitskraft die dafür erforderliche Qualifikation aufweisen muß. Um die Abstimmungen von tarifpolitisch bedingten Lohnänderungen weitgehend unabhängig durchführen zu können, empfiehlt sich eine Orientierung an den Lohngruppen bzw. analytischen Arbeitswerten der Arbeitselemente. Diese bilden den quantitativen Ausdruck der Arbeitsschwierigkeit und werden bei Veränderungen der Tarifbedingungen in der Regel nicht berührt. Da analytische Arbeitsbewertungen die differenzierteren Grundlagen zur Angabe von Arbeitsanforderungen und damit verbundenen Entlohnungen darstellen, wird im folgenden überwiegend auf analytische Arbeitswerte zurückgegriffen. Die methodische Vorgehensweise der Abstimmung bzw. die Bestimmung von Abstimmungskennzahlen kann jedoch analog auf der Basis von Lohngruppen vorgenommen werden.

Im Rahmen analytischer Arbeitsbewertungsverfahren werden auf der Grundlage umfassender Kataloge von Anforderungsarten (Merkmalen) die zur Ausübung von Arbeitsaufgaben notwendigen Fachkenntnisse, die mit der Aufgabe verbundene Verantwortung, die körperliche und geistige Beanspruchung sowie die Arbeitsbedingungen quantifiziert. Durch getrennte Bewertung einer Tätigkeit in den einzelnen Anforderungsarten werden schwierigkeitsbezogene Kennzahlen in Form von Arbeitswerten (Punktzahlen) ermittelt, deren Summe die Gesamtanforderung einer Tätigkeit charakterisiert[129]. Durch die Festlegung unterschiedlicher maximal erreichbarer Punktzahlen werden die einzelnen Anforderungsarten untereinander

---

128 Bei der umgekehrten Fragestellung müßte für eine gegebene Stationenzahl die Taktzeit ermittelt werden, bei der die je Erzeugniseinheit anfallenden Lohnkosten ein Minimum annehmen. Auch in diesem Zusammenhang kann mit den gleichen Abstimmungsverfahren gearbeitet werden. Dabei wird nach einer Abstimmung mit einer hinreichend großen Zuordnungstaktzeit diese schrittweise so lange reduziert, bis eine Senkung der Lohnkosten je Produkteinheit nicht mehr möglich ist.

129 Vgl. u. a. REFA e. V., Methodenlehre des Arbeitsstudiums, Teil 4, München 1972, S. 16 ff.; Wibbe, J., Arbeitsbewertung, 3. Auflage, München 1966, S. 35 ff.; Hennecke, A., Die Verfahren der Arbeitsbewertung, Düsseldof 1965, S. 156 ff.; Euler, H. / Stevens, H., Die analytische Arbeitsbewertung, Düsseldorf 1965, S. 7 ff.

hinsichtlich ihres Einflusses auf die Arbeitsschwierigkeit gewichtet. Wenngleich sich die Quantifizierung der Arbeitsschwierigkeit nicht bei allen Anforderungsarten auf objektives Messen stützen kann[130] und die Gewichtung der einzelnen Anforderungsmerkmale untereinander teilweise wissenschaftlich nicht begründbar ist und auf Konvention der Tarifpartner beruht[131], liefern analytische Arbeitsbewertungen dennoch die derzeit wissenschaftlich fundierteste Grundlage zur schwierigkeitsorientierten Abstufung von Lohnsätzen[132].

Da anlytische Arbeitswerte gewissermaßen als Mengengerüst der Lohnkosten angesehen werden können, liegt es nahe, Abstimmungen von Fließfertigungen an diesen Schwierigkeitsmaßgrößen zu orientieren. Zu diesem Zweck sind für alle Arbeitselemente die entsprechenden Arbeitswerte zu ermitteln, die in der Regel auf die Arbeitsstunde bezogen sind. Es geht dabei um die Angabe der Kennziffer für die Arbeitsschwierigkeit bei Ausführung einer Tätigkeit der dem jeweiligen Arbeitselement entsprechenden Anforderungen. Bei der Zusammenfassung von Arbeitselementen unterschiedlicher Anforderungen zu einer Stationsarbeitsaufgabe wird der Stundenlohn in der betrieblichen Praxis an dem höchsten Elementarbeitswert ausgerichtet, weil die einzusetzende Arbeitskraft die entsprechend hohe Qualifikation aufweisen muß, wenngleich zum Teil Arbeitselemente geringerer Anforderungen in der Arbeitsaufgabe enthalten sind.

Als Maß für die lohnkostenbezogene Abgestimmtheit einer Fertigungslinie bietet sich die Summe der jeweils höchsten Elementarbeitswerte aller Arbeitssysteme an, die als Stationsarbeitswerte bezeichnet werden können. Jedoch ist zu prüfen, ob bei Abstimmungen mit einer Minimierung dieser Kennzahl in jedem Falle eine Minimierung der Lohnkosten einhergeht. Dies wäre gewährleistet, sofern die Lohnkosten proportional mit der Arbeitswerthöhe variieren. In der Regel wird jedoch eine von einem bestimmten Grundbetrag an lineare Abhängigkeit der Lohnhöhe vom Arbeitswert angegeben[133]:

$$(IV\text{-}22) \quad k_L = F + s \cdot A$$

k_L = Lohnsatz (DM/Stunde) eines Arbeitssystems

F = Festlohnanteil (Grundbetrag in DM/Stunde)

s = Steigerungsfaktor (DM/Stunde je Arbeitswerteinheit)

A = Anzahl Arbeitswerteinheiten (Punktzahl)

---

130 In diesem Zusammenhang wird zum Teil auf Hilfsmaßstäbe zurückgegriffen, etwa bei Fachkenntnissen auf die erforderliche Dauer des Anlernens für eine bestimmte Tätigkeit.

131 Zur Gewichtung der Anforderungsmerkmale vgl. im einzelnen Wibbe, J., Arbeitsbewertung, a.a.O., S. 45 ff.

132 Vgl. dazu auch Schweitzer, M., Einführung in die Industriebetriebslehre, a.a.O., S. 45. Zu vermerken ist, daß analytische Arbeitsbewertungen zunehmend in Tarifverträge aufgenommen werden. Vgl. z. B. Lohnabkommen der Tarifpartner der metallverarbeitenden Industrie in Nordrhein-Westfalen vom 27.2.1974, S. 3; Lohnrahmentarifvertrag der Tarifpartner der Eisen- und Stahlindustrie Nordrhein-Westfalens vom 5.1.1973, S. 47 ff.; Lohnabkommen der Tarifpartner der Metallindustrie in Nordwürttemberg-Nordbaden vom 1.1.1974, S. 3 f. und S. 6 f.

133 Vgl. Wibbe, J., Arbeitsbewertung, a.a.O., S. 110; Euler, H. / Stevens, H. / Heimansberg, B., Theorie und Praxis, Kritik und Mängel der bisherigen Leistungsentlohnung, Düsseldorf 1962, S. 21.

Der Grundbetrag (Festlohnanteil) bezieht sich auf den Arbeitswert Null. Er ist nicht identisch mit dem niedrigsten tariflichen Normallohn bzw. dem Mindestlohn für die Bewältigung der Arbeitsaufgabe mit dem niedrigsten Arbeitswert, da die Arbeitsschwierigkeit auch einfachster Verrichtungen zu einem von Null verschiedenen (positiven) Arbeitswert führt[134]. Zur Ermittlung des für ein Arbeitssystem geltenden Stundenlohnsatzes wird der die Arbeitsschwierigkeit kennzeichnende Arbeitswert mit einem konstanten Geldfaktor, dem Steigerungssatz s, multipliziert und der erhaltene Betrag dem Festlohnanteil F zugeschlagen. Man erhält für die Arbeitswertlohnlinie den in Abbildung IV-18 angegebenen Verlauf.

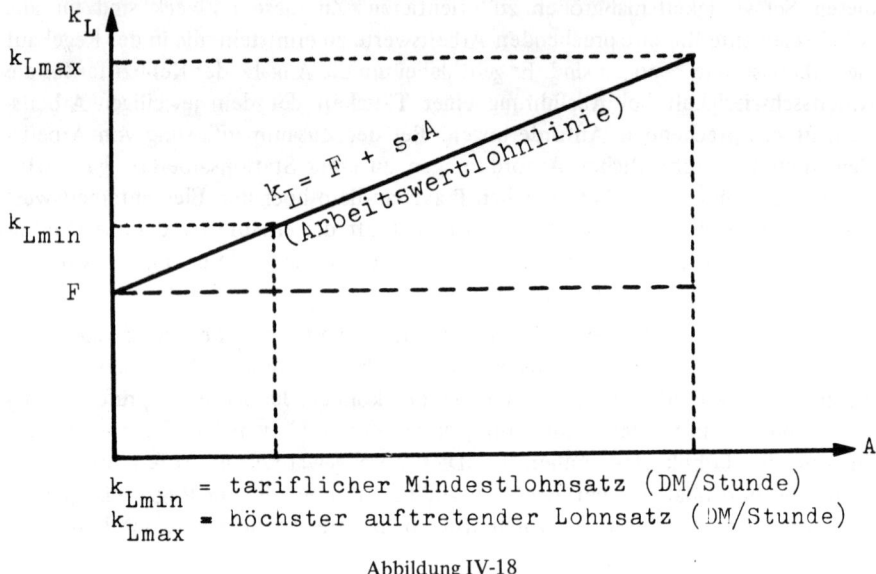

k_{Lmin} = tariflicher Mindestlohnsatz (DM/Stunde)
k_{Lmax} = höchster auftretender Lohnsatz (DM/Stunde)

Abbildung IV-18

Aufgrund der Berücksichtigung von Festlohnanteilen (Grundbeträgen) kann die mit alternativen Fließbandabstimmungsergebnissen verbundene Summe der Stationsarbeitswerte nicht unmittelbar als kostenbezogenes Maß für die Abstimmungsgüte herangezogen werden; denn die Lösung mit der minimalen Stationsarbeitswertsumme muß nicht notwendig mit der Abstimmungsalternative mit der minimalen Summe der Stationslohnsätze identisch sein. Ein einfaches Abstimmungsbeispiel kann diesen Zusammenhang verdeutlichen. Gegeben seien 4 Arbeitselemente, deren Grundzeiten und Arbeitswerte in Tabelle IV-5 genannt werden. Die Reihenfolge ihrer Ausführung sei beliebig.

Tabelle IV-5

Arbeitselement	1	2	3	4
Elementgrundzeit (Minuten)	2	2	1	3
Elementarbeitswert	15	5	15	5

134 Vgl. dazu auch Wibbe, J., Arbeitsbewertung, a.a.O., S. 111.

86

Bei einer Zuordnungstaktzeit von 4 Minuten bildet die in Tabelle IV-6 angegebene Abstimmung I diejenige Lösungsalternative mit der geringsten Arbeitswertsumme. Bestimmt sich der Lohnsatz eines Arbeitssystems durch $k_L = 5 + 0,2 A$, so erhält man mit der Abstimmung II eine im Vergleich zur Alternative I zwar arbeitswertsummenhöhere, jedoch lohnkostengünstigere Lösung.

Abstimmung	I			II	
Arbeitssystem	1	2	3	1	2
Arbeitselemente der Arbeitsaufgabe	1-3	2	4	1-2	3-4
Stationsarbeitswert	15	5	5	15	15
Stationsstundenlohnsatz	8	6	6	8	8
Summe der Stationsarbeitswerte	25			30	
Summe der Stationslohnsätze	20			16	

Tabelle IV-6

Die Ausrichtung lohnkostenorientierter Abstimmungen am Arbeitswert erfordert eine Modifizierung dieser Größe, um sicherzustellen, daß kostenminimale Lösungen erreicht werden. Dies erfolgt auf der Grundlage einer Umformung der Lohnsatzbestimmungsgleichung (IV-22):

$$(IV-23) \qquad k_L = s \cdot (A + \frac{F}{s})$$

Bezeichnet man $A + \frac{F}{s}$ als modifizierten Arbeitswert A^*, so ergibt sich als Lohngleichung:

$$(IV-24) \qquad k_L = s \cdot A^*$$

Aufgrund dieser proportionalen Beziehung zwischen dem Lohnsatz und dem modifizierten Arbeitswert kann die Summe der modifizierten Stationsarbeitswerte als zieladäquate Kennzahl für eine lohnkostenorientierte Abstimmung von Fertigungslinien herangezogen werden. Eine Minimierung dieser Größe führt zu minimalen Lohnkosten. Die einzelnen Elementarbeitswerte sind daher durch Addition des Betrages $\frac{F}{s}$ entsprechend zu modifizieren. Graphisch erhält man die zu den einzelnen Arbeitswerten zu addierende Größe in Abbildung IV-19 als Betrag des Abszissenabschnittes, der sich durch die verlängerte Arbeitswertlohnlinie im negativen Bereich ergibt. Durch Parallelverschiebung der Arbeiswertlohnlinie durch den Ursprung ergibt sich die Darstellung der linearen Abhängigkeit zwischen Lohnsatz und modifiziertem Arbeitswert. Der Betrag $\frac{F}{s}$ bestimmt sich dabei als Abszissenwert des Schnittpunktes der modifizierten Arbeitswertlohnlinie mit der Parallelen zur Abszisse im Abstand des Grundbetrages. Wird für den Arbeitswert $\overline{A}$ der Lohnsatz $\overline{k}_L$ gezahlt, so gilt dieser auch für den modifizierten Arbeitswert $\overline{A}^*$ ($\overline{A}^* = \overline{A} + \frac{F}{s}$).

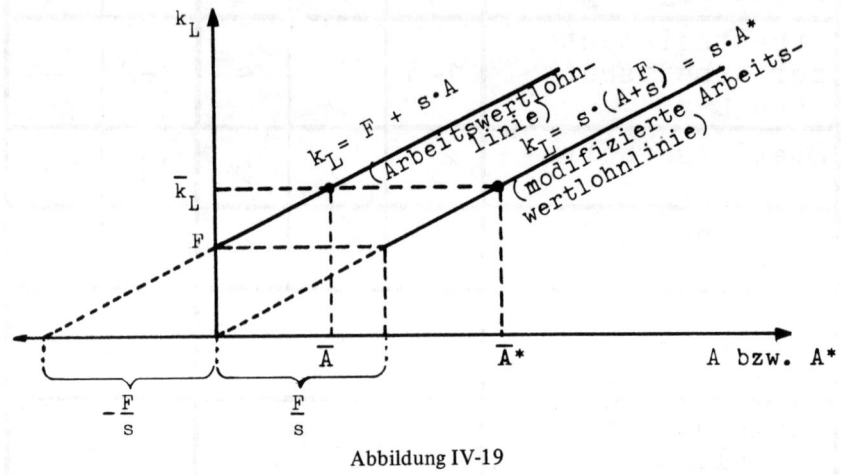

Abbildung IV-19

In dem in den Tabellen IV-5 und IV-6 konstruierten Abstimmungsbeispiel werden die Arbeitswerte durch Addition von $\frac{F}{s} = 25$ modifiziert. Für die angegebenen Lösungsalternativen erhält man folgende modifizierte Stationsarbeitswertsummen (S*):

— Abstimmung I: $S_I^* = 40 + 30 + 30 = 100;$

— Abstimmung II: $S_{II}^* = 40 + 40 \qquad = 80.$

Die Auswahl der Alternative mit der geringsten Summe der modifizierten Stationsarbeitswerte (Alternative II) führt zu der gewünschten Lohnkostenminimierung.

Ebenso wie Leerzeitsummen bei zeitorientierten Abstimmungen sind modifizierte Arbeitswertsummen wenig geeignet, ohne spezifische Angaben von Stationenzahl und Taktzeit über die kostenbezogene Abstimmungsgüte Auskunft zu geben. Dies ist insbesondere beim Vergleich der Abgestimmtheit von Fließbändern unterschiedlicher Länge von Bedeutung. Hier erweist sich die Angabe einer Verhältniszahl als aussagefähig, die als Arbeitswertnutzungsgrad bezeichnet werden soll. Diese Kennzahl stützt sich auf modifizierte Arbeitswerte und läßt sich wie folgt bestimmen[135]:

135 Eine unmittelbare Ausrichtung dieser Kennziffer an den (nicht modifizierten) Arbeitswerten kann wie die Orientierung an der Stationsarbeitswertsumme bisweilen an der kostenminimalen Lösung vorbeiführen.

$$(IV\text{-}25) \qquad N^* = \frac{\displaystyle\sum_{i=1}^{n} A_i^* t_i}{\displaystyle\sum_{m=1}^{M} A_m^* c_Z} \cdot 100$$

N^* = (modifizierter) Arbeitswertnutzungsgrad

A_i^* = modifizierter Arbeitswert des Arbeitselementes i (i = 1,2, ..., n)

A_m^* = modifizierter Stationsarbeitswert des Arbeitssystems m (m = 1,2, ..., M)

Der Arbeitswertnutzungsgrad setzt die mit den Elementgrundzeiten gewichtete Summe der Elementarbeitswerte in Relation zu der mit der Zuordnungtaktzeit gewichteten Summe der Stationsarbeitswerte. Je höher der in Prozent angegebene Wert dieser Größe ist, umso geringer wird die Summe aus leerzeitbezogenen und anforderungs- bzw. arbeitswertdifferenzbedingten Leerkosten. Der Arbeitswertnutzungsgrad ist ein Maß dafür, wie gut sich die lohndeterminierenden Stationsarbeitswerte an die Elementarbeitswerte anlehnen. Eine Maximierung dieser Kennzahl führt zur Lohnkostenminimierung.

Bei lohngruppenbezogenen Entlohnungen sind in der Regel der Arbeitswertlohnlinie ähnliche Abhängigkeiten zwischen Lohngruppe und Lohnsatz zu verzeichnen. Analog zur Ermittlung der Summe der modifizierten Stationsarbeitswerte und des Arbeitswertnutzungsgrades bei Arbeitswertlohnsystemen können Fließbandabstimmungen auf der Grundlage der modifizierten Stationslohngruppensumme bzw. des Lohngruppennutzungsgrades beurteilt werden.

b) Spezifische tarifvertragliche Einflüsse auf lohnkostenbezogene Abstimmungskennzahlen

Über die bisher allgemein gehaltene Beschreibung der Ermittlung kostenorientierter Abstimmungskennzahlen hinausgehend sind bisweilen zusätzlich spezifische tarifvertragliche Bedingungen zu beachten, die einen Einfluß auf die Kennzahlenabstimmung ausüben. Im folgenden werden die in diesem Zusammenhang wesentlichen Gesichtspunkte angesprochen, weil diese zum Teil bei der weiter unten vollzogenen Abstimmung umfassender Fließfertigungen Bedeutung erlangen[136].

Nicht in allen Tarifverträgen wird von einem über die gesamte Arbeitswertspanne hinweg konstanten Steigerungsbetrag s ausgegangen. In solchen Fällen sind die für die beschriebenen lohnkostenbezogenen Kennzahlen erforderlichen modifizierten Arbeitswerte nicht durch Addition eines gleichbleibenden Betrages zu den Arbeitswerten bestimmbar; der zu addierende Betrag ist jeweils neu zu ermitteln. In einigen tariflichen Regelungen werden intervallweise konstante Steigerungsbeträge fest-

---

136 Vgl. S. 111 ff.

gelegt. Dies ist beispielsweise im Bereich der metallverarbeitenden Industrie in Nordrhein-Westfalen der Fall. Hier wird mit drei Steigerungsbeträgen gearbeitet, deren Gültigkeitsbereich folgende Arbeitswertintervalle des tarifierten analytischen Bewertungsverfahrens umfaßt:

Steigerungsbetrag s_1 für Arbeitswerte von $8 < A \leq 15$;

Steigerungsbetrag s_2 für Arbeitswerte von $15 < A \leq 30$;

Steigerungsbetrag s_3 für Arbeitswerte > 30[137].

Für jedes Arbeitswertintervall ergibt sich eine andere Konstante ($\frac{F}{s}$), deren Addition zu den intervallbezogenen Arbeitswerten die modifizierten Arbeitswerte ergibt. In Abbildung IV-20 sind die beschriebenen Zusammenhänge für die Anwendung von drei unterschiedlichen Steigerungssätzen dargestellt[138].

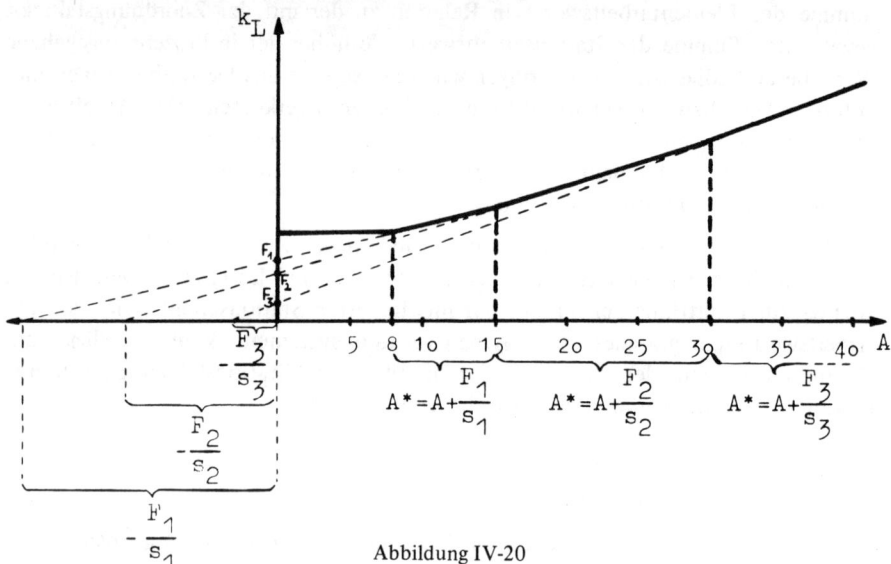

Abbildung IV-20

Die Abbildung verdeutlicht zugleich die Lohnkostenwirkung des Ansatzes eines

137 Die Differenzierung der Steigerungssätze erfolgt durch Multiplikation des tariflich festgelegten Steigerungsbetrages s_1 mit vorgegebenen Faktoren:

$$s_2 = 1,1\ s_1$$
$$s_3 = 1,3\ s_1 .$$

Vgl. dazu das Lohnabkommen der Tarifpartner der metallverarbeitenden Industrie in Nordrhein-Westfalen vom 27.2.1974, S. 3 und S. 8 ff.; Analytische Arbeitsbewertung für die Eisen-, Metall- und Elektroindustrie Nordrhein-Westfalens vom 26.9.1967, Düsseldorf 1967, Ziffer 8.

Indirekt wird auch im Bereich der Metallindustrie in Nordwürttemberg-Nordbaden intervallweise mit drei Steigerungssätzen operiert. Dies wird erkennbar, wenn man auf der Grundlage der tariflich festgelegten Lohnsätze für die einzelnen Arbeitswerte bzw. Arbeitswertgruppen die Arbeitswertlohnlinie ermittelt. Vgl. z. B. das Lohnabkommen der Tarifpartner der Metallindustrie in Nordwürttemberg-Nordbaden vom 1.1.1974, S. 3 f.

138 Die Abbildung bezieht sich auf die Tarifgrundlagen der metallverarbeitenden Industrie Nordrhein-Westfalens.

90

nicht zu unterschreitenden tariflichen Mindestlohnes. Dieser gilt im angegebenen Fall für den Arbeitswert 8 und alle darunterliegenden Werte. Ergeben sich also bei der Bewertung bestimmter Tätigkeiten Arbeitswertsummen zwischen 0 und 8, so wird diesen stets der tarifliche Mindestlohnsatz zugeordnet[139].

Für die Umsetzung arbeitsplatzbezogener Arbeitswerte in Stundenlohnsätze sind Tarifverträgen mehrere unterschiedliche Vorgehensweisen zu entnehmen. So wird einerseits „. . . eine stufenlose Lohnlinie gebildet, die jeweils von vollem Pf-Betrag zu vollem Pf-Betrag steigt"[140]. Dies bedeutet eine Berücksichtigung auch nicht ganzzahliger Arbeitwerte. Andererseits wird — offensichtlich aus Gründen rechentechnischer Vereinfachung — bei der Zuordnung von Löhnen häufig auf Ganzzahligkeit der Bewertungsergebnisse (Arbeitswertsummen) abgestellt[141]. Vielfach wird auch die Bildung von Arbeitswertgruppen tarifvertraglich zugelassen. Hinsichtlich des dieser Wertzahlgruppe zuzuordnenden Geldbetrages wird dabei teilweise auf den jeweils höchsten, teilweise auf den mittleren Arbeitswert einer Arbeitswertgruppe Bezug genommen[142]. Über die Spannweite einer Arbeitswertgruppe werden in den einzelnen Tarifverträgen unterschiedliche Angaben gemacht. Dies ist zum Teil auf die Orientierung an unterschiedlichen Bewertungsverfahren zurückzuführen, da der gesamten Spannweite der Arbeitsschwierigkeit verfahrensspezifisch unterschiedliche Skaleneinteilungen zugeordnet werden[143]. Bisweilen wird auch mit differenzierten Intervallen gearbeitet[144].

139 Wibbe und Kupsch/Marr verweisen zusätzlich auf nichtlineare Abhängigkeiten zwischen Arbeitswertlohn und Arbeitswert, etwa progressiv oder degressiv steigende Verläufe der Arbeitswertlohnkurve. Vgl. Wibbe, J., Arbeitsbewertung, a.a.O., S. 111; Kupsch, P. U. / Marr, R., Personalwirtschaft, in: Industriebetriebslehre, hrsg. v. E. Heinen, 2. Auflage, Wiesbaden 1972, S. 513.
Derartige Verläufe, bei denen für jede Wertzahl ein neuer Steigerungssatz gilt, sind aus Tarifverträgen jedoch nicht erkennbar.
140 Lohnrahmentarifvertrag der Tarifpartner der Eisen- und Stahlindustrie in Nordrhein-Westfalen vom 5.1.1973, S. 48.
141 Im Bereich der metallverarbeitenden Industrie in Nordrhein-Westfalen werden nicht ganzzahlige Arbeitswerte auf ganzzahlige aufgerundet. Vgl. Lohnabkommen der Tarifpartner der metallverarbeitenden Industrie in Nordrhein-Westfalen vom 27.2.1974, S. 8 ff.
142 Eine Entlohnung aller einer Arbeitswertgruppe angehörenden Arbeitswerte zu dem Lohnsatz des maximalen Gruppenwertes wird beispielsweise in dem Lohnrahmentarifvertrag der Tarifpartner der Eisen- und Stahlindustrie in Nordrhein-Westfalen vom 5.1.1973, S. 48, gefordert. Hingegen reicht bei der Eisen-, Metall- und Elektroindustrie Nordrhein-Westfalens eine Orientierung am Lohnsatz des mittleren Gruppenarbeitswertes aus. Dies ist jedoch eine Mindestforderung, die nach oben überschritten werden darf. Vgl. Analytische Arbeitsbewertung für die Eisen-, Metall- und Elektroindustrie Nordrhein-Westfalens vom 26.9.1967, a.a.O., 2. Protokollnotiz zu Ziffer 9.
Zur Bildung von Arbeitswertgruppen vgl. auch Euler, H. / Stevens, H. / Heimansberg, B., Theorie und Praxis, Kritik und Mängel der bisherigen Leistungsentlohnung, a.a.O., S. 21; Wibbe, J., Arbeitsbewertung, a.a.O., S. 120 ff.
143 So beträgt die Summe der maximalen Arbeitswerte aller Anforderungsarten in dem Verfahren von Euler und Stevens 75,4. Dagegen weist das in Anlehnung an die genannten Autoren tarifierte Bewertungsverfahren der Eisen- und Stahlindustrie Nordrhein-Westfalens die Summe 65,4 auf.
144 Vgl. z. B. das Lohnabkommen der Tarifpartner der Metallindustrie in Nordwürttemberg-Nordbaden vom 1.1.1974, S. 3 f.
Hier wird mit unterschiedlichen Intervallen operiert, die 1, 2,5, 3 und 3,5 Arbeitswerte umfassen.

Grundsätzlich ergibt sich aus der Bildung lohnsatzgleicher Arbeitswertintervalle für den Aufbau kostenorientierter Fließbandabstimmungsverfahren die Konsequenz der Reduzierung der bei der Ermittlung lohnkostenbezogener Abstimmungskennzahlen einzubeziehenden Arbeitswerte. Als rechentechnisch sinnvoll erweist sich die Festlegung gruppenbezogener Arbeitswerte (A_{Gr}), wie dies in Abbildung IV-21 verdeutlicht wird. Dabei werden exemplarisch je drei ganzzahlige Arbeitswerte zu einer Arbeitswertgruppe zusammengefaßt. Hinsichtlich der Zuordnung gruppenbezogener Lohnsätze wird eine Ausrichtung am maximalen Arbeitswert jeder Gruppe unterstellt.

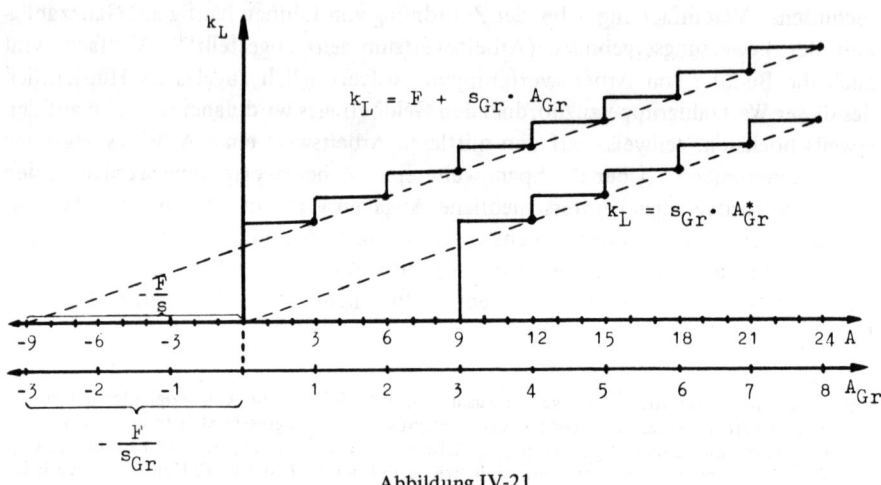

Abbildung IV-21

Bezeichnet man die (konstante) Anzahl der in einer Arbeitswertgruppe zusammengefaßten Arbeitswerte mit a, so erhält man folgende Lohngleichung:

(IV-26) $k_L = F + s \cdot a \cdot A_{Gr}$

Mit $s \cdot a = s_{Gr}$ ergibt sich:

(VI-27) $k_L = F + s_{Gr} \cdot A_{Gr}$

Die Gruppenarbeitswerte werden analog (IV-23)[145] durch Addition von $\frac{F}{s_{Gr}}$ modifiziert, so daß (IV-27) übergeht in:

(IV-28) $k_L = s_{Gr} \cdot A_{Gr}^*$

Zielkriterium für die kostenorientierte Abstimmung von Fertigungslinien bildet unter den beschriebenen Bedingungen die Minimierung der Summe der stationsbezogenen modifizierten Gruppenarbeitswerte A_{Gr}^* bzw. die Maximierung des an Gruppenarbeitswerten ausgerichteten Arbweitswertnutzungsgrades.

Tarifpolitisch bedingte Lohnerhöhungen wirken sich in der Regel prozentual gleichgerichtet auf alle arbeitswertbezogenen Löhne aus[146]. Eine entsprechende Erhöhung aller Lohnsätze von k_L um y % auf k_L^{neu} wird in Abbildung IV-22 dargestellt.

145 Vgl. S. 87.

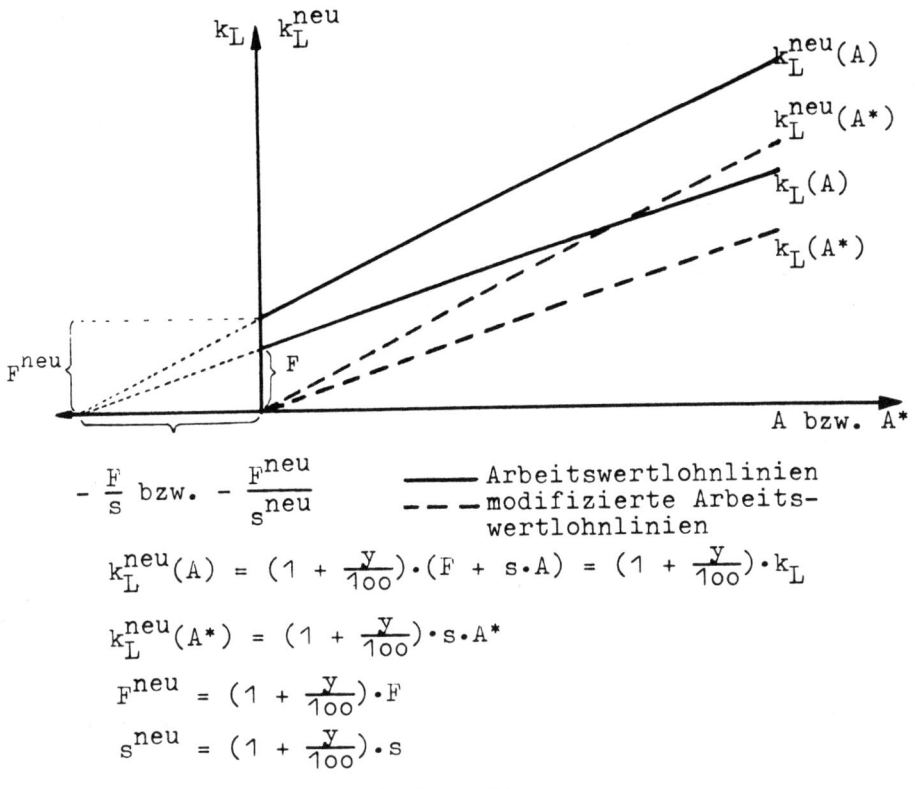

$$k_L^{neu}(A) = (1 + \frac{y}{100}) \cdot (F + s \cdot A) = (1 + \frac{y}{100}) \cdot k_L$$

$$k_L^{neu}(A^*) = (1 + \frac{y}{100}) \cdot s \cdot A^*$$

$$F^{neu} = (1 + \frac{y}{100}) \cdot F$$

$$s^{neu} = (1 + \frac{y}{100}) \cdot s$$

Abbildung IV-22

Vor und nach der Lohnerhöhung werden die einzelnen Arbeitswerte A durch Addition des unveränderten Betrages ($\frac{F}{s} = \frac{F^{neu}}{s^{neu}}$) jeweils in gleicher Weise zu A* modifiziert. Fließbandabstimmungen können daher an dieser in solchen Fällen tarifpolitisch neutralen Größe ausgerichtet werden. Eine vor der Lohnerhöhung ermittelte kostenminimale Fließbandabstimmung bleibt auch danach kostenminimal. Erneute Abstimmungsprozesse können unterbleiben. Werden entgegen der tarifvertraglich üblichen Regel die Arbeitswertlohnsätze prozentual unterschiedlich

146 In Tarifverträgen wird die Arbeitswertlohnlinie überwiegend durch direkte oder indirekte Zuordnung eines Arbeitswertes zur Ecklohngruppe und durch zusätzliche Angabe von Steigerungssätzen je Arbeitswerteinheit determiniert. Bisweilen erfolgt die Festlegung auch durch Linearverbindung der Zuordnungspunkte zweier Arbeitswerte und Lohngruppen. In allen Fällen werden mit einer Ecklohnerhöhung die lohnbezogenen Bestimmungsgrößen der Arbeitswertlohnlinie um den gleichen Prozentsatz erhöht. Vgl. z. B. Analytische Arbeitsbewertung für die Eisen-, Metall- und Elektroindustrie Nordrhein-Westfalens vom 26.9.1967, a.a.O., 2. Protokollnotiz zu Ziffer 8; Lohnrahmentarifvertrag der Tarifpartner der Eisen- und Stahlindustrie in Nordrhein-Westfalen vom 5.1.1973, S. 50.

93

verändert, können sich hinsichtlich der lohnkostenoptimalen Abstimmung Verschiebungen ergeben, da die modifizierten Arbeitswerte einer Veränderung unterliegen. Iń solchen Fällen wäre ein neuer Abstimmungsvorgang im Sinne der Zielsetzung unumgänglich.

Es ist deutlich geworden, daß für die Durchführung kostenorientierter Abstimmungen von Fertigungslinien in jedem Einzelfall die durch die jeweils geltenden Entlohnungsgrundsätze vorgegebenen Rahmenbedingungen untersucht werden müssen. Aufgrund voneinander abweichender Tarifverträge und zusätzlicher Betriebsvereinbarungen kann in unterschiedlichen Fertigungsbetrieben nicht von völlig einheitlichen Abstimmungsgrundlagen ausgegangen werden.

4. Erweiterung zeitorientierter Abstimmungsverfahren

a) Vorbemerkungen

Im Rahmen der Darstellung zeitorientierter Abstimmungsverfahren wurden einige Planungsansätze eingehender vorgestellt, die im Hinblick auf die Ermittlung kostenorientierter Lösungen erweiterungsfähig erscheinen. Auf diese Verfahren wird nunmehr zurückgegriffen, wobei notwendige Erweiterungen bzw. Veränderungen unter Berücksichtigung der kostentheoretischen und der spezifischen entlohnungsbezogenen Erörterungen vorgenommen werden sollen. Für kostenbestimmte Planungen soll dadurch das verfahrenstechnische Instrumentarium entwickelt werden.

b) Kostenorientierte exakte Abstimmungsverfahren

Der ausführliche diskutierte Lösungsansatz Wedekinds[147] auf der Basis der linearen Optimierung läßt sich durch Änderung der Zielfunktion für kostenorientierte Planungen nutzen. Abweichend von dem Vorschlag Wedekinds war die Formulierung einer Zielfunktion zur Leerzeitminimierung notwendig. Für kostenorientierte Abstimmungen werden als Zielkoeffizienten für jede Arbeitselementkombination die dafür jeweils in Frage kommenden modifizierten Stationsarbeitswerte eingesetzt. Eine Minimierung dieser Funktion bewirkt, daß jene Arbeitsaufgaben ausgewählt werden, bei denen die Summe der modifizierten Stationsarbeitswerte ein Minimum und damit die lohnkostengünstigste Lösung erreicht wird. Zur Verdeutlichung sei auf das im Rahmen der zeitorientierten Planung behandelte Beispiel der Abbildung IV-9 zurückgegriffen[148], dessen Arbeitselemente durch folgende modifizierte Arbeitswerte gekennzeichnet seien:

Arbeitselement	1	2	3	4	5
modifizierter Arbeitswert	15	35	35	15	15

Tabelle IV-7

147 Vgl. dazu die Beschreibung und kritische Würdigung dieses Ansatzes auf S. 55 ff.
148 Vgl. S. 55.

Mit der Auswahl des in einer Elementkombination auftretenden maximalen modifizierten Elementarbeitswertes als Zielkoeffizient erhält man als Zielfunktion:

$$15\,e_1 + 35\,e_{12} + 35\,e_{13} + 35\,e_2 + 35\,e_{23} + 35\,e_{24} + 35\,e_3 + 35\,e_{34} + 35\,e_{345} + 15\,e_4$$
$$+ 15\,e_{45} + 15\,e_5 = S^* \text{ (Min.)}$$

S^* = Summe der modifizierten Stationsarbeitswerte

Nach Durchrechnung des linearen Programmes ergeben sich die in Tabelle IV-8 angegebenen Lösungswerte, die dem um die Arbeitswerte erweiterten zeitorientierten Ergebnis gegenübergestellt werden.

Abstimmung	kosten-orientiert			leerzeit-orientiert	
Arbeitssystem	1	2	3	1	2
ausgewählte Arbeitselement-kombination	e_1	e_{23}	e_{45}	e_{12}	e_{345}
modifizierter Stations-arbeitswert	15	35	15	35	35
modifizierte Stations-arbeitswert-summe	65			70	

Tabelle IV-8

Im Vergleich zur leerzeitbezogenen Abstimmung werden unter Lohnkostengesichtspunkten andere Elementkombinationen in die Lösung genommen. Auch hier wird deutlich, daß gegenüber leerzeitminimalen Ergebnissen bei bestimmten Konstellationen der modifizierten Elementarbeitswerte trotz höherer Stationenzahl und damit höherer Leerzeit eine lohnkostengünstigere Lösung möglich ist.

Der lineare Programmansatz von Wedekind läßt sich — wie erkennbar ist — ohne Schwierigkeiten für eine kostenorientierte Planung ausbauen. Allerdings sind auch hier analog zu zeitbezogenen Abstimmungen der Anwendbarkeit auf umfassende Abstimmungsprobleme Grenzen gesetzt.

Ein weiteres kostenorientiertes exaktes Abstimmungsverfahren läßt sich auf der Grundlage der begrenzten Enumeration entwickeln. Die im Rahmen der zeitbestimmten Planung gewählte Abstimmungskennzahl (Leerzeitsumme bzw. Stationenzahl)[149] ist dabei durch die modifizierte Stationsarbeitswertsumme oder den Arbeitswertnutzungsgrad zu ersetzen. Zunächst ist wieder eine Näherungslösung zu

---

149 Vgl. S. 58 ff.

ermitteln und die damit verbundene Summe der modifizierten Stationsarbeitswerte als Obergrenze bzw. der Arbeitswertnutzungsgrad als Untergrenze für weitere Rechenschritte anzusetzen. Die nachfolgende Verfahrensbeschreibung orientiert sich exemplarisch an der modifizierten Stationsarbeitswertsumme S*, die bei M Arbeitssystemen wie folgt bestimmbar ist:

$$(IV\text{-}29) \qquad S^* = \sum_{m=1}^{M} A_m^*$$

$A_m^* =$ maximaler modifizierter Arbeitswert derjenigen Arbeitselemente i_m, die dem Arbeitssystem m (m = 1,2, ... , M) zugeteilt worden sind (Stationsarbeitswert); $i_m \in i$; i = 1,2, ..., n.

Für die Erzeugung der Näherungslösung kann folgender Weg eingeschlagen werden:

Einer Station wird jeweils das aufgrund der Reihenfolgebedingungen zulässige Arbeitselement mit der längsten Ausführungszeit zuerst zugeordnet. Der diesem Element zugehörige modifizierte Arbeitswert A_i^* bildet das Auswahlkriterium für die nächste Elementzuweisung. Zugeteilt werden soll das reihenfolgezulässige Element mit der nunmehr längsten Ausführungszeit, wenn der modifizierte Elementarbeitswert dem des vorher zugewiesenen entspricht. Ist dies nicht der Fall, werden die restlichen zulässigen Elemente in gleicher Weise abgefragt. Bei Fehlen eines zuteilbaren Arbeitselementes mit dem gewünschten modifizierten Arbeitswert wird dieser unter der Annahme ganzzahliger Arbeitswerte[150] auf $A_i^* - 1$ gesenkt und die Abfrage in der beschriebenen Weise wiederholt. Bei erneuter Fehlmeldung wird auf $A_i^* + 1$ erhöht. Ist auch dabei noch eine Elementzuteilung unzulässig, so wird schrittweise weiter gesenkt bzw. erhöht ($A_i^* - 2$, $A_i^* + 2$, $A_i^* - 3$, $A_i^* + 3$, ... , usw.). Bei Zuweisung eines Elementes mit einem über A_i^* liegenden modifizierten Arbeitswert gilt dieser als Richtgröße für weitere Zuordnungen innerhalb der Station.

Die mit Hilfe der Näherungslösung ermittelte Summe der modifizierten Stationsarbeitswerte sei mit S_0^* bezeichnet; sie bildet die Untergrenze für die Enumerierung weiterer Lösungen, die nunmehr systematisch aufzubauen sind. Unter Beachtung der Reihenfolgebedingungen und der Zuordnungstaktzeit werden zulässige Elemente zur Arbeitsaufgabe des ersten Arbeitssystems kombiniert. Zu beachten ist, daß stets auch die Zuteilung nur eines Arbeitselementes zu einer Station als Alternative des systematischen Aufbaus angesehen werden muß, weil dadurch die Gestaltungsmöglichkeit der Folgestationsaufgaben die gesamte Kostensituation (Summe der modifizierten Stationsarbeitswerte) unter Umständen günstig beeinflussen kann.

Ist jeweils eine Bearbeitungsstation systematisch aufgebaut, so ist mit einer Überprüfung der kostengünstigsten Bedingungen für die Folgestationen herauszufinden, ob der Aufbauprozeß fortgesetzt werden soll. Die günstigste Kostensituation, die für die Folgestationen überhaupt eintreten kann, bestimmt sich wie folgt:

---

150 Vgl. dazu S. 91.

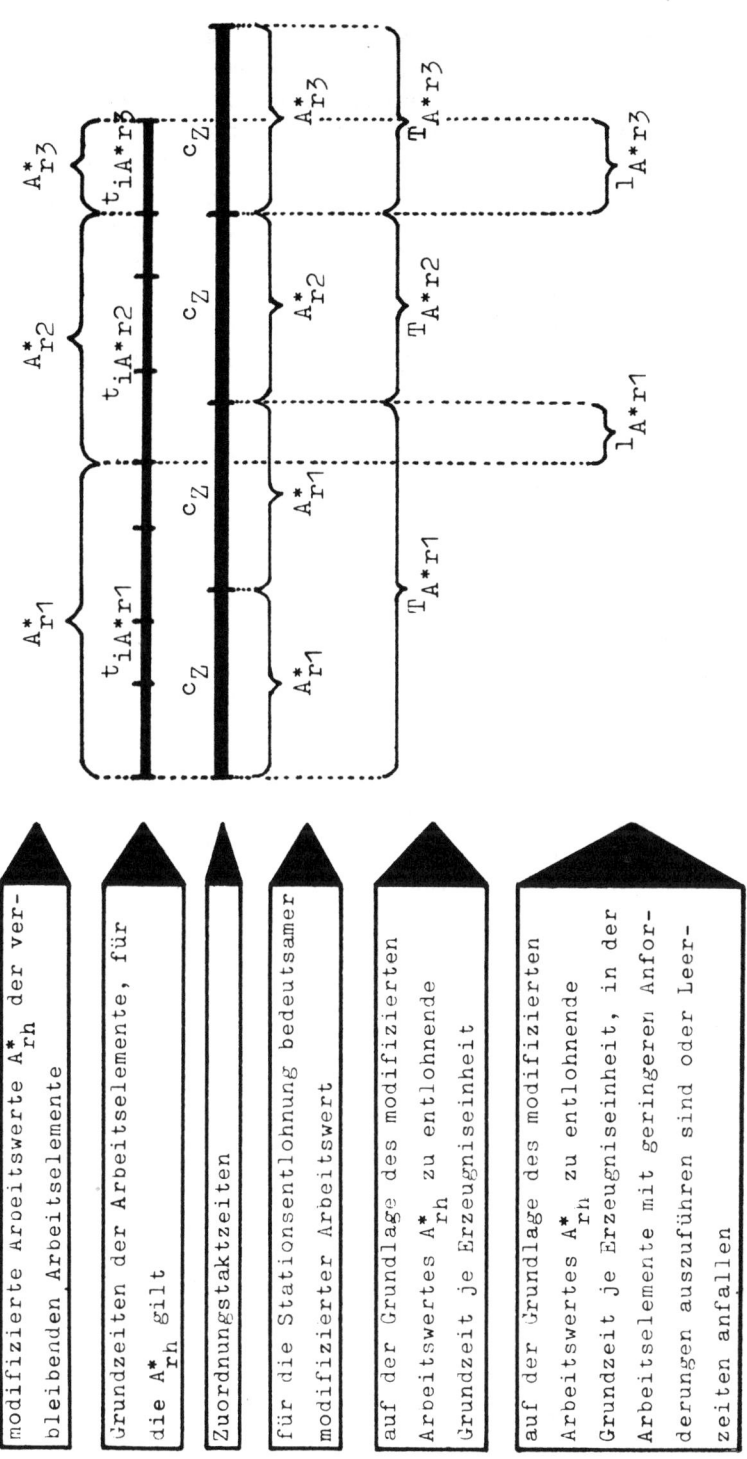

Abbildung IV-23

97

Die nach dem systematischen Stationsaufbau noch nicht zugeteilten Arbeitselemente werden nach abfallenden modifizierten Elementarbeitswerten aneinandergereiht. Durch Aufteilung der dabei entstehenden Zeitstrecke in Zuordnungstaktzeiten werden (fiktive) Arbeitsaufgaben der Stationen abgegrenzt, wobei der maximale modifizierte Elementarbeitswert innerhalb jeder Taktzeit die Grundlage der (fiktiven) Stationsentlohnung bildet. Damit diese Rechnung möglichst schnell vollzogen werden kann, wird dabei die Entstehung von Leerzeiten aufgrund der Unteilbarkeit der Arbeitselemente außer acht gelassen. Eine günstigere Kostensituation für die Ausführung der nach dem vorangehenden systematischen Aufbau von Stationen verbleibenden Arbeitselemente kann in keinem Falle eintreten. In Abbildung IV-23 wird die beschriebene Vorgehensweise graphisch veranschaulicht.

Im einzelnen bedeuten:

A_{r1}^*, A_{r2}^*, ..., A_{rh}^*, ..., A_{rz}^* = höchster, 2.-höchster, ..., h.-höchster, ..., z.-höchster modifizierter Arbeitswert der nach dem systematischen Stationsaufbau verbleibenden Arbeitslemente

t_{iA*rh} = Grundzeit des Arbeitelementes i, $i \in \{1,2, ..., n\}$, dessen Arbeitsschwierigkeit in dem modifizierten Arbeitswert A_{rh}^* zum Ausdruck kommt (h = 1,2, ..., z)

T_{A*rh} = auf der Grundlage des modifizierten Arbeitswertes A_{rh}^* zu entlohnende Grundzeit je Erzeugniseinheit hinsichtlich der nach dem systematischen Stationsaufbau noch verbleibenden Arbeitselemente (h = 1,2, ..., z)

l_{A*rh} = verbleibende Zeit innerhalb T_{A*rh}, in der keine Arbeitselemente mit dem modifizierten Elementarbeitswert A_{rh}^* auszuführen sind (Ausführung von Arbeitselementen mit geringerem modifizierten Elementarbeitswert oder Leerzeit) (h = 1,2, ..., z)

Es ist erkennbar, daß durch eine Abweichung der Summe der noch erforderlichen Zuordnungstaktzeiten von der Grundzeitsumme der verbleibenden Arbeitselemente Leerzeiten zu berücksichtigen sind. Diese müssen auf der Grundlage des niedrigsten auftretenden modifizierten Arbeitswertes (fiktiv) entlohnt werden, um sicherzustellen, daß die beschriebene Kostensituation für die nicht zugeteilten Arbeitselemente in keinem Fall unterschritten werden kann.

Die Entscheidung darüber, ob mit einem bestimmten systematischen Aufbau einer Fertigungslinie fortzufahren ist oder nicht, wird durch einen Vergleich der Summe der modifizierten Stationsarbeitswerte im jeweiligen Stadium (Zwischenlösung) der systematischen Lösung (S_s^*) mit der entsprechenden Kennzahl der Näherungslösung (S_o^*) getroffen. Ist $S_s^* < S_o^*$, so könnte der systematische Aufbau der Fließstrecke zu einer kostengünstigeren Lösung führen. Der Aufbauprozeß wird daher fortgesetzt. Ist hingegen $S_s^* > S_o^*$, so kann in der begonnenen Weise durch systematischen Aufbau mit Sicherheit keine im Vergleich zur näherungsweisen Abstimmung kostengünstigere Lösung erreicht werden. Der Aufbau wird nicht weiterverfolgt, die zuletzt zusammengestellte Stationsarbeitsaufgabe wird geändert[151].

Die Summe der modifizierten Stationsarbeitswerte einer systematischen Lösung errechnet sich wie folgt:

$$(\text{IV-30}) \qquad S_s^* = \sum_{m=1}^{u} A_m^* + \sum_{h=1}^{z} \left[{}_{w_{A*rh}} \right]^+ \cdot A_{rh}^*$$

$\sum_{m=1}^{u} A_m^*$ = Summe der modifizierten Stationsarbeitswerte der bereits systematisch aufgebauten u Stationen

$\left[{}_{w_{A*rh}} \right]^+$ = Stationenzahl für die nach systematischem Aufbau verbleibenden Arbeitselemente, die bei kostengünstigster Konstellation auf der Grundlage des modifizierten Arbeitswertes A_{rh}^* entlohnt würde; die mit dem Pluszeichen versehenen eckigen Klammern fordern die Aufrundung nicht ganzzahliger Quotienten auf die nächstgrößere ganze Zahl

Mit

$$(\text{IV-31}) \qquad S_{s1}^* = \sum_{m=1}^{u} A_m^*$$

und

$$(\text{IV-32}) \qquad S_{s2}^* = \sum_{h=1}^{z} \left[{}_{w_{A*rh}} \right]^+ \cdot A_{rh}^*$$

erhält man:

$$(\text{IV-33}) \qquad S_s^* = S_{s1}^* + S_{s2}^*$$

Die Bestimmung der Summe der modifizierten Stationsarbeitswerte der bereits systematisch aufgebauten Stationen (S_{s1}^*) ist trivial. Umfangreichere Rechenschritte sind hingegen bei der Ermittlung der günstigstenfalls erreichbaren modifizierten Stationsarbeitswertsumme für die noch nicht zugeteilten Arbeitselemente (S_{s2}^*) zu vollziehen. Dabei ist wie folgt vorzugehen:

151 Aus rechentechnischen Vereinfachungen wird die Abstimmung von vornherein auf der Grundlage modifizierter Arbeitswerte vorgenommen. Grundsätzlich kann sich die beschriebene Vorgehensweise auch zunächst an den ursprünglichen Arbeitswerten der Arbeitselemente orientieren. Jedoch muß beachtet werden, daß die Entscheidung über Abbruch oder Weiterverfolgung einer systematischen Lösung nicht auf der Grundlage der Summen der ursprünglichen Stationsarbeitswerte gefällt werden darf, weil die minimale Arbeitswertsumme unter Umständen nicht die kostenminimale Lösung herbeiführt. Die dabei wesentlichen Zusammenhänge konnten weiter oben erarbeitet werden. Zumindest bei der Bestimmung der Arbeitswertsummen als Maß für die Güte einer kostenorientierten Abstimmung ist für die Stationsarbeitswerte die beschriebene Modifizierung vorzunehmen. Vgl. dazu im einzelnen S. 87 f.

$$(IV\text{-}34) \qquad \left[w_{A*r1} \right]^+ = \left[\frac{\sum_i t_{iA*r1}}{c_Z} \right]^+$$

$$T_{A*r1} = \left[w_{A*r1} \right]^+ \cdot c_Z$$

$$l_{A*r1} = T_{A*r1} - \sum_i t_{iA*r1}$$

$$\left[w_{A*r2} \right]^+ = \left[\frac{\sum_i t_{iA*r2} - l_{A*r1}}{c_Z} \right]^+$$

$$T_{A*r2} = \left[w_{A*r2} \right]^+ \cdot c_Z$$

$$l_{A*r2} = T_{A*r2} - \left(\sum_i t_{iA*r2} - l_{A*r1} \right)$$

$$\left[w_{A*r3} \right]^+ = \left[\frac{\sum_i t_{iA*r3} - l_{A*r2}}{c_Z} \right]^+$$

$$\cdot$$
$$\cdot$$
$$\cdot$$

$$\left[w_{A*rz} \right]^+ - \left[\frac{\sum_i t_{iA*rz} - l_{A*r(z-1)}}{c_Z} \right]^+$$

$$S_{s2}^* = \left[w_{A*r1} \right]^+ \cdot A_{r1}^* + \left[w_{A*r2} \right]^+ \cdot A_{r2}^* + \cdots + \left[w_{A*rz} \right]^+ \cdot A_{rz}^*$$

Auf dieser Grundlage kann durch einen Vergleich der Summen der modifizierten Stationsarbeitswerte der Näherungslösung und der systematischen Lösung in ihrem jeweiligen Stadium über die Weiterverfolgung des eingeschlagenen Lösungsweges entschieden werden. Weist eine Abstimmungsalternative nach vollständiger systematischer Zuordnung aller Arbeitselemente eine im Vergleich zur Näherungslösung

100

geringere modifizierte Stationsarbeitswertsumme auf, so bildet dieser Lösungswert die neue Untergrenze für weitere Enumerationen. Der beschriebene Prozeß wird so lange fortgesetzt, bis keine weitere Verbesserung (Verringerung der Summe der modifizierten Stationsarbeitswerte) erzielt werden kann, d. h. bis das Optimum erreicht ist.

Zur Veranschaulichung des Verfahrens wird im folgenden das im Rahmen des Ansatzes der linearen Programmierung vorgestellte Beispiel durchgerechnet[152]. Nach dem vorgeschlagenen Weg zur Erzeugung einer Näherungslösung sind für eine Zuordnungtaktzeit von 6 Minuten zwei Arbeitssysteme einzurichten. Der ersten Station werden die Arbeitselemente 1 und 2 zugeteilt, während die Arbeitsaufgabe der Station 2 die Arbeitselemente 3, 4 und 5 umfaßt. Für die Vergleichskennzahl, die Summe der modifizierten Stationsarbeitswerte, erhält man:

$$S_0^* = 35 + 35 = 70$$

Im Rahmen der systematischen Abstimmung wird die Fertigungsaufgabe der Station 1 zunächst allein durch das Arbeitselement 1 gebildet. Daran anschließend wird geprüft, ob dieser Aufbau ein im Vergleich zur Näherungslösung besseres Ergebnis erbringen könnte.

— Bestimmung des modifizierten Stationsarbeitswertes der systematisch aufgebauten Station (S_{s1}^*):

$$S_{s1}^* = A_1^* = 15$$

— Bestimmung der günstigstenfalls erreichbaren modifizierten Stationsarbeitswertsumme der verbleibenden Arbeitselemente (S_{s2}^*):

$$S_{s2}^* = \left[w_{A*r1}\right]^+ \cdot A_{r1}^* + \left[w_{A*r2}\right]^+ \cdot A_{r2}^*$$

$$S_{s2}^* = \left[w_{35}\right]^+ \cdot 35 + \left[w_{15}\right]^+ \cdot 15$$

$$\left[w_{35}\right]^+ = \left[\frac{\sum_i t_{i35}}{c_Z}\right]^+ = \left[\frac{3+2}{6}\right]^+ = 1$$

$$T_{35} = \left[w_{35}\right]^+ \cdot c_Z = 1 \cdot 6 = 6$$

$$l_{35} = T_{35} - \sum_i t_{i35} = 6 - (3+2) = 1$$

$$\left[w_{15}\right]^+ = \left[\frac{\sum_i t_{i15} - l_{35}}{c_Z}\right]^+ = \left[\frac{2 + 2 - 1}{6}\right]^+ = 1$$

$$S_{s2}^* = 1 \cdot 35 + 1 \cdot 15 = 50$$

---

152 Vgl. S. 71 und S. 94 f.

– Bestimmung der günstigstenfalls erreichbaren modifizierten Stationsarbeitswertsumme der systematischen Lösung (S_s^*):

$$S_s^* = S_{s1}^* + S_{s2}^* = 15 + 50 = 65$$

Da $S_s^* < S_0^*$ ist, wird der Aufbauprozeß fortgesetzt. Der zweiten Station wird Element 2 zugewiesen. Auch für diese Situation ist die nunmehr bestenfalls erreichbare Stationsarbeitswertsumme zu ermitteln:

– Bestimmung der modifizierten Stationsarbeitswertsumme der systematisch aufgebauten Stationen (S_{s1}^*):

$$S_{s1}^* = A_1^* + A_2^* = 15 + 35 = 50$$

– Bestimmung der günstigstenfalls erreichbaren modifizierten Stationsarbeitswertsumme der verbleibenden Arbeitselemente (S_{s2}^*):

$$S_{s2}^* = \left[w_{A*r1} \right]^+ \cdot A_{r1}^* + \left[w_{A*r2} \right]^+ \cdot A_{r2}^*$$

$$S_{s2}^* = \left[w_{35} \right]^+ \cdot 35 + \left[w_{15} \right]^+ \cdot 15$$

$$\left[w_{35} \right]^+ = \left[\frac{2}{6} \right]^+ = 1$$

$$T_{35} = 1 \cdot 6 = 6$$

$$l_{35} = 6 - 2 = 4$$

$$\left[w_{15} \right]^+ = 2 + 2 - 4 = 0$$

$$S_{s2}^* = 1 \cdot 35 + 0 \cdot 15 = 35$$

– Bestimmung der günstigstenfalls erreichbaren modifizierten Stationsarbeitswertsumme der systematischen Lösung (S_s^*):

$$S_s^* = S_{s1}^* + S_{s2}^* = 50 + 35 = 85$$

In diesem Falle ist $S_s^* > S_0^*$. Es lohnt sich daher nicht, diesen Weg weiter zu verfolgen. Die Fertigungsaufgabe der zuletzt gebildeten Station muß in anderer Weise gestaltet werden. Dies kann durch Zuweisung der Elementkombination 2–3 erfolgen[153]. Auch diese Lösung ist auf ihre Vorteilhaftigkeit zu überprüfen:

– Bestimmung der modifizierten Stationsarbeitswertsumme der systematisch aufgebauten Stationen (S_{s1}^*):

$$S_{s1}^* = A_1^* + A_2^* \text{ (bzw. } A_3^*) = 15 + 35 = 50$$

---

153 Eine alleinige Zuordnung des Arbeitselementes 3 zur zweiten Station führt ebenfalls zu einem im Vergleich zur Näherungslösung schlechteren Ergebnis.

— Bestimmung der günstigstenfalls erreichbaren modifizierten Stationsarbeitswert-summe der verbleibenden Arbeitselemente (S_{s2}^*):

$$S_{s2}^* = \left[w_{15}\right]^+ \cdot 15$$

$$\left[w_{15}\right]^+ = \left[\frac{2 + 2}{6}\right]^+ = 1$$

$$S_{s2}^* = 1 \cdot 15 = 15$$

— Bestimmung der günstigstenfalls erreichbaren modifizierten Stationsarbeitswert-summe der systematischen Lösung (S_s^*):

$$S_s^* = S_{s1}^* + S_{s2}^* = 50 + 15 = 65$$

Dieser systematische Aufbauprozeß sollte fortgesetzt werden, da $S_s^* < S_o^*$ ist. Weiterhin müßte zunächst lediglich Element 4 der dritten systematisch auf-zubauenden Bearbeitungsstation zugewiesen werden. Diese Lösung würde jedoch die günstigstenfalls erzielbare Summe der modifizierten Stationsarbeitswerte wieder erhöhen, da Element 5 einer fünften Station zuzuordnen wäre. Zulässig ist aber auch die Zuteilung der Elementkombination 4–5 zur dritten Station. Dabei ergibt sich — wie leicht erkennbar ist — ebenfalls die zuletzt ermittelte Stations-arbeitswertsumme. Das systematische Abstimmungsergebnis umfaßt damit die in Tabelle ı √-9 angegebenen Zuordnungen.

Tabelle IV-9

Arbeitssystem	1	2	3
zugeteilte Arbeitselemente	1	2–3	4–5
modifizierter Stations- arbeitswert	15	35	15
modifizierte Stations- arbeitswert- summe	65		

Die im Vergleich zur Näherungslösung geringere Summe der modifizierten Stations-arbeitswerte bildet nunmehr die neue Untergrenze für die fortzuführende Rech-nung. Es stellt sich jedoch heraus, daß alle anderen systematischen Aufbaulösungen, beginnend mit der Zuweisung der Elementkombination 1–2 zur ersten Station, höhere modifizierte Stationsarbeitswertsummen aufweisen. Dies ist bereits jeweils beim systematischen Aufbau der zweiten Station auf der Grundlage der günstigsten-falls erreichbaren Summe der modifizierten Stationsarbeitswerte feststellbar. Die

oben angegebene Zuordnung kann unter Kostengesichtspunkten nicht mehr ver-
bessert werden, sie ist optimal. Der Lösungsweg läßt sich in einem Entscheidungs-
baum zusammenfassen (Abbildung IV-24).

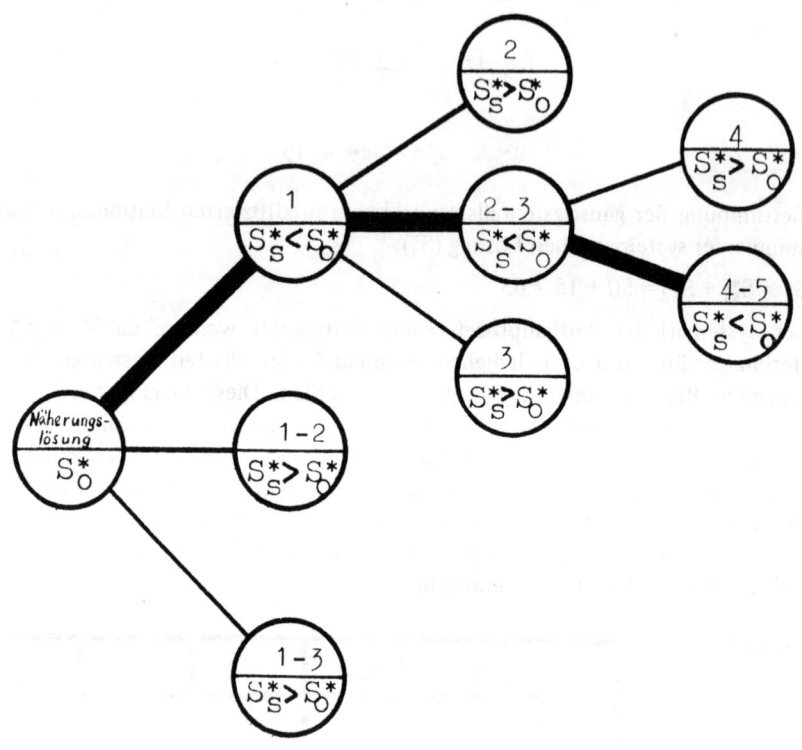

Abbildung IV-24

Im oberen Teil der Knoten sind die jeweiligen Elemente bzw. Elementkombinationen der systematisch aufgebauten Stationen angegeben, während die untere Hälfte
das Ergebnis des Testes der systematischen Lösungen unter Einbeziehung der noch
nicht zugeteilten Arbeitselemente angibt. Die verstärkt gekennzeichneten Zweige
des Entscheidungsbaumes geben die Optimallösung an.

Die vorangehenden Erörterungen haben gezeigt, daß mit Hilfe der begrenzten
Enumeration das Problem der kostenoptimalen Abstimmung von Fertigungslinien
gelöst werden kann. Für die Anwendung auf umfangreiche praktische Probleme
gelten die im Zusammenhang mit der zeitorientierten Abstimmung angegebenen
Anwendungsgrenzen, jedoch ist mit zunehmender Anwendbarkeit im Zuge einer
Rückbildung weitgehender Arbeitsteilung zu rechnen[154]. Immerhin ist deutlich
geworden, daß die Problemstruktur kostenbestimmter Planungen in vollem Umfang

154 Vgl. dazu die Anmerkungen auf S. 53.

erfaßt werden kann. Die Schwierigkeiten liegen nicht in der Formulierung des Ansatzes, sondern gegenwärtig noch in seiner rechentechnischen Bewältigung[155].

c) Kostenorientierte heuristische Abstimmungsverfahren

Bei den im Rahmen dieser Untersuchung angestellten Bemühungen um die Entwicklung kostenbezogener heuristischer Abstimmungsverfahren für umfangreiche Abstimmungsprobleme der betrieblichen Praxis hat sich eine Ausrichtung an dem Positionsgewicht-Verfahren von Helgeson und Birnie bzw. der darauf aufbauenden Rangwert-Regel als nützlich erwiesen. Anknüpfungen an andere Zuordnungsregeln brachten entweder nicht die im Vergleich zu leerzeitbestimmten Planungen erwünschte Kostensenkung oder erforderten an exakte Verfahren heranreichenden Rechenaufwand. So führte hinsichtlich des erstgenannten Aspektes die Anwendung einer neben den Grundzeiten an den Arbeitswerten der Arbeitselemente orientierten Maximal-Vorgabezeit-Regel[156] überwiegend zu hohen leerzeitbedingten Leerkosten, die nicht durch entsprechende Reduzierung von Leerkosten aufgrund von Arbeitswertdifferenzen kompensiert bzw. überkompensiert werden konnten. Der zweite Gesichtspunkt stellte sich bei einer an das Verfahren von Hoffmann angelehnten stationsweisen Kombinatorik[157] ein. Dabei sollten für das erste Arbeitssystem alle Kombinationsmöglichkeiten der zuteilbaren Arbeitselemente gebildet und diejenige Alternative mit dem höchsten stationsbezogenen Arbeitswertnutzungsgrad zugeordnet werden, um darauf aufbauend jeweils mit den verbleibenden Arbeitselementen die weiteren Stationsaufgaben entsprechend abzugrenzen.

Beachtliche Abstimmungsergebnisse konnten bei relativ geringen Rechnerbeanspruchungen mit Hilfe eines an die Rangwert-Regel[158] anknüpfenden Verfahrens erzielt werden. Die dabei zu vollziehenden heuristischen Vorgehensregeln werden nach Angabe der Grundzeiten und der modifizierten Arbeitswerte der Arbeitselemente sowie deren Reihenfolgebeziehungen wie folgt konzipiert:

1. Ermittlung der Rangwerte aller Arbeitselemente aus den Elementgrundzeiten.

2. Bildung einer Rangreihe der Arbeitselemente nach abnehmenden Rangwerten.

3. Ermittlung der Zuordnungstaktzeit aus Vorgabegrößen (Betriebszeit, Erzeugnismenge, Verteilzeit-, Erholungszeit-, materialbedingte Störungszeitzuschläge, Leistungsgrad usw.).

4. Beginn des Aufbaus der Arbeitsaufgabe der ersten Bearbeitungsstation.

---

155 Zur Überprüfung der Ergebnisse eines kostenorientierten heuristischen Abstimmungsverfahrens wurde mit Hilfe der begrenzten Enumeration eine kostenoptimale Abstimmung eines Anwendungsbeispieles mit 32 Arbeitselementen abgewickelt, allerdings bei beträchtlichem Rechenaufwand. Vgl. dazu die Anmerkung auf S. 109 Fußnote 159.
156 S. 61 f.
157 S. 62.
158 Zum Aufbau des zeitorientierten Positionsgewicht-Verfahrens und dessen Modifizierung zur Rangwert-Regel vgl. S. 63 ff.

5. Auswahl des ersten Arbeitselementes der Rangreihe (rangwerthöchstes Element) und Ernennung des zugehörigen modifizierten Arbeitswertes zum Stationsarbeitswert A_m^* (m = 1,2, ..., M).

6. Ernennung des Stationsarbeitswertes zum stationsbezogenen Abstimmungsarbeitswert: $A_m^{*abst} = A_m^*$ (m = 1,2,...,M).

7. Überprüfung, ob bei Zuteilung des Arbeitselementes

   a) keine Reihenfolgebedingung verletzt wird,

   b) die Differenz zwischen der Grundzeit zugeteilter Arbeitselemente und der Zuordnungstaktzeit größer oder gleich der Grundzeit des Elementes ist,

   c) der zugehörige modifizierte Arbeitswert dem stationsbezogenen Abstimmungsarbeitswert A_m^{*abst} (m = 1,2, ..., M) entspricht.

   Werden alle Bedingungen erfüllt, erfolgt Schritt 8; ist dies nicht der Fall, erfolgt Schritt 10.

8. Zuteilung des Arbeitselementes und Entfernung aus der Rangreihe. Übersteigt der dabei aktuelle stationsbezogene Abstimmungsarbeitswert den bisherigen Stationsarbeitswert, wird dieser entsprechend erhöht: $A_m^* = A_m^{*abst}$ für $A_m^{*abst} > A_m^*$ (m = 1,2, ..., M).

9. Auswahl des ersten Arbeitselementes der verbleibenden Rangreihe und Schritt 6 durchführen.

10. Auswahl des Arbeitselementes mit dem nächsthöchsten Rangwert der Rangreihe und Schritt 7 durchführen. Die Schritte 7 bis 10 werden so lange durchlaufen, bis alle Arbeitselemente auf ihre Zuteilung überprüft sind.

    Kann die Bedingung 7b in allen Fällen nicht erfüllt werden, erfolgt Schritt 13.

    Sind bei mindestens einem der überprüften Arbeitselemente die Bedingungen 7a und 7b, nicht aber die Bedingung 7c erfüllt, erfolgt Schritt 11.

11. a) Soweit nach Schritt 11a die Schritte 7 bis 9 ohne Zuteilungserfolg durchlaufen wurden, erfolgt Schritt 11b.

    Senkung des stationsbezogenen Abstimmungsarbeitswertes:

    $A_m^{*abst} = A_m^* - 1$ (m = 1,2, ..., M).

    Ausführung von Schritt 12.

    b) Soweit nach Schritt 11b die Schritte 7 bis 9 ohne Zuteilungserfolg durchlaufen wurden, erfolgt Schritt 11c.

    Erhöhung des stationsbezogenen Abstimmungsarbeitswertes:

    $A_m^{*abst} = A_m^* + 1$ (m = 1,2, ..., M).

    Ausführung von Schritt 12.

    c) Soweit nach Schritt 11c die Schritte 7 bis 9 ohne Zuteilungserfolg durchlaufen wurden, erfolgt Schritt 11d.

Senkung des stationsbezogenen Abstimmungsarbeitswertes:

$$A_m^{*\,abst} = A_m^* - 2 \ (m = 1,2, ..., M).$$

Ausführung von Schritt 12.

d) Soweit nach Schritt 11d die Schritte 7 bis 9 ohne Zuteilungserfolg durchlaufen wurden, erfolgt Schritt 11e.

Erhöhung des stationsbezogenen Abstimmungsarbeitswertes:

$$A_m^{*\,abst} = A_m^* + 2 \ (m = 1,2, ..., M).$$

Ausführung von Schritt 12.

y) Soweit nach Schritt 11y die Schritte 7 bis 9 ohne Zuteilungserfolg durchlaufen wurden, erfolgt Schritt 11z.

Senkung des stationsbezogenen Abstimmungsarbeitswertes:

$$A_m^{*\,abst} = A_m^* - u \ (m = 1,2, ..., M).$$

Ausführung von Schritt 12.

z) Erhöhung des stationsbezogenen Abstimmungsarbeitswertes:

$$A_m^{*\,abst} = A_m^* + u \ (m = 1,2, ..., M).$$

(u wird bestimmt durch die Differenz zwischen maximalem und minimalem modifizierten Arbeitswert der Arbeitselemente eines Abstimmungsproblems).

Ausführung von Schritt 12.

12. Auswahl des rangwerthöchsten der aufgrund von 7a und 7b zuteilbaren Arbeitselemente und Ausführung von Schritt 7c.

13. Beginn des Aufbaus der Arbeitsaufgabe der nächsten Bearbeitungsstation und Ausführung von Schritt 5.

Die Schritte 5 bis 13 werden so lange durchlaufen, bis alle Arbeitselemente zugeteilt sind.

Mit der Ausrichtung des Verfahrens an den Rangwerten wird sichergestellt, daß Arbeitselemente mit vielen Nachfolgeelementen möglichst früh zugeordnet werden, um für nachfolgende Zuteilungen eine hohe Anzahl Zuteilungsalternativen zu erhalten. Dieses Prinzip wird jedoch bewußt durchbrochen, wenn der Arbeitswert des zuzuweisenden Arbeitselementes nicht der maximalen Schwierigkeitskennziffer der einer Bearbeitungsstation zugeteilten Elemente entspricht. Hier wird durch gezieltes Abfragen anderer aufgrund noch verfügbarer Stationszeit und der Reihenfolgebedingungen zulässiger Arbeitselemente versucht, die Arbeitsaufgabe einer Station mit weitgehend arbeitswertgleichen Arbeitselementen auszustatten. Findet sich kein zuteilbares Element mit dem gesuchten Arbeitswert, so wird dieser schrittweise um jeweils eine Einheit gesenkt bzw. erhöht (Schritt 11), um einerseits noch verfügbare Taktzeit für weitere Zuteilungen zu nutzen und andererseits die

Arbeitswertdifferenzen der Arbeitselemente eines Arbeitssystems möglichst gering zu halten. Insgesamt soll auf diese Weise den Ergebnissen der kostentheoretischen Analysen Rechnung getragen und eine im Vergleich zu zeitorientierten Abstimmungen verbessere Kostensituation angestrebt werden. Da das beschriebene Verfahren auf einer kombinierten Orientierung an den Rangwerten und den modifizierten Arbeitswerten der Arbeitselemente aufbaut, wird die heuristische Vorgehensweise als Rangwert-Arbeitswert-Regel bzw. abgekürzt als RA-Regel bezeichnet. Die im Vergleich zur zeitorientierten Rangwert-Regel (kurz R-Regel genannt) sich ergebende Wirkungsweise kann an einem konstruierten Beispiel erläutert werden, das durch den in Abbildung IV-25 dargestellten Vorranggraphen gekennzeichnet wird.

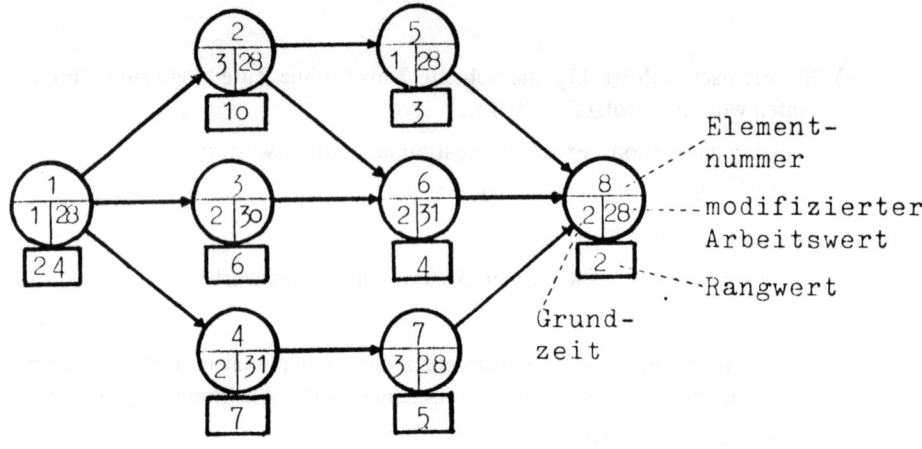

Abbildung IV-25

Die nach Ausführung der Rangwert-Regel und der Rangwert-Arbeitswert-Regel sich ergebenden Lösungen zeigt Tabelle IV-10.

Eine alleinige Ausrichtung der Abstimmung an den Rangwerten fordert nach Zuteilung des Arbeitselementes 1, daß Element 2 in die erste Stationsaufgabe aufgenommen wird. Diese Zuteilung erfolgt auch nach der RA-Regel, da der modifizierte Elementarbeitswert dem des ersten Elementes entspricht. Bei der nächsten Elementzuweisung ist jedoch ein Unterschied zu verzeichnen. Die R-Regel orientiert sich am höchsten Rangwert und weist Element 4 zu. Hier stellt die RA-Regel die Arbeitswertabweichung zu dem maximalen modifizierten Arbeitswert der bisher zugeteilten Elemente fest und sucht nach zuteilbaren arbeitswertgleichen Arbeitselementen bzw. solchen mit der geringsten Abweichung. Ausgewählt wird daher Element 5. Auf diese Weise erreicht man einen im Vergleich zur R-Regel geringeren Stationsarbeitswert des ersten Arbeitssystems. Entsprechend erfolgt die Bildung der folgenden Stationsaufgaben. Insgesamt wird in dem konstruierten Beispielfall nach der Rangwert-Arbeitswert-Regel eine im Vergleich zur Rangwert-Abstimmung geringere

Abstimmungsverfahren	R-Regel			RA-Regel		
Arbeitssystem	1	2	3	1	2	3
zugeteilte Arbeitselemente	1 2 4 3 7 6 5 8			1 2 5 4 3 6 7 8		
modifizierter Elementarbeitswert	28 28 31 30 28 31 28 28			28 28 28 31 30 31 28 28		
modifizierter Stationsarbeitswert	31	30	31	28	31	28
modifizierte Stationsarbeitswertsumme	92			87		
Arbeitswertnutzungsgrad	84,05 %			88,89 %		

Tabelle IV-10

modifizierte Stationsarbeitswertsumme bzw. ein höherer Arbeitswertnutzungsgrad und damit eine kostengünstigere Lösung erreicht[159].

Bei der Anwendung der RA-Regel auf umfassende Abstimmungsprobleme der betrieblichen Praxis mit mehreren unabhängigen Arbeitselementen[160] ergaben sich anfangs ungünstige Abstimmungsergebnisse. Die beliebig zuteilbaren Elemente wurden aufgrund passender Arbeitswerte vielfach bereits sehr früh zugeordnet. Daraus resultierten zwar kostengünstige Arbeitsaufgaben der ersten Arbeitssysteme, jedoch stiegen die Leerzeiten der Folgestationen aufgrund der Reihenfolgebeziehungen und der zum Teil hohen Elementgrundzeiten stark an, weil unabhängige Arbeitselemente zur Auffüllung der Arbeitsaufgabe nicht mehr verfügbar waren. Die gesamte Kostensituation wurde trotz günstiger Abstimmung der ersten Bearbeitungssta-

159 Um die Abstimmungsgüte der RA-Regel zu überprüfen, wurde ein von Lutz behandeltes praktisches Beispiel mit 32 Arbeitselementen (Montage eines Flaschen-Druckminderers) herangezogen, das bei vorgegebener Taktzeit mit Hilfe der Rangwert-Regel, der Rangwert-Arbeitswert-Regel und zur Ermittlung des Optimums mit dem Verfahren der begrenzten Enumeration abgestimmt wurde. Da für das Beispiel keine Arbeitswerte angegeben sind, wurden den Arbeitselementen zufällig Schwierigkeitskennzahlen zugeordnet. Um den Rechenaufwand für die Anwendung der begrenzten Enumeration möglichst gering zu halten, wurden dabei lediglich zwei unterschiedliche modifizierte Arbeitswerte (20 und 25) vergeben. Für eine Zuordnungstaktzeit von 2,045 Minuten ergab sich ein optimaler Arbeitswertnutzungsgrad von 83,7 %. Für die Anwendung der RA-Regel ergab sich mit 81,5 % eine relativ geringe Abweichung, während die Abstimmung mit der zeitorientierten R-Regel einen Arbeitswertnutzungsgrad von lediglich 77,4 % erbrachte.
Zu dem angesprochenen Beispiel vgl. Lutz, L., Abtakten von Montagelinien, a.a.O., S. 90 f.
160 Unabhängige Arbeitselemente können an jeder Stelle des gesamten Fertigungsprozesses vollzogen werden. Vgl. S. 40.

109

tionen durch erhebliche leerzeit- bzw. stationenzahlbedingte Leerkosten der Folgestationen wieder verschlechtert. Aus diesem Grunde wird im Rahmen der RA-Regel für unabhängige Arbeitselemente eine Zeitschranke formuliert, die eine Zuweisung erst dann erlaubt, wenn die nach Zuteilung von reihenfolgeabhängigen Elementen noch verfügbare Stationszeit die Zeitsumme aus der jeweiligen Elementzeit des reihenfolgeneutralen Elementes und einer Zeitkonstanten nicht überschreitet[161]. Auf diese Weise werden unabhängige Arbeitselemente relativ spät in eine Stationsaufgabe integriert, und die leerzeitfüllenden und vielfach stationenzahlreduzierenden Effekte bleiben erhalten. Eine Ausnahmeregelung gilt jedoch für den Fall, daß reihenfolgeabhängige Elemente bereits vor Erreichung der Zeitschranke nicht mehr zuteilbar sind. Im Hinblick auf die angesprochene Zeitkonstante hat sich bei praktischen Beispielen die Addition von 0,2 Minuten zur Grundzeit der unabhängigen Arbeitselemente als günstig erwiesen[162].

Trotz arbeitswertausgerichteter Abstimmungsregel lassen sich nicht in allen Fällen Ergebnisse erzielen, die kostengünstiger sind als diejenigen der Rangwert-Regel. Die überwiegende Anzahl ausgeführter Abstimmungen (ca. 70 %) erbrachte zwar bessere Resultate[163], jedoch wird bisweilen bei Anwendung der RA-Regel die Konstellation zuteilbarer Arbeitselemente ungünstig und erfordert im Vergleich zur R-Regel eine höhere Stationenzahl mit höheren Lohnkosten. Dies ist auf die heuristische Natur des Abstimmungsverfahrens zurückzuführen. Um die Möglichkeit des Auftretens dieser Effekte in jedem Falle auszuschließen, wird im folgenden eine Kombination beider Abstimmungsregeln aufgebaut. Der zusätzliche Rechenaufwand ist gering, da die Rangwertberechnung nur einmal erfolgt[164]. Nach der Abstimmung auf der Grundlage der Rangwert-Arbeitswert-Regel wird die Lösung festgehalten. Die modifizierte Stationsarbeitswertsumme wird mit derjenigen der nachfolgend vollzogenen Abstimmung nach der Rangwert-Regel verglichen und diejenige Lösung mit dem geringeren Kennzahlenwert ausgewählt. Diese kombinierte heuristische Vorgehensweise wird als Rangwert-Arbeitswert/Rangwert-Regel, kurz als RAR-Regel bezeichnet. Ein für praktische Anwendungen dieses Verfahrens in FORTRAN IV konzipiertes Computerprogramm und das zugehörige Ablaufdiagramm befinden sich im Anhang[165]. Darauf aufbauend werden im folgenden für Anwendungsfälle ausgewählter Fertigungsbereiche Abstimmungen vorgestellt und die Ergebnisse mit den Resultaten der Rangwert-Regel verglichen und diskutiert.

---

161 Wird die Zeitschranke allein durch die Grundzeit der unabhängigen Arbeitselemente gebildet, so ist die Zuordnungschance sehr gering, da die noch verfügbare Stationszeit immer gerade der Elementzeit entsprechen muß.

162 Darüberliegende Werte führten aufgrund stark ansteigender leerzeitbedingter Leerkosten und darunterliegende Werte durch hohe Leerkosten aufgrund von Arbeitswertdifferenzen und Leerzeiten überwiegend zu schlechteren kostenorientierten Abstimmungsergebnissen.

163 Dies wird bei der Darstellung von Anwendungsfällen deutlich. Vgl. S. 111 ff.

164 Auch der zusätzliche Speicherplatzbedarf bei Einsatz elektronischer Rechenanlagen ist gering.

165 Vgl. S. 181 ff.
   Ausgangspunkt des entwickelten Computerprogrammes bildet der von Hahn für die Rangwert-Regel programmierte Ansatz. Vgl. Hahn, R., Produktionsplanung bei Linienfertigung, a.a.O., S. 163 ff.

5. Kostenorientierte Abstimmungen für ausgewählte Fertigungsbereiche

Um die Lohnkostenwirkungen von Abstimmungen bei alternativen Taktzeiten bzw. Erzeugnismengen innerhalb vorgegebener Betriebszeit bei umfassenden praktischen Abstimmungsproblemen verfolgen zu können, wurden für zwei Anwendungsfälle aus unterschiedlichen Fertigungsbereichen zahlreiche Abstimmungen durchgeführt. Dabei wurde für eine Tagesbetriebszeit von 450 Minuten die Erzeugnismenge schrittweise um jeweils eine Einheit variiert. Dieses Vorgehen soll zugleich Aufschluß über den Lohnkostenverlauf bei arbeitsteilungsbezogener Anpassung geben.

Das erste Anwendungsbeispiel ist dem Bereich der Endmontage von Fernsehgeräten entnommen. Es umfaßt 62 Arbeitselemente, die an einem selbständigen Fließband vollzogen werden. Reihenfolgebeziehungen, Grundzeiten und modifizierte Arbeitswerte der Arbeitselemente können Abbildung IV-26 entnommen werden. Die modifizierten Arbeitswerte stützen sich bei einem Festlohnanteil von 4,40 DM und einem Steigerungssatz von 0,10 DM je Arbeitswerteinheit auf die Lohngleichung

$$k_L = 4,4 + 0,1 \ A^{166}.$$

Gemäß (IV-23)[167] erhält man durch Umformung

$$k_L = 0,1 \ (A + \frac{4,4}{0,1})$$

bzw.

$$k_L = 0,1 \ A^*.$$

Da in dem angesprochenen Betriebsbereich jeweils zwei Arbeitswerte zu einer Gruppe, deren Entlohnung sich an dem höheren Arbeitswert ausrichtet, zusammengefaßt werden, kann die Abstimmung auf der Grundlage von Gruppenarbeitswerten erfolgen. Auf der Basis von (IV-26) und (IV-27)[168] kann daher von folgender Lohngleichung ausgegangen werden:

$$k_L = 4,4 + 0,2 \ A_{Gr}$$

Die Gruppenarbeitswerte A_{Gr} werden durch Addition von $\frac{4,4}{0,2}$ zu A_{Gr}^* modifiziert, so daß man als Lohngleichung

$$k_L = 0,2 \ A_{Gr}^*$$

erhält. Dieser Berechnung entsprechen die in Abbildung IV-26 jeweils im rechten Teil der unteren Knotenhälfte angegebenen modifizierten Schwierigkeitskennzahlen der Arbeitselemente.

---

166 Diese Beziehung entspricht angenähert den Tarifbedingungen des angesprochenen Betriebsbereiches. Jedoch wird vereinfachend auf die intervallweise Verwendung von drei unterschiedlichen Steigerungssätzen verzichtet. Es bereitet jedoch keine grundsätzlichen Schwierigkeiten, die differenzierten Steigerungssätze bei der Ermittlung modifizierter Arbeitswerte zu berücksichtigen. Vgl. dazu die Ausführungen auf S. 89 ff.
167 Vgl. S. 87.
168 Vgl. S. 92.

Bei der Ermittlung von Zuordnungstaktzeiten auf der Grundlage von (IV-7)[169] werden Verteilzeitzuschläge von 6,5 % und Erholungszeitzuschläge von 3,5 % berücksichtigt. Der einbezogene Zeitzuschlag für die Beseitigung materialbedingter Störungen ist taktzeitabhängig. Er beträgt maximal 2,4 % der Grundzeit[170]. Neben der täglichen Betriebszeit von 450 Minuten sind Betriebspausen von 30 Minuten zu berücksichtigen, so daß sich die Entlohnung auf 480 Minuten bezieht.

Für die Produktion von 100 bis 330 Erzeugniseinheiten pro Tag wurden insgesamt 231 Abstimmungen mit dem Rangwert-Arbeitswert/Rangwert-Verfahren durchgeführt. Dabei wurde unterstellt, daß die eingesetzten Arbeitskräfte einen Leistungsgrad von 100 % (Normalleistung) realisieren. Zum Vergleich der kostenbezogenen Ergebnisse wurden parallel dazu Abstimmungen mit der zeitorientierten Rangwert-Regel vorgenommen, wobei die mit den Lösungen verbundenen Wirkungen auf die Lohnkosten bzw. die kostenbezogenen Abstimmungskennzahlen jeweils ermittelt wurden.

In Tabelle IV-11 sind die Ergebnisse jeder zwanzigsten der durchgeführten Abstimmungen für beide Verfahren angegeben, während in Tabelle IV-12 die Abweichungen im einzelnen analysiert werden.

Da in allen Fällen beide Verfahren die gleiche Stationenzahl einsetzen, sind auch die Leerzeiten und Bandwirkungsgrade jeweils gleich. Unterschiede ergeben sich jedoch bei den kostenorientierten Kennzahlen. Aufgrund geringerer Summen der modifizierten Stationsarbeitswerte sind die Arbeitswertnutzungsgrade der nach der Rang-

---

169 Vgl. S. 38.
170 Zeitmessungen haben ergeben, daß bei Montageverrichtungen der Fernsehgeräteproduktion die Beseitigung einer materialbedingten Störung im Durchschnitt 0,052 Minuten beansprucht. Wesentlich sind dabei die zu vollziehenden Teilverrichtungen
   – Aufnahme des Bauteiles,
   – Einbauversuch,
   – Rücknahme des Bauteiles,
   – Sichtprüfung,
   – Ablage des Bauteiles.
Durch statistische Untersuchungen wurde festgestellt, daß in dem angesprochenen Betriebsbereich im Mittel 2,4 % der zu verarbeitenden Bauteile schadhaft sind. Eine Verlängerung der Grundzeiten um diesen Prozentsatz würde jedoch nicht ausreichen, um materialbedingte Störungen während des Fertigungsflusses beseitigen zu können. Auf der Grundlage von Arbeitsstudien hat sich ergeben, daß eine Arbeitskraft am kontinuierlich laufenden Fließband in der Lage ist, bei angemessenem Zeitzuschlag den durch Materialschäden bedingten Mehraufwand innerhalb zweier aufeinanderfolgender Bandtakte auszugleichen. Dies bedeutet, daß je Taktzeit ein Zeitzuschlag berücksichtigt werden muß, der den halben Zeitbedarf für die Störungsbeseitigung, also 0,026 Minuten, umfaßt. Es muß jedoch beachtet werden, daß dieser Zuschlag nur bei solchen Taktzeiten als ausreichend angesehen werden kann, bei denen die Störungsbeseitigungszeit mindestens den taktbezogenen Anteil schadhafter Bauteile (2,4 %) ausmacht. Werden Taktzeiten vorgegeben, bei denen die Voraussetzung gerade nicht mehr erfüllt ist, muß mit dem Ausfall von zwei Bauteilen und der Beseitigung dieser Störungen je Takt gerechnet werden. Der Störungszuschlag ist daher um 0,026 Minuten auf 0,052 Minuten zu erhöhen. Entsprechend ist zu verfahren, wenn dieser Zeitzuschlag weniger als 2,4 % der Zuordnungstaktzeit ausmacht.

Beispiel: Teilbereich der Fernsehgerätemontage

Erzeugnis-menge pro Tag x	Normal-taktzeit (Minuten) c_N	Zuordnungs-taktzeit (Minuten) c_Z	Rangwert - Arbeitswert / Rangwert - Regel								Rangwert - Regel								
			Stationen-zahl M	Bandwir-kungsgrad (%) w	modif. Stations-arbeits-wertsumme S*	Arbeits-wert-nutzungs-grad (%) N*	Leerkosten (DM) aufgrund von Leerzeiten K_{Li}^{leer}	aufgrund von Arbeitswert-differenzen K_{LA}^{leer}	gesamt K^{leer}	Lohnkosten (DM) K_L	Stationen-zahl M	Bandwir-kungsgrad (%) w	modif. Stations-arbeits-wertsumme S*	Arbeits-wert-nutzungs-grad (%) N*	Leerkosten aufgrund von Leerzeiten K_{Li}^{leer}	aufgrund von Arbeitswert-differenzen K_{LA}^{leer}	gesamt K^{leer}	Lohnkosten (DM) K_L
100	4,500	4,048	3	83,0	100	69,3	25,17	21,09	46,26	160,00	3	83,0	100	69,3	25,17	21,09	46,26	160,00
120	3,750	3,366	4	74,9	126	66,2	40,09	24,00	64,09	201,60	4	74,9	126	66,2	40,09	24,00	64,09	201,60
140	3,214	2,879	4	87,5	126	77,4	24,05	18,97	43,02	201,60	4	87,5	133	73,3	24,60	28,89	53,49	212,80
160	2,812	2,514	5	80,2	152	73,4	40,98	19,94	60,92	243,20	5	80,2	159	70,2	39,64	31,74	71,38	254,40
180	2,500	2,230	5	90,4	166	75,8	23,69	36,91	60,60	265,60	5	90,4	166	75,8	23,69	36,91	60,60	265,60
200	2,250	2,003	6	83,9	185	75,7	40,77	26,92	67,69	296,00	6	83,9	192	73,0	40,91	37,22	78,13	307,20
220	2,045	1,837	6	91,4	185	82,6	21,17	27,56	48,73	296,00	6	91,4	199	76,8	25,18	44,47	69,65	318,40
240	1,875	1,683	7	85,6	218	76,5	40,97	36,21	77,18	348,80	7	85,6	225	74,1	43,81	43,82	87,63	360,00
260	1,730	1,551	7	92,8	211	85,8	21,16	24,54	45,70	337,60	7	92,8	225	80,4	24,07	42,62	66,69	360,00
280	1,607	1,439	8	87,6	244	79,9	41,48	32,37	73,85	390,40	8	87,6	251	77,7	43,14	41,11	84,25	401,60
300	1,500	1,342	8	93,9	257	88,2	21,00	21,43	42,43	379,20	8	93,9	258	81,1	23,09	50,68	73,77	412,80
320	1,406	1,257	9	89,1	270	82,7	40,45	30,34	70,79	432,00	9	89,1	277	80,6	41,27	39,85	81,12	443,20

Tabelle IV-11

Abweichungen der Abstimmungsergebnisse der Rangwert-Arbeitswert/Rangwert-Regel von denjenigen der Rangwert-Regel

Beispiel: Teilbereich der Fernsehgerätemontage

Erzeugnis-menge pro Tag	absolute Abweichungen						relative Abweichungen bezogen auf die Ergebnisse der Rangwert-Regel	
	Stationen-zahl	Band-wirkungs-grad (%)	Arbeits-wert-nutzungs-grad (%)	Leerkosten (DM)			gesamte Leerkosten (%)	Lohnkosten (%)
				aufgrund von Leerzeiten	aufgrund von Arbeitswert-differenzen	gesamt		
100	–	–	–	–	–	–	–	–
120	–	–	–	–	–	–	–	–
140	–	–	+4,1	-0,55	- 9,92	-10,47	-19,6	-5,3
160	–	–	+3,2	+1,34	-11,80	-10,46	-14,7	-4,4
180	–	–	–	–	–	–	–	–
200	–	–	+2,7	-0,14	-10,30	-10,44	-13,4	-3,6
220	–	–	+5,8	-4,01	-16,91	-20,92	-30,0	-7,0
240	–	–	+2,4	-2,84	- 7,61	-10,45	-11,9	-3,1
260	–	–	+5,4	-2,91	-18,08	-20,99	-31,5	-6,2
280	–	–	+2,2	-1,66	- 8,74	-10,40	-12,3	-2,8
300	–	–	+7,1	-2,09	-29,25	-31,34	-42,5	-8,1
320	–	–	+2,1	-0,82	- 9,51	-10,33	-12,7	-2,5

Tabelle IV-12

wert-Arbeitswert/Rangwert-Regel vollzogenen Abstimmungen überwiegend höher als diejenigen der Rangwert-Regel. Dies ist — wie in Tabelle IV-12 deutlich wird — regelmäßig auf eine starke Reduzierung der durch Arbeitswertdifferenzen bedingten Leerkosten zurückzuführen. Die Orientierung der Abstimmung an den Arbeitswerten bringt für die praktische Anwendung der RAR-Regel im Vergleich zur R-Regel ökonomische Vorteile mit sich[171], die in den in Tabelle IV-11 angegebenen Abstimmungen in Lohnkosteneinsparungen bis zu 8,1 % bestehen[172].

Die gesamten Lohnkostenverläufe, die sich durch die Anwendung der RAR-Regel und der R-Regel ergeben haben, werden in Abbildung IV-27 gezeigt. Dabei werden zugleich die Bereiche angegeben, in denen eine Abstimmung mit der RA-Regel zu im Vergleich zur R-Regel höheren Kosten führen würde.

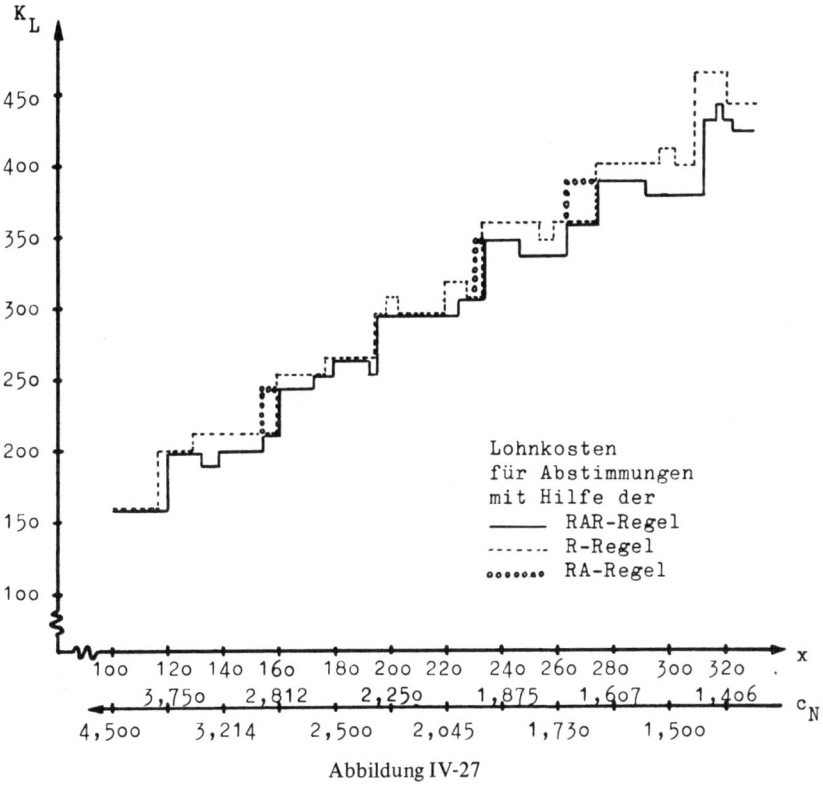

Abbildung IV-27

171 Zur Verdeutlichung der computergestützten Zusammenstellung der Arbeitsaufgaben befindet sich im Anhang je ein Abstimmungsausdruck nach der RAR-Regel und nach der R-Regel für den beschriebenen Anwendungsfall. Zur Ermittlung der mit der Rangwert-Regel verbundenen kostenbezogenen Ergebnisse wurden entsprechende Erweiterungen des Abstimmungsprogrammes analog zu dem für die RAR-Regel programmierten Ansatz vorgenommen. Vgl. S. 188a.
172 In drei Abstimmungsfällen (Erzeugnismenge = 309, 310 und 311) ergaben sich sogar Lohnkosteneinsparungen von 18,5 %. Da die Lohnkosten des angesprochenen Fertigungsbereichs etwa 17 % der gesamten Fertigungskosten ausmachen, sind in diesen Fällen Gesamtkostenreduzierungen von über 3 % zu verzeichnen.

Es ist erkennbar, daß mit zunehmender Erzeugnismenge bzw. abnehmender Taktzeit bisweilen ein Sinken der Gesamtlohnkosten verbunden ist. Dies ist beispielsweise in dem Erzeugnismengenintervall zwischen 240 und 260 Produkteinheiten der Fall, in dem die Anzahl einzusetzender Arbeitssysteme nicht variiert. Produktmengen dieses Intervalls könnten daher mit den gleichen Lohnkosten gefertigt werden. Derartige Kostenverläufe sind verfahrensabhängig und machen deutlich, daß nicht notwendig kostenoptimale Abstimmungen vorliegen. Die Begründung ist darin zu sehen, daß die angewandten Heuristiken die Arbeitselemente stationenweise zuordnen, ohne das Gesamtproblem zielentsprechend optimieren zu können. Immerhin ist erkennbar, daß Abstimmungen mit Hilfe der RAR-Regel überwiegend kostengünstigere Ergebnisse als die Anwendung der R-Regel liefern. Von den insgesamt 231 vollzogenen Abstimmungsvorgängen erbrachte das RAR-Verfahren 146 (63,2 %) wirtschaftlich vorteilhaftere Lösungen. Hätte man auf den kombinierten Einsatz der Rangwert-Arbeitswert- und der Rangwert-Regel verzichtet, wären bei Anwendung der RA-Regel 18 Abstimmungen (7,8 %) kostenungünstiger als rangwertorientierte Lösungen gewesen.

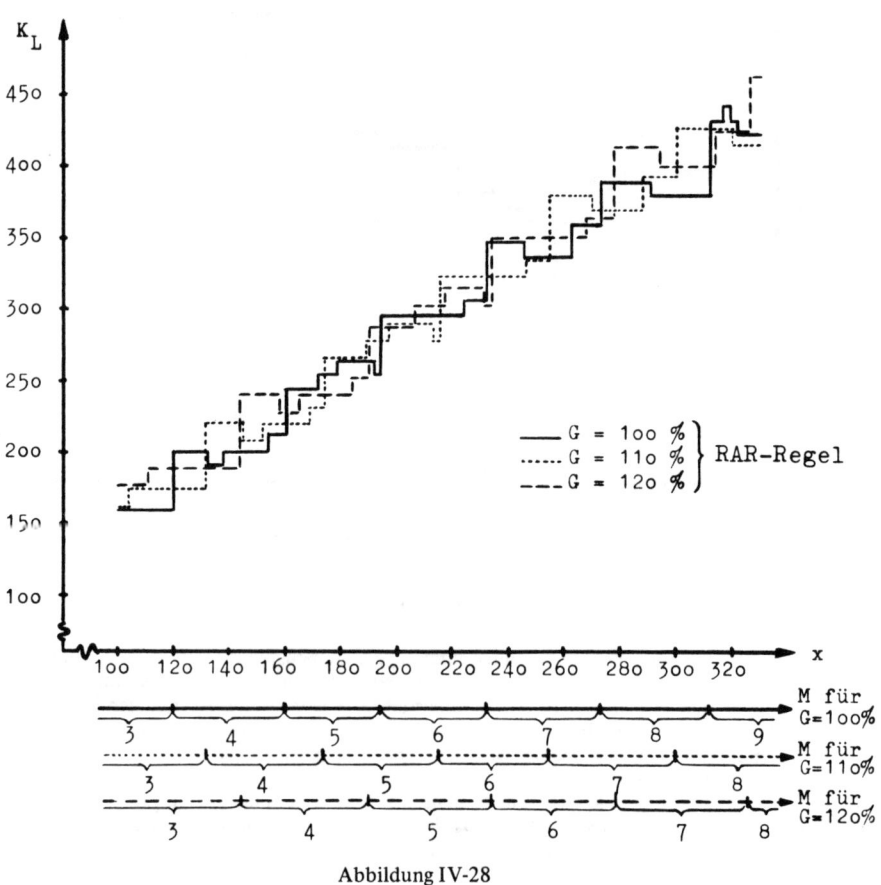

Abbildung IV-28

116

Eine Untersuchung des Lohnkostenverhaltens bei alternativen Leistungs- bzw. Zeit-graden (G) der eingesetzten Arbeitskräfte hat gezeigt, daß nicht generell von einem lohnkostengünstigsten Intensitätsgrad gesprochen werden kann. Mit veränderter Taktzeit bzw. Erzeugnismenge bei vorgegebener Betriebszeit wechselt der lohn-kostenminimale Leistungsgrad sehr häufig. Dies ist auf unterschiedliche Taktzeit- bzw. Erzeugnismengenintervalle für die jeweils gleiche Anzahl eingesetzter Arbeits-systeme (M) zurückzuführen. Hohe leerzeitbedingte Leerkosten fallen bei den ein-zelnen Leistungsgraden daher bei voneinander abweichenden Taktzeiten bzw. Pro-duktmengen an. In Abbildung IV-28 werden die auf der Grundlage der RAR-Regel ermittelten Lohnkostenverläufe für Leistungsgrade von 100 %, 110 % und 120 % angegeben.

Zur Beurteilung der Leistungsfähigkeit der RAR-Regel werden im folgenden weitere Abstimmungen vorgestellt. Eine Anwendung auf andere Bereiche der Fernsehgerätemontage brachte keine zusätzlichen Erkenntnisse, da die Struktur der Vorrangbeziehungen unwesentlich von dem ausgewählten Beispiel abweicht. Umfassendere Wahlmöglichkeiten hinsichtlich der Zuordnung von Arbeitselementen zu Arbeitssystemen wurden bei der Fertigung von Haushaltsgeräten angetroffen. Abbildung IV-29 zeigt die Reihenfolgebedingungen der 259 Arbeitselemente für die Fertigung eines Haushalts-Großgerätes[173]. Auch für diesen Anwendungsfall werden Abstimmungen mit Hilfe der RAR-Regel und der R-Regel vorgenommen.

Da für das Beispiel keine Arbeitswerte zur Verfügung standen, wurde auf die vor-gefundene Lohngruppenentlohnung zurückgegriffen, die angenähert durch folgende Lohnbeziehung wiedergegeben werden kann:

$$k_L = 4,5 + 0,25\ A$$
$$A^* = A + \frac{4,5}{0,25}$$
$$k_L = 0,25\ A^{*}[174]$$

Mit der RAR-Regel, die hier streng genommen als Rangwert-Lohngruppen/Rang-wert-Regel bezeichnet werden müßte, sollen in diesem Fall Lohngruppenunter-schiede bei den Arbeitsaufgaben der Arbeitssysteme vermieden bzw. möglichst gering gehalten werden. Analog zur arbeitswertorientierten Abstimmung erfolgt hier eine Ausrichtung an der modifizierten Lohngruppensumme bzw. am Lohngruppen-nutzungsgrad[175].

---

173 Auf eine detaillierte Angabe der bei der Aufbereitung des Anwendungsbeispieles berück-sichtigten Grundzeiten und modifizierten Lohngruppen der Arbeitselemente wird hier verzichtet, da eine Darstellung innerhalb des Vorranggraphen aufgrund des Problem-umfanges unübersichtlich wird.
174 Die Symbole A und A* stehen hier für die Lohngruppe bzw. modifizierte Lohngruppe.
175 Vgl. S. 89.

Abstimmungsergebnisse

Beispiel: Montage eines Haushalts-Großgerätes

			Rangwert–Arbeitswert / Rangwert–Regel [1]								Rangwert–Regel							
Erzeugnis-menge pro Tag x	Normal-taktzeit (Minuten) c_M	Zuordnungs-taktzeit (Minuten) c_Z	Stationen-zahl M	Bandwir-kungsgrad (%) w	modif. Stationen-lohngruppen-summe S*	Lohn-gruppen-nutzungs-grad (%) N*	Leerkosten (DM) aufgrund von Leerzeiten K_{L1}^{leer}	aufgrund von Lohngruppen-differenzen K_{La}^{leer}	gesamt K_L^{leer}	Lohnkosten (DM) K_L	Stationen-zahl M	Bandwir-kungsgrad (%) w	modif. Stationen-lohngruppen-summe S*	Lohn-gruppen-nutzungs-grad (%) N*	Leerkosten (DM) aufgrund von Leerzeiten K_{L1}^{leer}	aufgrund von Lohngruppen-differenzen K_{La}^{leer}	gesamt K_L^{leer}	Lohnkosten (DM) K_L
100	4,500	4,090	19	95,3	434	89,9	35,14	47,01	82,15	868,00	19	95,3	453	86,2	39,32	78,47	117,79	906,00
105	4,285	3,895	20	95,1	456	89,9	39,12	47,66	86,78	912,00	20	95,1	475	86,3	43,45	78,94	122,39	950,00
110	4,090	3,718	21	94,9	477	90,0	44,08	45,52	89,60	954,00	21	94,9	496	86,6	47,66	77,55	125,21	992,00
115	3,913	3,557	22	94,7	501	89,6	47,60	50,58	98,18	1002,00	22	94,7	521	86,2	51,96	83,71	135,67	1042,00
120	3,750	3,409	22	98,8	523	89,5	11,35	91,57	102,92	1046,00	22	98,8	523	89,5	11,35	91,57	102,92	1046,00
125	3,600	3,272	23	98,4	543	89,9	15,21	88,43	103,64	1086,00	23	98,4	543	89,9	15,21	88,43	103,64	1086,00
130	3,461	3,146	24	98,1	567	89,5	19,42	92,59	112,01	1134,00	24	98,1	567	89,5	19,42	92,59	112,01	1134,00
135	3,333	3,030	25	97,8	586	89,9	23,67	87,56	111,23	1172,00	25	97,8	586	89,9	23,67	87,56	111,23	1172,00
140	3,214	2,921	26	93,9	608	89,9	67,09	48,51	115,60	1216,00	26	97,5	611	89,5	27,65	93,53	121,18	1222,00
145	3,103	2,820	27	97,3	610	92,8	30,56	52,09	82,65	1220,00	27	97,3	634	89,3	31,58	96,00	127,58	1268,00
150	3,000	2,727	29	93,7	654	89,5	73,35	55,61	128,96	1308,00	28	97,0	664	88,2	36,58	111,14	147,72	1328,00
155	2,903	2,639	30	93,6	677	89,4	78,41	57,10	135,51	1354,00	29	96,8	685	88,3	40,62	109,89	150,51	1370,00
160	2,812	2,556	31	93,5	698	89,5	82,98	55,02	138,00	1396,00	30	96,6	701	88,1	44,19	99,43	143,62	1402,00
165	2,727	2,479	32	93,4	719	89,6	86,30	54,73	141,03	1438,00	31	96,4	723	89,1	48,67	99,88	148,55	1446,00
170	2,647	2,406	32	96,2	738	89,9	52,52	87,48	140,00	1476,00	32	96,2	738	89,9	52,52	87,48	140,00	1476,00
175	2,571	2,357	33	96,1	746	91,6	53,28	65,03	118,31	1492,00	33	96,1	766	89,2	57,00	98,81	155,81	1532,00
180	2,500	2,272	34	95,9	760	92,5	55,50	52,40	107,90	1520,00	34	95,9	792	88,7	60,95	106,97	167,92	1584,00
185	2,432	2,210	35	95,8	777	93,0	60,27	42,53	102,80	1554,00	35	95,8	815	88,6	64,70	109,33	174,03	1630,00
190	2,368	2,152	36	95,6	807	91,9	64,70	57,83	122,53	1614,00	36	95,6	832	89,2	68,53	100,84	169,37	1664,00
195	2,307	2,097	36	98,1	829	91,8	28,00	99,35	127,35	1658,00	36	98,1	829	91,8	28,00	99,35	127,35	1658,00
200	2,250	2,045	38	95,3	844	92,5	71,05	48,22	119,27	1688,00	37	97,9	853	91,5	31,96	104,16	136,12	1706,00

1) Die RAB-Regel orientiert sich in diesem Beispiel an den modifizierten Lohngruppen.

Tabelle IV-13

Abweichungen der Abstimmungsergebnisse der Rangwert-Arbeitswert/Rangwert-Regel von denjenigen der Rangwert-Regel

Beispiel: Montage eines Haushalts-Großgerätes

Erzeugnismenge pro Tag	absolute Abweichungen			Leerkosten (DM)			relative Abweichungen bezogen auf die Ergebnisse der Rangwert-Regel	
	Stationenzahl	Bandwirkungsgrad (%)	Lohngruppennutzungsgrad (%)	aufgrund von Leerzeiten	aufgrund von Lohngruppendifferenzen	gesamt	gesamte Leerkosten (%)	Lohnkosten (%)
100	—	—	+3,7	−4,18	−31,46	−35,64	−30,3	−4,2
105	—	—	+3,6	−4,33	−31,28	−35,61	−29,1	−4,0
110	—	—	+3,4	−3,58	−32,03	−35,61	−28,4	−3,8
115	—	—	+3,4	−4,36	−33,13	−37,49	−27,6	−3,8
120	—	—	—	—	—	—	—	—
125	—	—	—	—	—	—	—	—
130	—	—	—	—	—	—	—	—
135	—	—	—	—	—	—	—	—
140	+1	−3,6	+0,4	+39,44	−45,02	−5,58	−4,9	−0,5
145	—	—	+3,5	−1,02	−43,91	−44,92	−35,2	−3,8
150	+1	−3,3	+1,3	+36,77	−55,53	−18,76	−12,7	−1,5
155	+1	−3,2	+1,1	+37,29	−52,79	−15,00	−10,0	−1,2
160	+1	−3,1	+0,4	+38,79	−44,41	−5,62	−3,9	−0,4
165	+1	−3,0	+0,5	+37,63	−45,15	−7,52	−5,1	−0,6
170	—	—	—	—	—	—	—	—
175	—	—	+2,4	−3,72	−33,78	−37,50	−24,1	−2,6
180	—	—	+3,8	−5,45	−54,57	−60,02	−35,7	−4,0
185	—	—	+4,4	−4,43	−66,80	−71,23	−40,9	−4,7
190	—	—	+2,7	−3,83	−43,01	−46,84	−27,7	−3,0
195	—	—	—	—	—	—	—	—
200	+1	−2,6	+1,0	+39,09	−55,94	−16,85	−12,4	−1,1

Tabelle IV-14

119

Für den beschriebenen Anwendungsfall wurden für eine Tagesbetriebszeit von 450 Minuten und 30-minütiger zu entlohnender Betriebspause bei einem Verteilzeitzuschlag von 6,5 % und einem Erholungszeitzuschlag von 3,5 % insgesamt jeweils 101 Abstimmungen mit der RAR-Regel und der R-Regel für Erzeugnismengen von 100 bis 200 Produkteinheiten durchgeführt. Die Abstimmungsergebnisse jeder fünften Abstimmung finden sich in Tabelle IV-13. Eine Analyse der Ergebnisabweichungen enthält Tabelle IV-14.

Auch bei diesem Beispiel zeigt sich eine überwiegende Überlegenheit der RAR-Regel, die im Vergleich zur R-Regel Lohnkosteneinsparungen bis zu 4,7 % herbeiführt. Von den 101 vollzogenen Abstimmungen lieferte die RAR-Regel in 82 Fällen (81,2 %) die besseren Ergebnisse. Eine Anwendung der RA-Regel hätte bei 19 Abstimmungen (18,8 %) gegenüber der R-Regel zu kostenungünstigeren Resultaten geführt. In Tabelle IV-14 ist erkennbar, daß die zur R-Regel vergleichsweise kostengünstigeren Ergebnisse der RAR-Regel auch in diesem Beispiel auf starke Reduzierung der Leerkosten aufgrund von Arbeitswert- bzw. Lohngruppendifferenzen zurückzuführen sind. Im Vergleich zur R-Regel übersteigt die Abnahme der Leerkosten dieser Art häufig eine beachtliche Zunahme der leerzeitbedingten Leerkosten, so daß letztlich geringere Beträge der gesamten Leerkosten vorliegen. Bemerkenswert ist, daß trotz höherer Anzahl eingesetzter Arbeitssysteme in vielen Fällen lohnkostengeringere Lösungen erreicht werden[176].

Die gesamten Lohnkostenverläufe für Abstimmungen nach dem RAR-Verfahren und nach der R-Regel werden in Abbildung IV-30 dargestellt. Auch dabei sind bisweilen aufgrund der heuristischen Vorgehensweise der Abstimmungsverfahren mit zunehmender Erzeugnismenge abnehmende Gesamtlohnkosten zu beobachten.

In Abbildung IV-31 wird nochmals deutlich, daß hohe Bandwirkungsgrade als Ziel der leerzeitorientierten Planung nicht notwendig mit kostengünstigen Lösungen gekoppelt sind. Bandwirkungsgrade und Lohngruppennutzungsgrade der Haushaltsgerätemontage bei Abstimmung nach der RAR-Regel werden einander gegenübergestellt. Im Hinblick auf Variationen des Leistungsgrades ergaben sich ähnliche Zusammenhänge wie bei den Abstimmungen aus der Fernsehgerätemontage.

Für eine abschließende Beurteilung der praktischen Anwendbarkeit der RAR-Regel ist neben den Abstimmungsergebnissen der Rechenzeitbedarf ausschlaggebend. In Tabelle IV-15 werden die für die beiden Anwendungsfälle im Durchschnitt benötigten Rechenzeiten bei Einsatz der RAR-Regel und der R-Regel angegeben[177].

---

176 Vgl. dazu die Ausführungen auf S. 78 ff.
177 Die Zeitangaben beziehen sich auf die Rechenanlage TR 440, mit der die Abstimmungen vorgenommen wurden.

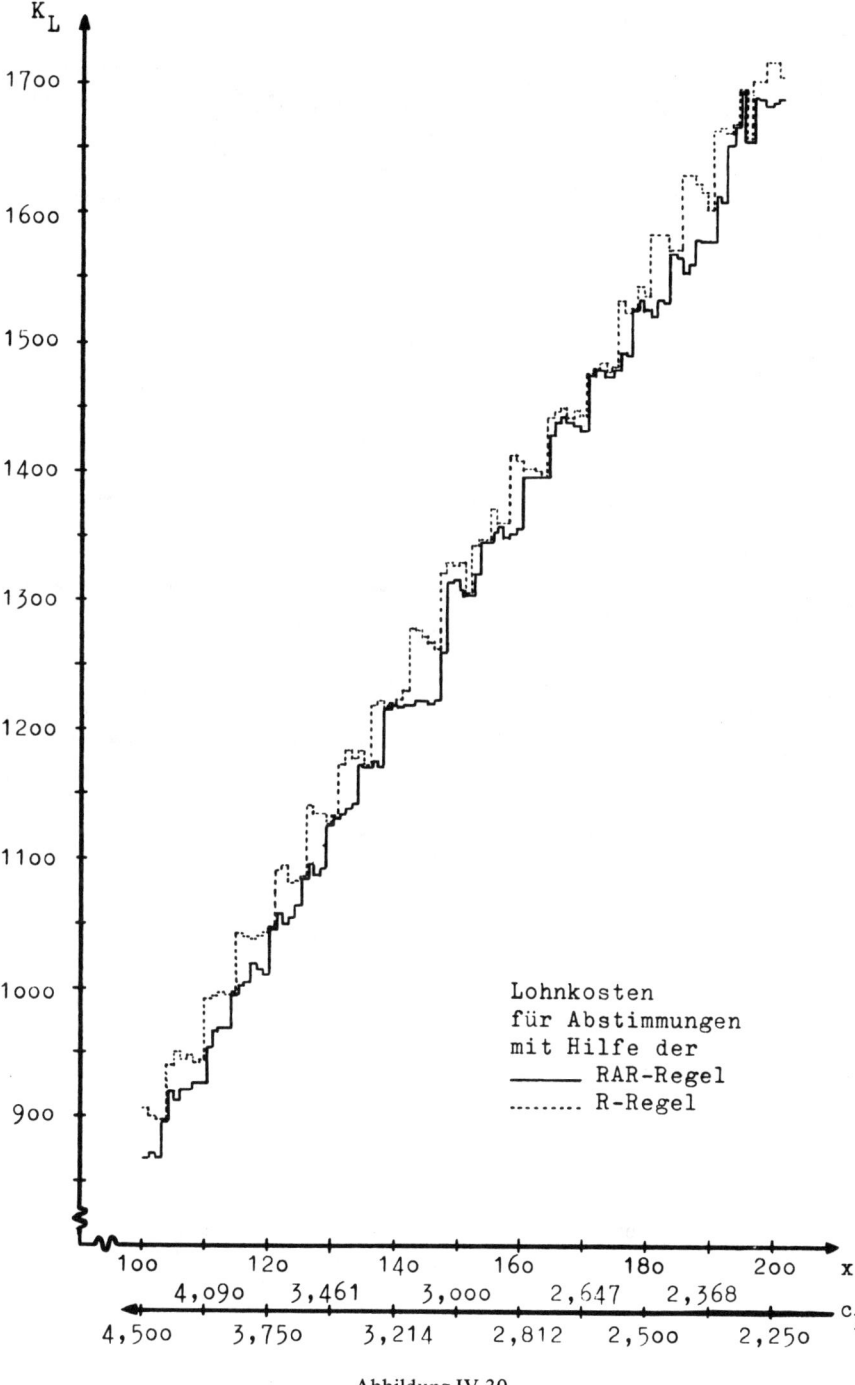

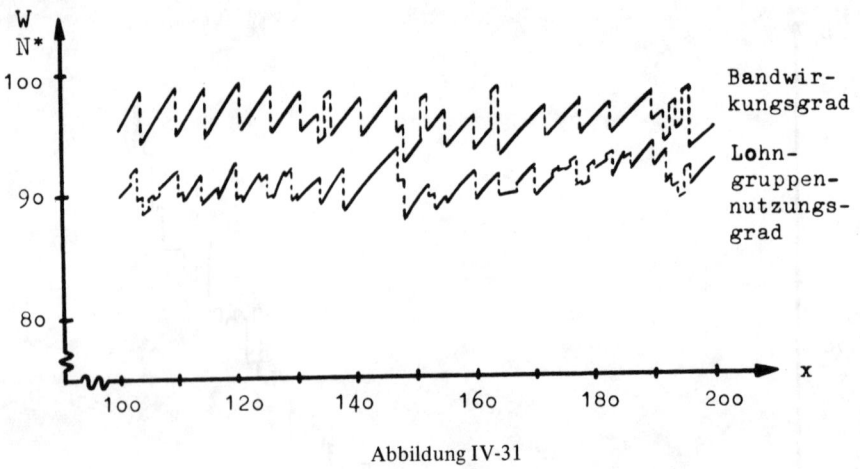

Abbildung IV-31

Anwendungsfall	Teilbereich der Fernsehgeräte-montage		Haushaltsgeräte-montage	
Problemumfang (Anzahl Arbeitselemente)	62		259	
Abstimmungs-verfahren	RAR-Regel	R-Regel	RAR-Regel	R-Regel
mittlere Rechenzeit (Sekunden)	2,4	2,2	11,7	8,6

Tabelle IV-15

Es wird deutlich, daß umfassende Abstimmungsprobleme mit Hilfe der RAR-Regel in relativ kurzer Zeit bewältigt werden können. Wenngleich gegenüber der R-Regel geringfügige Rechenzeitzunahmen vorliegen, erscheint der Einsatz des kosten-orientierten Verfahrens angesichts der Möglichkeit beachtlicher Lohnkosten-einsparungen gerechtfertigt.

6. Kosten- und erlösbezogene Erweiterungen der Planungsaufgaben

Soll in einer vorgegebenen Betriebszeit eine bestimmte Erzeugnismenge gefertigt werden, so wird dies bei bekanntem Leistungsgrad der einzusetzenden Arbeitskräfte über eine durch die Vorgabegrößen determinierte Taktzeit erreicht. In einer solchen Planungssituation sind die mit der geforderten Produktmenge erzielbaren Erlöse für alle Planalternativen gleich. Die Taktzeit führt in allen Fällen zu einer gleichmäßigen zeitlichen Verteilung der Fertigstellung von Erzeugnissen über den Betrachtungszeit-raum. Varianten der Produktionsplanung bestehen allein in der unterschiedlichen

122

Abgrenzung der Arbeitsaufgaben der zum Einsatz gelangenden Arbeitssysteme. Unter ökonomischen Gesichtspunkten empfiehlt sich dabei die Anwendung kostenorientierter Abstimmungsverfahren, da im Vergleich zur zeitbezogenen Planung in vielen Fällen mit geringeren Kosten gerechnet werden kann. Bei gegebener Erlössituation ergeben sich positive Einflüsse auf den betriebswirtschaftlichen Erfolg.

Wenngleich in den behandelten Betriebsbereichen Abstimmungen von Fertigungslinien regelmäßig auf der Grundlage vorgegebener Produktmengen und Betriebszeiten vorgenommen werden, soll im folgenden auf Planungssituationen eingegangen werden, in denen Erzeugnismengenangaben das Ergebnis kosten- und erlösbezogener Überlegungen sind. Für eine solche erfolgsorientierte Planung müssen die beschriebenen Kostenbeziehungen für das vollständige Erzeugnis mit den jeweiligen Erlösabhängigkeiten in einem geschlossenen Rechensystem zusammengeführt werden[178]. Vielfach sind dafür zusätzlich umfassende Analysen zwischen Erlöskomponenten und ihren Einflußgrößen anzustellen[179].

Zur Erläuterung des Prinzips der Eingliederung von Fließbandabstimmungen in erfolgsbezogene Planungen wird exemplarisch auf einfache Erlösabhängigkeiten zurückgegriffen, die im konkreten Fall durch die jeweils gültigen zu ersetzen sind. Grundsätzlich erfordert eine erfolgsorientierte Produktionsplanung die Kenntnis der mit allen in Erwägung zu ziehenden Erzeugnismengen verbundenen Kosten- und Erlöswirkungen. Die vorangehende Analyse der Kostenabhängigkeiten bei alternativen Graden der Arbeitsteilung hat gezeigt, daß zwischen Lohnkosten und Erzeugnismenge keine regelmäßigen Beziehungszusammenhänge bestehen. Einer Angabe funktionaler Abhängigkeiten ist aufgrund der differenzierten Kostensprünge und der unterschiedlichen Erzeugnismengenintervalle gleicher Lohnkosten der Weg verschlossen. Zur Ermittlung der Kostenwirkungen müssen daher für alternative Erzeugnismengen Abstimmungsprozesse vollzogen werden, um neben Informationen über Material-, Energie- und Anlagenkosten[180] Aussagen über die jeweilige Lohnkostenhöhe zu ermöglichen.

Für eine kosten- und erlösorientierte Abstimmung von Fertigungslinien ist in jüngster Zeit von Zäpfel[181] ein Planungsansatz entwickelt worden. Für den Fall begrenzt variabler Taktzeit bzw. Erzeugnismenge und Stationenzahl wird ein Verfahren zur Erfolgsmaximierung aufgebaut. Ausgehend von einer in einer Planungsperiode absetzbaren „gewünschten" Erzeugnismenge bzw. der daraus resultierenden „gewünschten" Taktzeit werden innerhalb vorgegebener Grenzen Abweichungen

---

178 Für die Montage von Fernsehgeräten sind daher auch für die dem beschriebenen Bereich vor- und nachgelagerten Tätigkeiten Abstimmungen in der angegebenen Weise vorzunehmen.

179 Vgl. dazu im einzelnen Laßmann, G.,Gestaltungsformen der Kosten- und Erlösrechnung im Hinblick auf Planungs- und Kontrollaufgaben, in: Die Wirtschaftsprüfung, 26. Jg. (1973), S. 9 ff.

180 Für Material- und Energiekosten lassen sich in der Regel funktionale Beziehungen zu ihren Bestimmungsgrößen angeben. Auch für die Ermittlung von Anlagenkosten kann vielfach – zumindest angenähert – auf entsprechende Abhängigkeiten zurückgegriffen werden.

181 Vgl. Zäpfel, G., Ausgewählte fertigungswirtschaftliche Optimierungsprobleme von Fließfertigungssystemen, Habilitationsschrift, Karlsruhe 1973, S. 29 ff.

zugelassen, wenn diese erfolgsteigernd wirken. Dabei berücksichtigt Zäpfel folgende abstimmungsabhängige Kosten:

- Kosten in Abhängigkeit von der Anzahl der Arbeitssysteme,
- Kosten in Abhängigkeit von der Anzahl der Arbeitssysteme und der Taktzeit,
- Kosten in Abhängigkeit von der Taktzeit.

Von der Stationenzahl abhängig sind die sog. Arbeitssystemkosten, die neben Fertigungslöhnen Anlagenkosten enthalten. Sowohl von der Anzahl der Bearbeitungsstationen als auch von der Taktzeit sind die Leerkosten abhängig, für die eine proportionale Beziehung zu der Leerzeitsumme angenommen wird. Von der Taktzeit beeinflußte Kosten umfassen die erzeugnismengenabhängigen Kosten (insbesondere Materialkosten) sowie zusätzlich Opportunitätskosten, die Zäpfel auf Abweichungen der Taktzeit von der gewünschten Taktzeit bzw. der Produktmenge von der gewünschten Erzeugnismenge zurückführt. Diese Kosten werden immer dann bedeutsam, wenn die aufgrund der Planung zu produzierende Erzeugnismenge unter der gewünschten liegt, oder — was dasselbe aussagt — wenn die zu realisierende Taktzeit die gewünschte übersteigt. Überschreitungen der gewünschten Erzeugnismenge bzw. Unterschreitungen der gewünschten Taktzeit werden in der Erlösgröße berücksichtigt. Dabei wird zunächst der Erlös der gewünschten Produktmenge durch Multiplikation mit dem erzielbaren Preis bestimmt. Für darüber hinausgehende Erzeugnismengeneinheiten werden von den Preisen die für jede zusätzliche Einheit anfallenden Kosten für Werbung, Lagerung usw. abgezogen.

Die beschriebenen Erlös- und Kostenabhängigkeiten werden in der Zielfunktion zusammengefaßt, die für eine schicht- oder erzeugniseinheitsbezogene Erfolgsgröße formuliert werden kann. Die jeweilige Zielgröße umfaßt die Differenz zwischen schicht- bzw. produkteinheitsspezifischen Erlösen und den beschriebenen abstimmungsrelevanten Kosten, die unter Nebenbedingungen (Reihenfolgebeziehungen usw.) maximiert werden soll. Für die Lösung dieses von Zäpfel als integrierte Leistungsabstimmung bezeichneten Problems wird auf die nichtlineare ganzzahlige Optimierung zurückgegriffen.

Unabhängig von den noch zu diskutierenden Lösungsmöglichkeiten des beschriebenen Ansatzes sind eine Reihe kritischer Anmerkungen herauszustellen, die einerseits die Erfassung der empirischen Gegebenheiten sowie zum anderen die rechentechnische Beschreibung der Zusammenhänge für einzelne Kosten- und Erlöskomponenten betreffen. Problematisch ist in diesem Zusammenhang die Annahme konstanter Arbeitssystemkosten (Fertigungslöhne und Anlagenkosten) je Schichtzeit für alle Arbeitssysteme; denn in der betrieblichen Praxis zeigt sich, daß an Fließfertigungssystemen vielfach Arbeitsaufgaben unterschiedlicher Schwierigkeitsgrade bewältigt werden müssen, die differenzierte Entlohnungen der einzelnen Arbeitsplätze zur Folge haben. Entsprechendes gilt für Anlagenkosten, die aufgrund des Einsatzes unterschiedlicher Maschinen und Werkzeuge an den einzelnen Bearbeitungsstationen voneinander abweichen können. Nur innerhalb der Modellprämissen kann mit leerzeitproportionalen Leerkosten (konstanten Leerkosten je Leerzeiteinheit) für die gesamte Fertigungslinie gerechnet werden. Unterschiedliche

Entlohnungen der einzelnen Arbeitsplätze erfordern jedoch den Ansatz spezifischer Leerkostensätze für jede einzelne Bearbeitungsstation. Zudem führen – wie gezeigt werden konnte – unterschiedliche Schwierigkeitsgrade der Arbeitselemente häufig zusätzlich zu Leerkosten aufgrund von Arbeitswert- bzw. Lohngruppendifferenzen. Kritik ist des weiteren bei der Abgrenzung der Opportunitätskosten anzusetzen, die mit der Taktzeit variieren. Sie ergeben sich lediglich bei Erzeugnismengen, die unterhalb der gewünschten Produktmenge liegen. Es wird davon ausgegangen, daß die weniger erzeugten Produkteinheiten absetzbar wären, so daß auf diese Weise Erlöse entgehen, die sich durch Multiplikation der Differenzmenge mit dem Erzeugnispreis ergeben. Durch Reduzierung dieser Differenzerlöse um die für die Mengendifferenz anfallenden mengenabhängigen Kosten (Materialkosten usw.) werden die jeweiligen Opportunitätskosten bestimmt. Zäpfel weist darauf hin, daß Abweichungen von der gewünschten Taktzeit dann vorteilhaft sein können, „. . . wenn beispielsweise Leerkosten geringer werden und diese einen bedeutenden Umfang annehmen"[182]. Mit dem Ansatz der Opportunitätskosten soll offensichtlich der durch die Taktzeitabweichung hervorgerufene Erlösverzicht kostenmäßig erfaßt werden, um so eine ökonomische Bremswirkung auf Taktzeitvariationen auszuüben. Es ist jedoch zu beachten, daß bei dem hier interessierenden Fall der Überschreitung der gewünschten Taktzeit und der damit verbundenen Erzeugnismengenreduzierung die Lohn- und Anlagenkosten bei unveränderter Stationenzahl aufgrund der Modellprämissen konstant bleiben, während die Leerzeiten und gleichermaßen die Leerkosten steigen, keineswegs aber sinken können. Die zunehmenden Opportunitätskosten könnten bei konstanter Stationenzahl nicht durch ein Sinken einer anderen Kostenart überkompensiert werden. Dieser erfolgsorientierte Bremseffekt im Hinblick auf Taktzeitausweitungen wird ohnehin schon von den intervallweise konstanten Lohn- und Anlagenkosten und damit verbundenen Leerkostensteigerungen bewirkt. Der Opportunitätsgesichtspunkt könnte daher im Hinblick auf die Optimumbestimmung vernachlässigt werden. Wird mit der Taktverlängerung zusätzlich die Stationenzahl reduziert, so kann damit die von Zäpfel angesprochene erhebliche Leerkostensenkung eintreten. Es ist kritisch anzumerken, daß durch die Berücksichtigung von Opportunitätskosten im Sinne Zäpfels ökonomisch attraktivere Erzeugnismengen bisweilen nicht als solche ausgewiesen werden. Der Ansatz von Opportunitätskosten ist daher hier als unzweckmäßig anzusehen[183]. Abbildung IV-32 soll diesen Zusammenhang verdeutlichen.

---

182 Zäpfel, G., Ausgewählte fertigungswirtschaftliche Optimierungsprobleme von Fließfertigungssystemen, a.a.O., S. 35.
183 In diesem Zusammenhang ist zu vermerken, daß in Produktionsplanungsmodellen Opportunitätskosten üblicherweise nicht explizite in die Kostenfunktion eingehen. Sie ergeben sich zwar im Grundmodell der linearen Programmierung zur Erzeugnisprogrammoptimierung innerhalb der einzelnen Rechenschritte, werden aber nicht von vornherein in die Zielfunktion aufgenommen. Auch in dem umfassenden Planungsansatz zur Produktionsplanung bei Sortenfertigung von D. Adam, der in seinem Aufbau dem Ansatz von Zäpfel nahe kommt, finden Opportunitätskosten keine explizite Berücksichtigung in der Zielfunktion. Vgl. dazu im einzelnen Adam, D., Produktionsplanung bei Sortenfertigung, a.a.O., S. 152 ff.

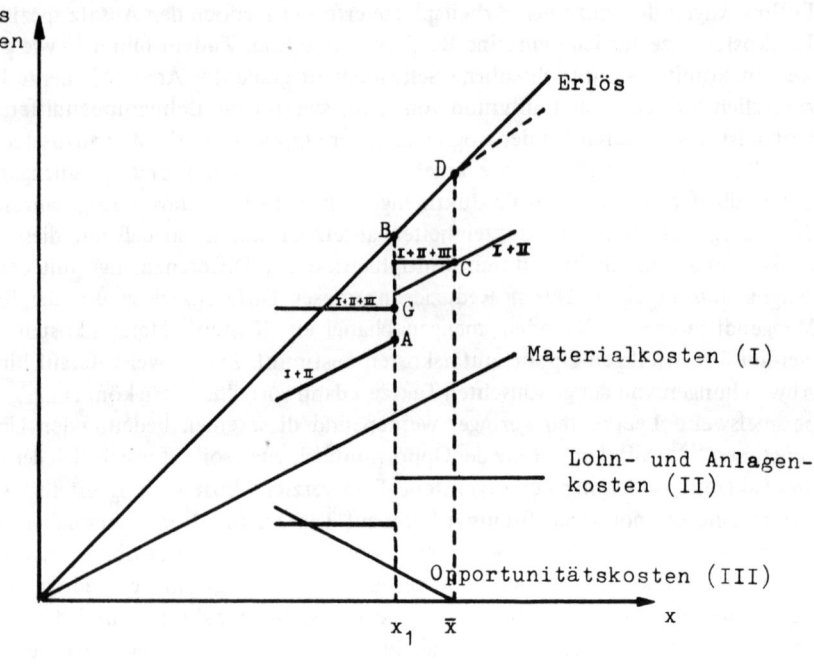

Erlös
Kosten

Erlös

Materialkosten (I)

Lohn- und Anlagen-
kosten (II)

Opportunitätskosten (III)

x_1 $\bar{x}$ x

Abbildung IV-32

Wird die Erzeugnismenge x_1 produziert, so kann unter Berücksichtigung der Lohn-
und Anlagenkosten sowie der Materialkosten und der Erlöse ein höherer Erfolg
($\overline{AB}$) erzielt werden als bei Produktion der gewünschten Erzeugnismenge $\bar{x}$ ($\overline{CD}$).
Bezieht man zusätzlich die Opportunitätskosten als Kostenkomponente in die
Betrachtung ein, so reduziert sich der „Erfolg" bei Produktion von x_1 ($\overline{BG}$), und
die „erfolgsorientierte" Entscheidung fällt zugunsten der gewünschten Erzeugnis-
menge $\bar{x}$ aus ($\overline{CD} > \overline{BG}$). Insoweit ist die (fiktive) Eingliederung der entgangenen
Erfolge in die Kosten Ursache der unter Erfolgsgesichtspunkten ungünstigeren Entscheidung geworden.

Unklar ist des weiteren der Ansatz der Leerkosten, die in der Produktions- und
Kostentheorie auf die Nichtnutzung von Potentialfaktorkapazitäten zurückgeführt
und als Bestandteil der Potentialfaktorkosten angegeben werden, soweit diese nicht
mit der Erzeugnismenge variieren. Zäpfel faßt Leerkosten hingegen als zusätzliche
Kostenkomponente auf, die neben den Potentialfaktorkosten (Arbeitssystemko-
sten) in den Gesamtkosten erscheint und in die Zielfunktion eingeht. Auf diese
Weise werden bestimmte Kostenbestandteile doppelt erfaßt und verfälschen die
Entscheidungsgrundlagen.

Problematisch erscheint weiterhin die in die Zielfunktion einbezogene Erlösgröße
hinsichtlich ihrer Bestimmbarkeit. Mögen die Erlöse für die gewünschte Erzeugnismenge ermittelbar sein, die Möglichkeit der Festlegung eines Werbekostensatzes

für den zusätzlichen Absatz einer Erzeugniseinheit ist jedoch fragwürdig und empirisch kaum nachvollziehbar[184].

Für die Lösung des nichtlinearen ganzzahligen Optimierungsproblems werden von Zäpfel vier exakte Verfahren der Unternehmensforschung beschrieben. Diese können jedoch den Problemumfang praktischer Abstimmungsaufgaben in keinem Falle bewältigen, weil – wie Zäpfel selbst herausstellt – „. . . der Rechenaufwand dann unzulässige Ausmaße annimmt"[185]. Er entwickelt deshalb einen anderen Lösungsweg. Ausgangspunkt bildet die Ermittlung von Erfolgsgrößen für alternative Wertepaare von zulässigen Taktzeiten und den zugehörigen Stationenzahlen, die unter bestmöglichen Bedingungen mindestens erforderlich sind[186]. Für die Alternative, die den maximalen Erfolgsbeitrag verspricht, wird geprüft, ob für die dabei angesetzte Taktzeit eine Lösung mit der einbezogenen (mindestens erforderlichen) Stationenzahl möglich ist. „Ist dies der Fall, so ist die optimale Lösung gefunden, im anderen Falle wird das jeweils nächstbeste Wertepaar gewählt und die Prozedur wiederholt. Das Verfahren wird so lange fortgesetzt, bis die erste zulässige Lösung gefunden ist, die dann die optimale Lösung darstellt"[187]. Diese Prüfung kann mit jedem leerzeitorientierten Abstimmungsverfahren vorgenommen werden, weil gleiche Entlohnung aller Bearbeitungsstationen unterstellt wird. Zäpfel wählt ein exaktes Verfahren (dynamische Optimierung), weist jedoch auch auf die Einsatzmöglichkeit von Näherungsverfahren hin. Wenngleich die Anwendung von Heuristiken nicht mit Sicherheit Optimallösungen liefert, so können allein damit gegenwärtig umfassende Abstimmungsprobleme der Betriebspraxis bewältigt werden. Dieser Eindruck wird auch bei Zäpfel deutlich, wenn man die aufwendigen Rechenschritte für die Lösung seines einfachen Beispiels (6 Arbeitselemente) mit Hilfe der dynamischen Optimierung nachvollzieht.

Unabhängig von den erwähnten Anmerkungen stellt der Planungssatz von Zäpfel einen bemerkenswerten Schritt in der Bewältigung von Abstimmungsaufgaben unter Kosten- und Erlösgesichtspunkten dar. Unter den genannten Prämissen und bei Berücksichtigung der vorgetragenen Kritik kann damit die erfolgsbezogene Problemstruktur der Abstimmungsplanung analytisch vollständig beschrieben werden. Innerhalb dieses umfassenden Rahmens sind die Aufgaben der Fließbandabstimmung bisher nicht behandelt worden. Allerdings lassen sich die in der vorliegenden Untersuchung ermittelten Kostenzusammenhänge nicht in den Planungsansatz von Zäpfel einbeziehen. Das für praktische Anwendungen vielversprechend erscheinende enumerierende Vorgehen bei der schrittweisen Optimumbestimmung versagt bei differenzierter Entlohnung der einzelnen Arbeitssysteme, die durch unterschiedliche Schwierigkeitsgrade der Arbeitselemente

---

184 Theoretisch könnte sich dafür der in Abbildung IV-32 für $\bar{x}$ übersteigende Erzeugnismengen dargestellte gestrichelte Erlösverlauf ergeben.
185 Zäpfel, G., Ausgewählte fertigungswirtschaftliche Optimierungsprobleme von Fließfertigungssystemen, a.a.O., S. 59.
186 Die Ermittlung der bestenfalls erreichbaren Stationenzahl erfolgt auf der Grundlage von (IV-13). Vgl. dazu S. 47.
187 Zäpfel, G., Ausgewählte fertigungswirtschaftliche Optimierungsprobleme von Fließfertigungssystemen, a.a.O., S. 60.

bedingt ist. Da die Lohnkosten der einzelnen Bearbeitunsstationen erst das Ergebnis von Abstimmungsprozessen sind, gelingt es nicht, Erfolgsgrößen für alternative Wertepaare von Taktzeiten und Stationenzahlen vorab zu bestimmen. Zudem müssen mit der mangelnden Realisierbarkeit der leerzeitbezogenen geringstmöglichen Stationenzahl nicht notwendig Kostenachteile verbunden sein. Die theoretische Analyse der Kostenabhängikeiten und praktische Abstimmungsfälle haben gezeigt, daß lohnkostengünstigste Lösungen nicht grundsätzlich die minimale Anzahl der Arbeitssysteme aufweisen. Aus diesem Grunde scheint für eine erfolgsorientierte Planung die Abstimmung für alle in Frage kommenden Erzeugnismengen bzw. die zugehörigen Taktzeiten unausweichlich. Bei näherer Prüfung der Abstimmungsergebnisse ist jedoch festzustellen, daß innerhalb der Erzeugnisintervalle gleicher Lohnkosten einer konstanten Anzahl Arbeitssysteme vielfach gleichartige Arbeitsaufgaben zugeordnet werden. Die Lohnkosten und möglicherweise die Stationenzahl einer Ausgangslösung verändern sich in der Regel, sobald die maximale Grundzeitsumme der den Arbeitssystemen zugewiesenen Arbeitselemente (maximale Stationszeit) von der Zuordnungstaktzeit unterschritten wird. Aufgrund dieses Zusammenhanges kann die Anzahl auszuführender Abstimmungen zur Ermittlung des Lohnkostenverlaufs eingeschränkt werden. Für ein vorgegebenes Produktmengenintervall, dessen Obergrenze aus der unter arbeitswissenschaftlichen Gesichtspunkten nicht vertretbar unterschreitbaren Taktzeit bzw. der maximalen Marktaufnahmefähigkeit des zu produzierenden Erzeugnisses resultiert und dessen Untergrenze in der Regel markterforderliche Mindestmengen angibt, kann der Abstimmungsprozeß bei gegebenen Leistungsgraden der Arbeitskräfte wie folgt abgewickelt werden:

— Kostenorientierte Abstimmung für die maximal zulässige Zuordnungstaktzeit.

— Ermittlung der maximalen Grundzeitsumme der Arbeitsaufgaben der Arbeitssysteme.

— Geringfügige Reduzierung dieser maximalen Grundzeitsumme[188] und Vorgabe als Zuordnungstaktzeit für eine erneute kostenorientierte Abstimmung.

Dieser Prozeß erfolgt so lange, bis eine maximale Grundzeitsumme die Taktzeituntergrenze erreicht bzw. unterschreitet. Konstante Lohnkosten gelten dann jeweils für Taktzeitintervalle von der Zuordnungstaktzeit einer Abstimmung bis zur dabei sich ergebenden maximalen Stationsgrundzeitsumme[189]. Bei Vorliegen einfacher Erlösstrukturen, die sich durch proportionale Erzeugnismengenabhängigkeiten auszeichnen, sind für erfolgsbezogene Produktionsplanungen allein die durch Kostensprünge gekennzeichneten Produktmengen interessant, weil sie für einen

---

188 Die Verminderung der Grundzeitsumme sollte dabei eine Einheit der Dimension umfassen, in der Elementgrundzeiten angegeben werden. In der Regel sind dies Minuten/1000.

189 Dabei kann zugleich bei mit reduzierter Zuordnungstaktzeit und Beibehaltung der Stationenzahl sinkenden Lohnkosten dieser Kostenbetrag auf die Ausgangslösung übertragen werden. Derartige Effekte ergaben sich bisweilen bei Anwendung heuristischer Abstimmungsverfahren, wie aus den Abstimmungen der Anwendungsfälle erkennbar ist. Vgl. S. 115 f.

gegebenen Betrag intervallweise erzeugnismengenneutraler Kosten den maximalen Erfolg sichern. Abbildung IV-33 verdeutlicht diese Zusammenhänge an einem einfachen Beispiel.

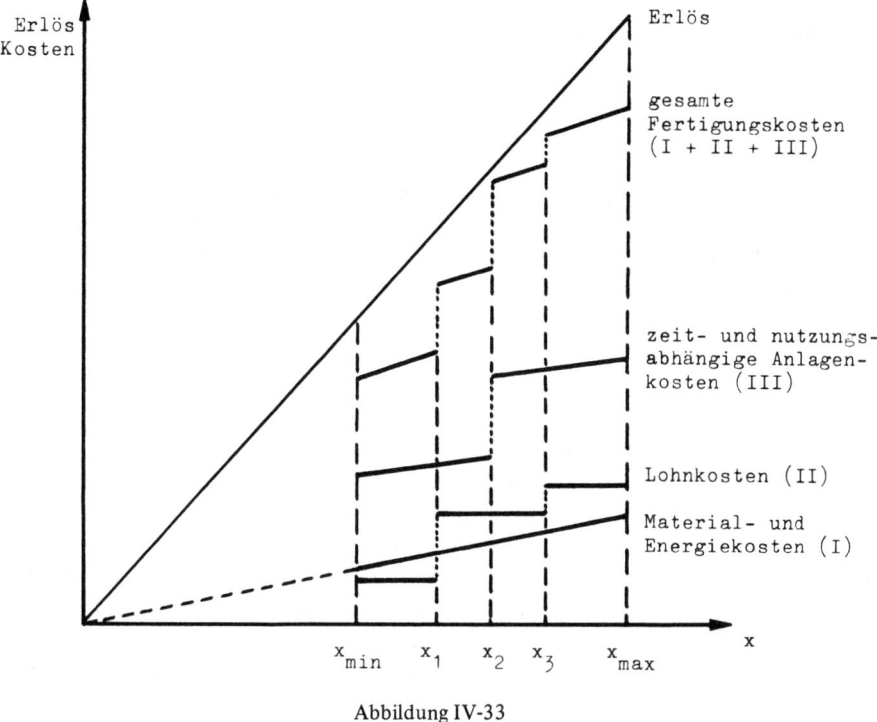

Abbildung IV-33

Die erfolgsoptimale Abstimmung ist an den Intervallgrenzen (x_{min} und x_{max}) oder an einem der Kostensprünge zu finden, die auf vorab bekannte quantitative Anpassungen von Fertigungsanlagen[190] zurückzuführen sind (x_2) oder sich im Bereich der Lohnkosten bei der beschriebenen schrittweisen Abstimmung ergeben (x_1 und x_3).

Die Skizzierung der erfolgsbezogenen Zusammenhänge ist im konkreten Fall durch die jeweils geltenden Kosten- und Erlösabhängigkeiten, die in der Regel differenzierter sind, zu ersetzen. Sie soll lediglich als Richtschnur für die Eingliederung kostenorientierter Abstimmungen von Fließfertigungssystemen in ein Erfolgsrechensystem dienen.

190 Vgl. dazu die Ausführungen auf S. 81 f.

V. Produktionsplanung bei Fließbandfertigung unter Berücksichtigung von Übungsprozessen und Anlaufvorgängen

A. Übungsprozesse in der Fertigung

1. Grunglegende Zusammenhänge

Die vorangehende Analyse der betrieblichen Fließfertigung unterstellt, daß die einzusetzenden Fertigungsarbeiter bei Einrichtung einer Fließstrecke die ihnen obliegenden Arbeitsverrichtungen über den gesamten Beschäftigungszeitraum in der vorgegebenen Zeit bewältigen können. In dieser Vorgabezeit kann — so wurde herausgestellt — die Arbeitsaufgabe im Sinne einer Normalleistung von jedem „. . . geeigneten, geübten und voll eingearbeiteten Arbeiter auf die Dauer und im Mittel der Schichtzeit . . .“[1] bewältigt werden[2]. Entsprechende Produktionsplanungen implizieren die Hypothese, daß bei Veränderung der Arbeitsaufgaben eine momentane Anpassung der Arbeitskräfte an die neuen Anforderungen möglich ist. Die praktische Erfahrung lehrt jedoch, daß von dieser Voraussetzung trotz gegebener Eignung eines Arbeiters in der Regel nicht ausgegangen werden kann. Durch den Aufgabenwechsel sind die Fertigungsvorgänge nicht sofort (momentan) in der (eingespielten Arbeitsverrichtungen entsprechenden) Vorgabezeit vollziehbar. Auf diesen Sachverhalt haben eine Reihe von Untersuchungen hingewiesen, die sich mit der Beobachtung von Arbeitsleistungen im Zeitablauf auseinandersetzen[3]. Dabei wird festgestellt, daß mit fortschreitender Wiederholung gleichartiger Arbeitsverrichtungen bei der ausführenden Person ein bisweilen über mehrere Wochen ausgedehnter Prozeß der Übung einhergeht, der sich im Zeitablauf

— in sich steigernden Verrichtungsgeschwindigkeiten bzw. sinkenden Ausführungszeiten,

— in einer Verbesserung der Fertigungsqualität,

— in sich vermindernden Materialverbräuchen

---

1 REFA, Methodenlehre des Arbeitsstudiums, Teil 2, a.a.O., S. 136.
2 Vgl. dazu auch die Ausführungen auf S. 35.
3 Vgl. u. a. Baur, W., Neue Wege der betrieblichen Planung, Berlin–Heidelberg–New York 1967; Cochran, E. B., Planning Production Costs: Using the Improvement Curve, San Francisco 1968; Keachie, E. C., Manufacturing Cost Reduction through the Curve of Natural Productivity Increase, Berkeley 1964; Schneider, D., „Lernkurven“ und ihre Bedeutung für Produktionsplanung und Kostentheorie (zugleich Rezension von E. C., Keachie, Manufacturing Cost Reduction through the Curve of Natural Productivity Increase, a.a.O.), in: Zeitschrift für betriebswirtschaftliche Forschung, 17. Jg. (1965), S. 501 ff.; Kilbridge, M., A model for industrial learning costs, in: Management Science, Vol. 8 (1962), S. 516 ff.; Ihde, G.-B., Lernprozesse in der betriebswirtschaftlichen Produktionstheorie, in: Zeitschrift für Betriebswirtschaft, 40. Jg. (1970), S. 451 ff.; Coenenberg, A. G., Die Bedeutung fertigungswirtschaftlicher Lernvorgänge für Kostentheorie, Kostenrechnung und Bilanz, in: Kostenrechnungspraxis (1970), S. 111 ff.; Hoffmann, M., Operations Research mit Hilfe der Lernkurve, in: Der Betrieb, 20. Jg. (1967), S. 1189 f.

äußern kann[4]. Dabei ist ein isoliertes oder kombiniertes Auftreten der genannten Wirkungen denkbar[5].

Die beschriebenen Zusammenhänge werden in der Regel als Lernprozesse bezeichnet. Es wäre jedoch zu einseitig, wollte man Lernfortschritte grundsätzlich allein auf Übung zurückführen. Im Rahmen von Lernprozessen können weitere Einflüsse wirksam werden, die in Kombination mit der Übung Lernerfolge herbeiführen. Gestützt auf psychologische Untersuchungen[6] lassen sich im wesentlichen folgende Arten von Lernprozessen unterscheiden: Lernen durch Reaktion auf Reize, Lernen durch Versuch und Irrtum, Lernen durch Einsicht, Lernen durch Übung und Lernen durch Automatisierung[7]. Theoretisch wäre eine Beschreibung von Lernprozessen erst dann befriedigend, wenn alle Einflüsse auf den Lernerfolg berücksichtigt würden. Den Lerntheorien haften jedoch (gegenwärtig) zum Teil unüberwindliche Schwierigkeiten einer Quantifizierung von Ursache-Wirkung-Zusammenhängen an. Im Bereich der industriellen Produktion ist das Lernen durch Übung am ehesten einer Messung zugänglich. Zwar ist eine direkte Messung der beim Vollzug einer Arbeitsaufgabe notwendigen Energie, Konzentration und Geschicklichkeit nur mit großem Aufwand zu bewältigen, jedoch besteht ein enger Zusammenhang zwischen diesen Größen und der hervorgebrachten Sachleistung, den gefertigten (Halb-)Erzeugnissen. Daher „ . . . ist es verantwortbar und zweckmäßig, die Aufwanddauer auf das Produkt der menschlichen Arbeit (Menge, Stück-

4 Vgl. z. B. Daubert, H., Einarbeitung, Leistung und Entlohnung, in: REFA-Nachrichten, 10. Jg. (1957), S. 95; REFA e. V., Methodenlehre des Arbeitsstudiums, Teil 1, a.a.O., S. 98.
5 Die empirischen Untersuchungen zur Ermittlung von Übungsprozessen beziehen sich auf unterschiedliche Fertigungsbereiche. Zu nennen sind etwa Analysen aus dem Flugzeugindustrie und dem Schiffbau. Vgl. z. B. Alchian, A., Reliability of progress curves in airframe production, in: Econometrica, Vol. 31 (1963), S. 679 ff.; Rapping, L., Learning and World War II production functions, in: Review of Economics and Statistics, Vol. 47 (1965), S. 81 ff.
Übungsprozesse im Bereich des Maschinenbaus werden von Hirsch untersucht. Vgl. Hirsch, W. Z., Manufacturing progress functions, in: Review of Economics and Statistics, Vol. 34 (1952), S. 143 ff.
Eine umfassende Analyse von Übungsprozessen aus unterschiedlichen Fertigungsbetrieben findet sich bei Fässler. Er untersucht in dem Bereich der Elektroindustrie die Motorenwickelei und die Montage von Schwachstromapparaten, in dem Bereich der Waffenindustrie die Punktschweißmontage und in dem Bereich der Uhrenindustrie Stanz-, Fräs-, Bohr- und Rundschleifvorgänge im Hinblick auf das Übungsverhalten der eingesetzten Arbeitskräfte. Vgl. Fässler, Th., Ein Beitrag zur Quantifizierung der Einübung, in: Industrielle Organisation, 31. Jg. (1962), S. 5 ff., S. 47 ff. und S. 79 ff.
6 Eine Analyse lernpsychologischer Untersuchungen läßt erkennen, daß es keine einheitliche Lerntheorie gibt; man begegnet einer Vielzahl theoretischer Konzepte, die zum Teil einander widersprechen. Vgl. dazu auch Parreren, C. F., Lernprozeß und Lernerfolg, Braunschweig 1966, S. 16; Dorsch, F., Psychologisches Wörterbuch, 8. Auflage, Hamburg 1970, S. 248.
7 Vgl. u. a. Spence, K. W., Theoretical interpretations of learning, in: Handbook of Experimental Psychology, hrsg. von S. S. Stevens, 7. Auflage, New York–London–Sydney 1965, S. 690 ff.; von Cube, F., Was ist Kybernetik? Bremen 1967, S. 51; Thomae, H. / Feger, H., Einführung in die Psychologie, Bern und Stuttgart 1970, S. 14; Hilgert, E. R. / Bower, G. H., Theorien des Lernens I (deutsche Übersetzung von H.-E. Zahn), Stuttgart 1970, S. 16 ff.; Drever, J. / Fröhlich, W. D., Wörterbuch zur Psychologie, 4. Auflage, München 1970, S. 168 f.; Dorsch, F., Psychologisches Wörterbuch, a.a.O., S. 247 f.

zahl usw.) zu beziehen"[8]. Übungseffekte werden unter diesem Gesichtspunkt als Verlauf des Zeitaufwandes für den Vollzug einer Arbeitsaufgabe in Abhängigkeit von der Wiederholung sichtbar gemacht. Ähnliche Beziehungen lassen sich für die anderen genannten Lernprozesse nicht ohne weiteres begründen. Das mag eine Erklärung dafür sein, daß im Schrifttum zur Produktionstheorie und -planung derartige Phänomene weitgehend unberücksichtigt bleiben; ein anderer Grund mag in der fehlenden Relevanz dieser oder jener Theorie für Fertigungsprozesse liegen. So weist Baetge[9] darauf hin, daß in Produktionsbetrieben (vor allem der Serien- und Massenfertigung) Lernen durch Übung und Lernen als Reaktion auf Reize die bedeutsamsten Lernprozesse darstellen. Er entwickelt auf der Grundlage einer aus dem Bereich der Psychologie entnommenen Untersuchung[10] ein Produktionsmodell, das beide Lernprozesse als Synthese einbezieht. Positive und negative Reize, die von der Unternehmensleitung bzw. ihren Organen auszulösen sind[11], sollen über eine Beeinflussung der Motivationsstruktur der Arbeitskräfte genutzt werden, auf das „Lernenwollen" einzuwirken. Auf diese Weise soll das durch Übung mögliche „Lernenkönnen" optimal genutzt werden. Die Anwendung des formalen Ansatzes auf praktische Planungsaufgaben bedarf jedoch noch umfangreicher empirischer Forschungsarbeit. Eine Konkretisierung der angesprochenen Reiz-Reaktion-Beziehungen ist bisher nicht gelungen. Aufgrund dieser Probleme werden im Rahmen dieser Untersuchung allein Zusammenhänge zwischen Übung und Lernerfolg analysiert. Lediglich diese Interdependenzen gewährleisten gegenwärtig eine praktikable Berücksichtigung von Lerngesetzmäßigkeiten in der Produktionsplanung.

Um bei der empirischen Ermittlung der Beziehungen zwischen Übung und Lernerfolg theoretisch exakt zu bleiben, könnte man von vornherein sehr einfach von der Konstanz aller anderen Lernprozesse ausgehen. Letztere kann jedoch empirisch nicht nachgewiesen werden, weil Ursachen und Wirkungen in ihrem quantitativen Ausmaß im einzelnen nicht bekannt sind. Eine solche Annahme würde auf ebenso schwachen Füßen stehen wie die Quantifizierbarkeit der fraglichen Lernbeziehungen. Die Beobachtungswerte der Lernerfolge sind das Ergebnis des Zusammenwirkens aller Lernprozesse. Bei an sich gleichen Ausgangsbedingungen hinsichtlich der Arbeitsaufgabe und der Übung werden empirisch ermittelte Lernerfolge in Form von Ausführungszeiten in bezug auf die Anzahl vollzogener Arbeitsverrichtungen streuen, wobei der Grund in den Wirkungen anderer Lerneinflüsse gesehen werden kann. Ist jedoch diese Streuung relativ gering, so kann auf schwache Einflüsse bzw. relative Konstanz der nicht übungsbezogenen Lernbestimmungsfaktoren geschlossen werden.

---

8 Fässler, Th., Ein Beitrag zur Quantifizierung der Einübung, a.a.O., S. 5.
9 Vgl. Baetge, J., Sind „Lernkurven" adäquate Hypothesen für eine möglichst realistische Kostentheorie?, in: Zeitschrift für betriebswirtschaftliche Forschung, 26. Jg. (1974), S. 523.
10 Es handelt sich dabei um ein mathematisches Lernmodell von Bush und Mosteller. Vgl. dazu im einzelnen Bush, R. / Mosteller, F., A mathematical model for simple learning, in: The Psychological Review, Vol. 58 (1951), S. 313 ff.
11 Gedacht ist dabei an „Belohnungen" und „Bestrafungen", etwa in Form von Leistungslohn, Lob, Hinweisen auf schlechte Leistungen u. ä.

2. Ermittlung von Übungskurven

a) Gesetzmäßigkeiten der Übung in der Fertigung und ihre mathematische Formulierung

Systematische Beobachtungen von Arbeitskräften im Zeitablauf lassen erkennen, daß zwischen der vollzogenen Anzahl gleichartiger Arbeitsaufgaben und der Verrichtungsgeschwindigkeit bzw. der Ausführungsdauer Gesetzmäßigkeiten bestehen, die in der Regel — zumindest angenähert — durch mathematische Funktionen beschrieben werden können[12]. Dadurch gelingt es, den Übungsprozeß „... rational zu fassen, um ihn auf die Planung zu übertragen und im industriellen Planungsprozeß anwenden zu können"[13]. In allen untersuchten Fällen wird deutlich, daß der Übungseffekt mit zunehmender Verrichtungsanzahl abnimmt und sich schließlich auf einen relativ gleichbleibenden Wert einspielt, dessen erstmaliges Erreichen den Abschluß des Übungsprozesses bedeutet.

Durch Regressionsanalysen wurden aus beobachteten Leistungen von Arbeitskräften im Zeitablauf überwiegend sog. Prozent-Übungskurven abgeleitet, in denen zum Ausdruck kommt, daß sich der Zeitbedarf für die Bewältigung einer bestimmten Arbeitsaufgabe bei jeder Verdoppelung der Anzahl der Ausführungen auf einen bestimmten gleichbleibenden Prozentsatz verringert[14], der als Übungsrate (Ü) bezeichnet werden soll. Eine 80 %-Übungskurve (Ü = 80) drückt beispielsweise aus, daß bei einer Verdoppelung der jeweils ausgeführten Anzahl Arbeitsverrichtungen der Zeitaufwand für den Vollzug der einzelnen Aufgabe nur noch 80 % des Ausgangswertes beträgt, sich also um 20 % reduziert.

Bezeichnet man die erforderliche Ausführungszeit für die von dem an dem Arbeitssystem m eingesetzten Arbeiter mit t_m, so ergibt sich für Prozent-Übungskurven allgemein folgende Beziehung[15]:

1. Verdoppelung:

$$\text{Zeitaufwand für die 2. Arbeitsverrichtung } (t_{m2}) = \text{Zeitaufwand für die 1. Arbeitsverrichtung } \left(t_{m1} \cdot \frac{\ddot{U}}{100}\right) \cdot \frac{\ddot{U}}{100}$$

12 Ein interessanter Überblick über bisherige Untersuchungen zu der Übung in der industriellen Fertigung findet sich bei Baur, W., Neue Wege der betrieblichen Planung, a.a.O., S. 35 ff. sowie bei Fässler, Th., Ein Beitrag zur Quantifizierung der Einübung, a.a.O., S. 6 ff.
13 Baur, W., Neue Wege der betrieblichen Planung, a.a.O., S. 34.
14 Vgl. dazu im einzelnen Baur, W., Neue Wege der betrieblichen Planung, a.a.O., S. 54 ff.; Ihde, G.-B., Lernprozesse in der betriebswirtschaftlichen Produktionstheorie, a.a.O., S. 457.
15 Vgl. Baur, W., Neue Wege der betrieblichen Planung, a.a.O., S,62.

2. Verdoppelung:

Zeitaufwand für die 4. Arbeitsverrichtung (t_{m4})	Zeitaufwand für die = 2. Arbeitsverrichtung $\cdot \frac{\ddot{U}}{100}$ bzw. Zeitaufwand für die 1. Arbeitsverrichtung $\cdot (\frac{\ddot{U}}{100})^2$ $(t_{m1} \cdot (\frac{\ddot{U}}{100})^2)$

3. Verdoppelung:

Zeitaufwand für die 8. Arbeitsverrichtung (t_{m8})	Zeitaufwand für die = 1. Arbeitsverrichtung $\cdot (\frac{\ddot{U}}{100})^3$ $(t_{m1} \cdot (\frac{\ddot{U}}{100})^3)$

k-te Verdoppelung:

Zeitaufwand für die j-te Arbeitsverrich- tung (t_{mj})	Zeitaufwand für die = 1. Arbeitsverrichtung $\cdot (\frac{\ddot{U}}{100})^k$ $(t_{m1} \cdot (\frac{\ddot{U}}{100})^k)$

(k = Anzahl der Verdoppelungen von der 1. bis zur
j-ten Arbeitsverrichtung; $j = 1,2,\dots,j_E$)

Der Zusammenhang zwischen der Anzahl der Verdoppelung (k) und der bis dahin vollzogenen Anzahl gleichartiger Arbeitsverrichtungen (j) läßt sich wie folgt verdeutlichen:

1. Verdoppelung: $j = 2 \cdot 1 = 2 = 2^1$

2. Verdoppelung: $j = 2 \cdot (2 \cdot 1) = 2 \cdot 2 = 2^2$

3. Verdoppelung: $j = 2 \cdot [\, 2 \cdot (2 \cdot 1)] = 2 \cdot 2 \cdot 2 = 2^3$

.
.
.

k-te Verdoppelung: $j = 2^k$

Die Anzahl der Verdoppelungen der Arbeitsverrichtungen von der ersten bis zur j-ten Ausführung gibt an, wie häufig die Zahl 2 mit sich selbst multipliziert werden muß, um j Verrichtungsvollzüge zu erhalten. Dies kann mit Hilfe des Logarithmus von j zur Basis 2 ($\log_2$) durch Umformung der allgemeinen Beziehung $j = 2^k$ angegeben werden:

(V-1) $k = \log_2 j$

Berücksichtigt man diesen Zusammenhang bei der Angabe des Zeitaufwandes für die j-te Arbeitsverrichtung, erhält man:

(V-2) $t_{mj} = t_{m1} \cdot (\frac{\ddot{U}}{100})^{\log_2 j}$

Nach Umformung ergibt sich dafür:

(V-2a) $t_{mj} = t_{m1} \cdot j^{\log_2 (\frac{\ddot{U}}{100})}$

Definiert man

(V-2b) $- \log_2 (\frac{\ddot{U}}{100}) = b$,

so kann die Gesetzmäßigkeit des Übungsverhaltens in allgemeiner Form durch folgende Exponentialfunktion beschrieben werden[16]:

(V-2c) $t_{mj} = t_{m1} \cdot j^{-b}$ ($j = 1, 2, \dots, j_E$)

Die Größe b sei als Verrichtungszeit-Abnahmefaktor bezeichnet, der sich bei gegebener Übungsrate durch Umformung von (V-2b) bestimmen läßt[17]:

$$2^{-b} = \frac{\ddot{U}}{100}$$

(V-3) $b = \frac{\log 100 - \log \ddot{U}}{\log 2}$

Für eine Übungsrate von $\ddot{U} = 80\,\%$ ergibt sich beispielsweise der Übungsfaktor b = 0,322, für $\ddot{U} = 90\,\%$ beträgt b = 0,152.

Die Funktion der Übungsgesetzmäßigkeit (V-2c) gilt für den gesamten Bereich der Übungsphase, die nach Erreichung einer nicht mehr unterschreitbaren Ausführungszeit beendet ist. Der Übungsprozeß ist dann als abgeschlossen anzusehen, „...wenn die Lernfortschritte so klein geworden sind, daß sie im Bereich der allgemeinen Fehlergrenzen bei der Erfassung der betrieblichen Daten untergehen"[18]. Übungsrate und

16 Vgl. dazu im einzelnen Baur, W., Neue Wege der betrieblichen Planung, a.a.O., S. 62 f.
17 log kennzeichnet dekadische Logarithmen, bei denen die Basis 10 üblicherweise nicht explizite angegeben wird.
18 Baur, W., Neue Wege der betrieblichen Planung, a.a.O., S. 32.

Anzahl der in der Übungsphase zu vollziehenden Arbeitsvorgänge sind abhängig von[19]

— der Schwierigkeit der Arbeitsaufgabe,

— dem Einarbeitungsgrad der Arbeitskräfte,

— der Anzahl und dem Umfang der Arbeitsunterbrechungen während der Übungsphase.

Graphisch kann sich für Prozent-Übungskurven der in Abbildung V-1 angegebene Verlauf ergeben[20].

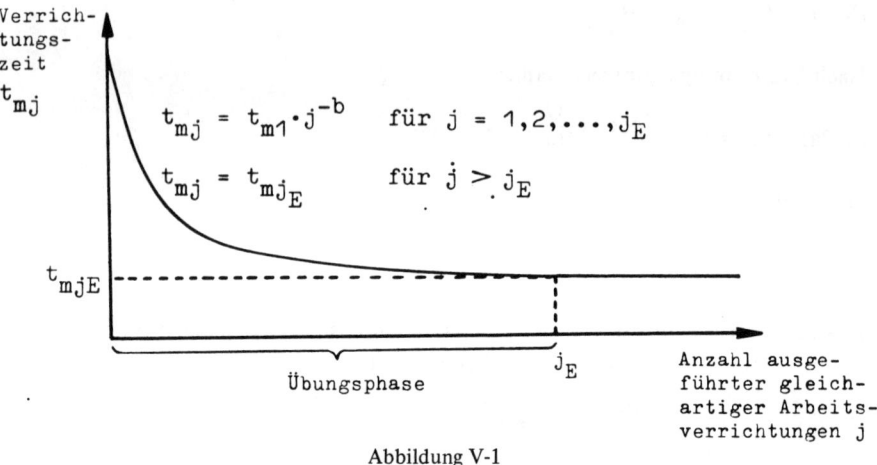

Abbildung V-1

Durch die beschriebene Gestalt der Übungskurven werden Übungsprozesse in eine handliche Formel gebracht. Dies wird besonder deutlich, wenn man die logarithmische Form heranzieht, wobei auf dekadische Logarithmen (log) zurückgegriffen wird. (V-2c) wird transformiert in[21]:

$$(\text{V-4}) \quad \log t_{mj} = \log t_{m1} - b \cdot \log j \qquad (j = 1, 2, \ldots, j_E)$$

Man erhält eine lineare Abhängigkeit, die im doppelt-logarithmischen Diagramm als Gerade mit einem fallenden Verlauf — etwa in der in Abbildung V-2 angegebenen Form — erscheint.

Für die Ermittlung der Übungskurven aus empirischen Beobachtungswerten weist die logarithmische Darstellung ein hohes Maß an Operationalität aus; denn die Linearität im logarithmischen Bereich bietet gute Voraussetzungen für die An-

19 Vgl. Baur, W., Neue Wege der betrieblichen Planung, a.a.O., S. 87 ff.
20 Bisweilen werden Übungskurven auch auf den durchschnittlichen Zeitbedarf je Arbeitsaufgabe bezogen. Vgl. z. B. Schneider, D., „Lernkurven" und ihre Bedeutung für Produktionsplanung und Kostentheorie, a.a.O., S. 506.
21 Grundsätzlich können dimensionierte Größen nicht logarithmiert werden. Es sei daher vereinfachend angenommen, daß alle fraglichen (in Minuten angegebenen) Zeitgrößen vor der Transformation in den logarithmischen Bereich durch t_0 (t_0 = 1 Minute) dividiert wurden, so daß für die Abwicklung der Rechnung dimensionslose Angaben vorliegen.

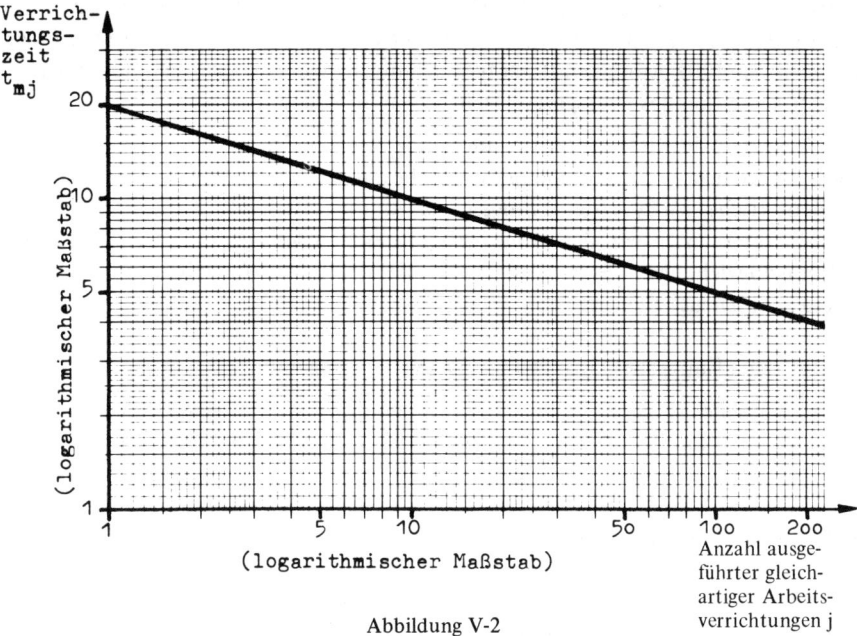

Verrichtungszeit t_{mj}
(logarithmischer Maßstab)

20

10

5

1

1   5   10   50   100   200

(logarithmischer Maßstab)

Anzahl ausgeführter gleichartiger Arbeitsverrichtungen j

Abbildung V-2

wendung der Regressionsrechnung. Man kann auf die im Vergleich zur nichtlinearen Regression einfachere lineare Analyse zurückgreifen. Die angesprochene Handlichkeit der Übungskurve ist jedoch kein Kriterium für ihre Anwendbarkeit in allen Bereichen der Fertigung. Eine Übertragbarkeit ist nur zu rechtfertigen, wenn die Gültigkeit der sog. „Linear-Hypothese" (in logarithmischer Darstellung) jeweils empirisch nachgewiesen werden kann[22]. Dies gilt in gleichem Maße für die Übungsrate, die bei gegebener Linearität von Arbeitsplatz zu Arbeitsplatz unterschiedlich sein kann.

Abweichend von der „Linear-Hypothese" wird im Schrifttum auf die Ermittlung von im logarithmischen Bereich zum Ursprung hin konvexen und konkaven sowie S-förmigen Verläufen hingewiesen[23]. Dies verdeutlicht umso mehr, wie fragwürdig es ist, Übungskurven „...für ein Produkt bzw. eine Produktgattung insgesamt aufzustellen. Für Zwecke der Produktionsplanung interessieren allein die Kurven bei den einzelnen Arbeitsplätzen oder in den einzelnen Abteilungen"[24]. Die Verwendung einheitlicher Übungskurven ist nur für gleichartige, zumindest aber

---

22 Vgl. Schneider, D., „Lernkurven" und ihre Bedeutung für Produktionsplanung und Kostentheorie, a.a.O., S. 503 ff.

23 Vgl. u. a. Baur, W., Neue Wege der betrieblichen Planung, a.a.O., S. 107 ff.; Cochran, E. B., New concepts of the learning curve, in: Journal of Industrial Engineering, Vol. 11 (1960), S. 317 ff.; Cochran, E. B., Planning Production Costs: Using the Improvement Curve, a.a.O., S. 155 ff.

24 Schneider, D., „Lernkurven" und ihre Bedeutung für Produktionsplanung und Kostentheorie, a.a.O., S. 509.

ähnliche Tätigkeiten vertretbar[25]. Allerdings ist eine Übertragung gleichartiger Übungskurven auf gleiche Arbeitsplätze in verschiedenen Betrieben häufig in Frage zu stellen, weil die Arbeitskräfte aufgrund unterschiedlicher Mentalitäten ein voneinander abweichendes Übungsverhalten aufweisen können.

Da sich in dem in diese Untersuchung einbezogenen Fertigungsbereich — dies sei vorweggenommen — Prozentübungskurven bestätigt haben, wird im folgenden für die theoretische Analyse der Einflüsse von Übungseffekten auf die Produktionsplanung exemplarisch von der „Linear-Hypothese" ausgegangen. Die einbezogenen Funktionalbeziehungen lassen sich durch die jeweils im Einzelfall empirisch ermittelten Abhängigkeiten ersetzen.

b) Spezifische Übungsbedingungen bei Fließbandfertigung

Eine wesentliche Aufgabe der Produktionsplanung bei Fließbandsystemen ist — wie gezeigt werden konnte — in der Festlegung der Taktzeit zu sehen, die im Rahmen der behandelten Abstimmungsverfahren in der Regel der Normalleistung entspricht. Diese Leistung kann bei der Einrichtung einer Fließstrecke aufgrund unzureichender Übung der Arbeitskräfte nicht sofort (momentan) erreicht werden. Der Anteil unbrauchbarer Erzeugnisse wäre zunächst unverhältnismäßig hoch, so daß eine gewünschte Erzeugnismenge nicht in der unter diesen Bedingungen vorgegebenen Betriebszeit gefertigt werden könnte. Übungseffekte dürfen daher bei Produktionsplanungen nicht vernachlässigt werden, um einerseits die eingesetzten Arbeitskräfte nicht zu überfordern und andererseits eine mangelnde Fertigung weitgehend auszuschalten. Um dieses Ziel erreichen zu können, muß für die Zuweisung der Arbeitselemente zu den Bearbeitungsstationen eine Zuordnungstaktzeit gefunden werden, die die Übungseigenschaften der Arbeitskräfte berücksichtigt[26]. Es ist zu untersuchen, welche Auswirkungen die empirisch nachweisbaren Gesetzmäßigkeiten der Übung auf die kosten- und erlösorientierte Bestimmung von Erzeugnismenge, Taktzeit, Stationenzahl und Arbeitselementfolge haben und wie diese a priori in Planungsmodelle eingehen können.

Überträgt man die bei bestätigter „Linear-Hypothese" geltenden Übungsgesetzmäßigkeiten auf Fertigungslinien, so muß beachtet werden, daß eine bestimmte, der Normalleistung bzw. der Normalzeit entsprechende Normaltaktzeit erst nach vielfachem Vollzug der Arbeitsaufgabe erreicht werden kann. Die Funktion der Übungskurve ist daher auf die Taktzeit zu beziehen:

$$(V-5) \qquad c_j = c_1 \cdot j^{-b} \qquad (j = 1, 2, \ldots, j_E)$$

c_1 = Taktzeit des ersten vollzogenen Taktes

c_j = Taktzeit des j-ten vollzogenen Taktes $(j = 1, 2, \ldots, j_E)$

---

25 Vgl. Schneider, D., „Lernkurven" und ihre Bedeutung für Produktionsplanung und Kostentheorie, a.a.O., S. 509.
26 Vgl. Steffen, R., Die Bestimmung von Taktzeit und Stationenzahl bei Fließbandfertigung unter Berücksichtigung von Lernprozessen, a.a.O., S. 99 ff.

Da bei angelaufener Produktion jeweils nach Ablauf einer Taktzeit eine Produkteinheit fertiggestellt ist, kann (V-5) auch an der im Zeitablauf gerade produzierten Einheit x_j ausgerichtet werden:

$$(V\text{-}5a) \quad c_j = c_1 \cdot x_j^{-b} \qquad (j = 1, 2, \ldots, j_E)$$

Für die Normaltaktzeit c_N gilt dementsprechend folgende Beziehung:

$$(V\text{-}6) \quad c_N = c_1 \cdot x_N^{-b}$$

x_N = Anzahl gefertigter Erzeugniseinheiten bis zur Realisierung von c_N

Innerhalb der Übungsphase kann die Fließbandgeschwindigkeit (Taktzeit) den Übungsgesetzmäßigkeiten entsprechend im Zeitablauf gesteigert (verringert) werden. Für alternative Normaltaktzeiten erhält man unterschiedliche Übungskurven. In der Abbildung V-3 werden mögliche Verläufe der Prozent-Übungskurven für zwei nach Vollzug einer bestimmten Anzahl von Arbeitsaufgaben realisierbare Normaltaktzeiten ($c_N^{(1)}$ und $c_N^{(2)}$) dargestellt.

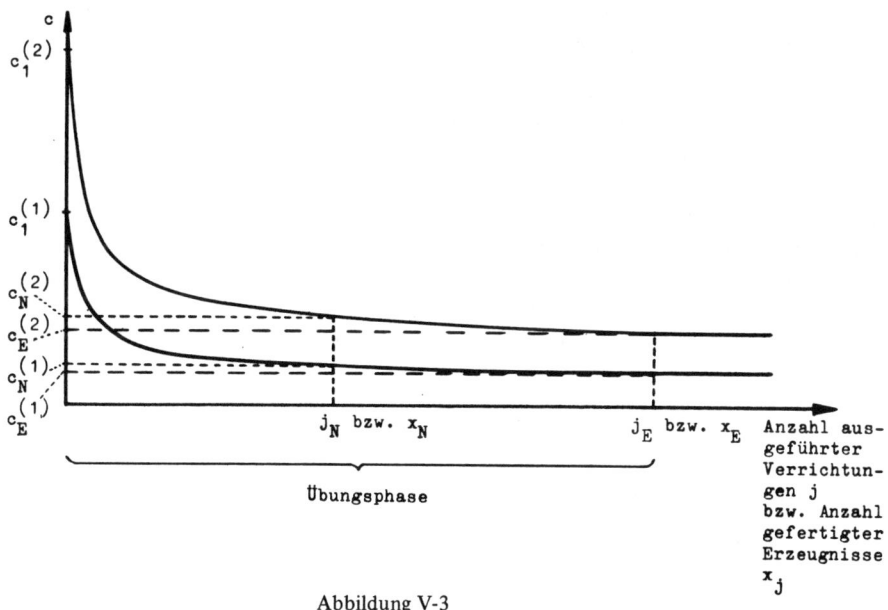

Abbildung V-3

Es sei unterstellt, daß die den einzelnen Bearbeitungsstationen zugewiesenen Arbeitselemente im wesentlichen gleichen Übungsgesetzmäßigkeiten unterliegen, was in einem konstanten b zum Ausdruck kommt. Von dieser Annahme kann beispielsweise bei den im Bereich der Fernsehgeräteproduktion auszuführenden Montageverrichtungen ausgegangen werden. Des weiteren sei zunächst vereinfachend angenommen, daß bei jeweils unterschiedlichen Arbeitsumfängen der

Arbeitssysteme die Normaltaktzeit (c_N) nach der gleichen Anzahl Wiederholungen der Arbeitsaufgaben (j_N) bzw., da je Takt eine Erzeugniseinheit anfällt, nach der Produktmenge x_N erreicht wird. In vielen Fällen können und wollen die als Arbeitsgruppe am Fließband tätigen Arbeiter in Anbetracht einer höheren Entlohnung die Normaltaktzeit unterschreitende Taktzeiten realisieren. Auch dies ist erst nach weiteren Übungen möglich. Dabei sind für gegebene Arbeitsumfänge in der Regel nicht mehr unterschreitbare Taktzeiten angesprochen. In diesem Zusammenhang ist wesentlich, daß für die jeweiligen Arbeitsumfänge arbeitswissenschaftlich nicht mehr vertretbare Taktzeiten ausgeschaltet werden. Wichtig ist, daß die Arbeitskräfte die gewünschte Leistung auf Dauer realisieren können. Mit ihrer Erreichung ist die Übungsphase beendet. Nicht unterschreitbare Taktzeiten, die nach j_E vollzogenen Arbeitsaufgaben bzw. x_E produzierten Erzeugniseinheiten realisierbar sind, werden mit c_E bezeichnet. Dabei wird eine über der Normalleistung liegende Arbeitsleistung hervorgebracht. c_E ist daher mit Hilfe des angestrebten Leistungs- bzw. Zeitgrades (G) aus c_N bestimmbar:

$$(V-7) \quad c_E = \frac{c_N \cdot 100}{G}$$

Wird c_N bei alternativem Arbeitsumfang stets nach der gleichen Anzahl Verrichtungswiederholungen erreicht, so gilt dies entsprechend für c_E[27].

Die jeweils gleiche Anzahl der Verrichtungswiederholungen bis zur Erreichung der Normaltaktzeit bzw. bis zur Überwindung der Übungsphase bewirkt, daß mit zunehmendem Arbeitsumfang (Normaltaktzeit) die zeitliche Ausdehnung der Übungsphase wächst; die für die Realisierbarkeit der Normaltaktzeit bzw. der minimalen Taktzeit erforderlichen Übungswiederholungen werden später beendet. Dieser Zusammenhang zwischen Taktzeit und Betriebszeit (bezogen auf die von einer − im wesentlichen − unveränderten Arbeiterschaft vollzogenen kumulierten Schichtzeit) wird in Abbildung V-4 wiedergegeben. Die erforderliche Zeit bis zur Erreichung von c_N sei mit T_N, diejenige bis zur Erreichung von c_E mit T_E bezeichnet.

27 Dies läßt sich anhand der Übungsfunktion wie folgt nachweisen:

$$c_E = c_1 \cdot j_E^{-b} \quad bzw. \quad c_E = c_1 \cdot x_E^{-b}$$

$$x_E^b = \frac{c_1}{c_E}$$

$$c_1 = c_N \cdot x_N^b$$

$$c_E = \frac{c_N \cdot 100}{G}$$

$$x_E^b = \frac{c_N \cdot x_N^b \cdot G}{c_N \cdot 100}$$

$$x_E^b = x_N^b \cdot \frac{G}{100}$$

Bei gegebener Übungsrate (b) und gegebenem Leistungs- bzw. Zeitgrad (G) wird durch ein konstantes x_N ebenfalls die Konstanz von x_E bedingt.

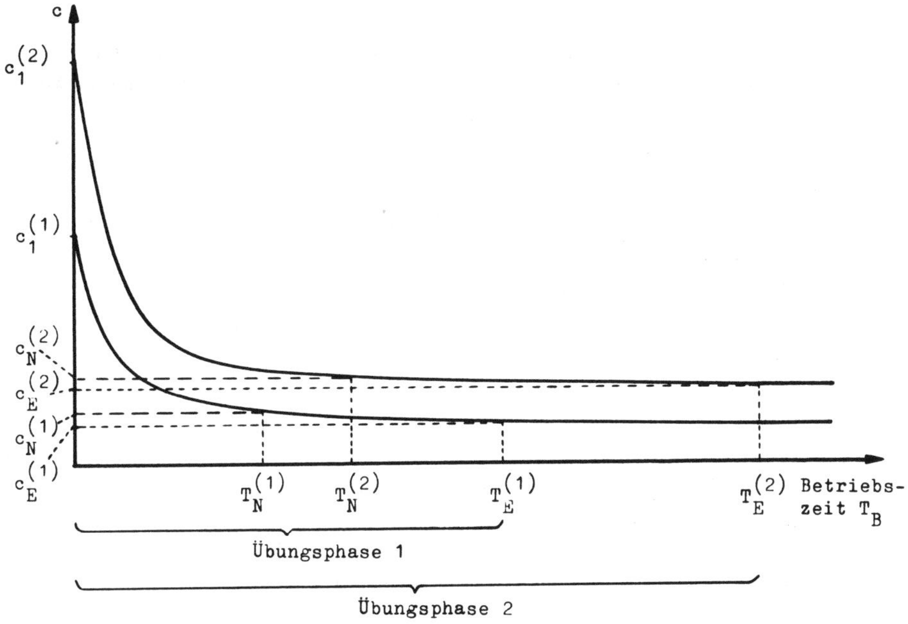

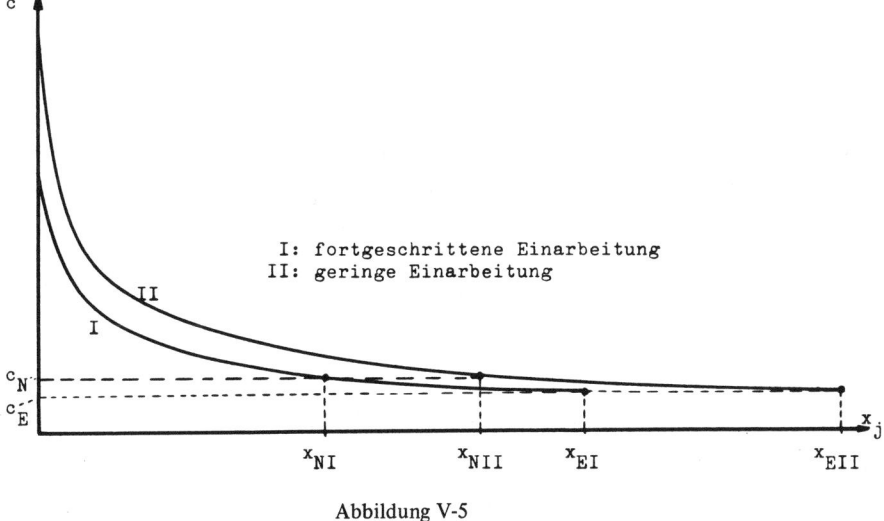

Abbildung V-4

I: fortgeschrittene Einarbeitung
II: geringe Einarbeitung

Abbildung V-5

In den vorangehenden Erörterungen wird unterstellt, daß die einbezogenen Arbeitskräfte einen (weitgehend) gleichen Einarbeitungsgrad aufweisen. Davon kann jedoch nicht grundsätzlich ausgegangen werden. Der Einarbeitungsgrad ist – darauf wurde bereits verwiesen – wesentlicher Bestimmungsfaktor der Übungsrate und der Anzahl der Verrichtungswiederholungen bis zum Abschluß der Übungsphase. Stellt man das Übungsverhalten zweier Arbeitsgruppen mit unterschiedlichen Einarbei-

141

tungsgraden einander gegenüber, so wird erkennbar, daß die Normaltaktzeit und die nicht unterschreitbare Taktzeit von der Gruppe mit der fortgeschritteneren Einarbeitung vergleichsweise früher realisierbar sind. Es könnte sich etwa der in Abbildung V-5 gezeigte Zusammenhang ergeben.

Zu beachten ist, daß in beiden Fällen bei gleicher Stationenzahl von den einzelnen Arbeitssystemen die gleichen Arbeitsaufgaben bewältigt werden müssen. Die Normaltaktzeit c_N wird von den fortgeschritteneren Arbeitskräften eher (bei x_{NI}) als von den Arbeitern mit geringer Einarbeitung (bei x_{NII}) erreicht. Entsprechendes gilt für die Realisierung der Endtaktzeit c_E. Die Taktzeiten der fortgeschrittenen Arbeitsgruppe liegen während der Übungsphase stets unter denjenigen der weniger geübten Arbeitskräfte.

Die enge zeitliche Abhängigkeit der Bearbeitungsstationen untereinander bedingt, daß Übungsprozesse an Fließbändern stets auf die Arbeitsgruppe bezogen werden, d. h. kollektiver Natur sind. Allerdings ist der Übungsprozeß einer Gruppe abhängig von dem individuellen Übungsverhalten aller Gruppenmitglieder, wobei das ungünstigste Einzelverhalten zum Engpaß wird, den Übungserfolg der Gruppe determiniert[28]. Zum Ausdruck kommt lediglich der Erfolg der Gruppe, nicht aber die individuellen Prozesse. Werden also Arbeitskräfte unterschiedlicher Einarbeitungsgrade an e i n e m Fließband eingesetzt, bestimmen diejenigen mit der geringsten Übung den Übungsverlauf. Ein entsprechender Effekt ergibt sich, wenn die einzelnen Arbeitsaufgaben der eingesetzten Arbeiter stark differierenden Übungswirkungen unterliegen[29]. Die Bearbeitungsstation mit der ungünstigsten (höchsten) Übungsrate determiniert in solchen Fällen den Übungserfolg der gesamten Arbeitsgruppe.

Es wird deutlich, daß im Rahmen von Fließfertigungssystemen spezifische Gesichtspunkte in die Zusammenhänge der Arbeiterübung eingreifen. Die Fertigungsstruktur engt individuelle Entfaltungsmöglichkeiten teilweise ein; das schwächste Glied der Fließbandgruppe bestimmt den kollektiven Übungsverlauf. Dies kann zu Gruppenkonflikten führen. Eine wesentliche Aufgabe der Personaleinsatzplanung ist daher darin zu sehen, Arbeitskräfte mit weitgehend entsprechenden Einarbeitungsgraden und Übungsverhaltensweisen zu Fließbandgruppen zusammenzufassen.

c) Bestimmung von Übungsverläufen für einen ausgewählten Fertigungsbereich

Um das Ausmaß der Wirkungen von Übungsprozessen auf die Produktionsplanung bei Fließbandfertigung an einem empirischen Beispiel demonstrieren zu können, wird im folgenden für den Bereich der Fernsehgerätemontage das Übungsverhalten der Arbeitskräfte analysiert. Zu diesem Zweck werden für verschiedene Normaltaktzeiten und Einarbeitungsgrade der Arbeitskräfte Übungskurven ermittelt. Die Aufbereitung der erforderlichen Daten stützt sich auf Anlaufberichte über einen Zeitraum von mehreren Jahren, die über die täglich realisierte Leistung von Fließbandgruppen während der Übungsphase Auskunft geben.

28 Vgl. Kilbridge, M., A model for industrial learning costs, a.a.O., S. 524 f.
29 Vgl. dazu auch Towill, D. R. / Bevis, F. W., Managerial control systems based on learning curve, in: International Journal of Production Research, Vol. 11 (1972), S. 226.

Übertragungen von im Zeitablauf realisierten Ausführungszeiten mehrerer Fließbandgruppen in ein logarithmisches Diagramm deuteten darauf hin, daß mit der „Linear-Hypothese" gearbeitet werden kann. Die Ermittlung der Übungskurven basiert daher auf linearen Regressionsrechnungen.

In dem angesprochenen Fertigungsbereich wird von dem Leiter einer Fließbandgruppe auf der Grundlage von Beobachtungen und in Absprache mit der Gruppe die Geschwindigkeit des Fließbandes und damit die Taktzeit in stündlichen bis täglichen Zeitintervallen verändert. Ist erkennbar, daß die gesamte Gruppe die Arbeitsaufgaben innerhalb der gerade realisierten Taktzeit vollständig beherrscht, wird diese geringfügig verkürzt. Ziel der Regressionsanalyse ist es, dieses Übungsverhalten in einer Übungskurve zu erfassen, um die Übungseffekte in der erwähnten handlichen Form in die Produktionsplanung einbeziehen zu können.

Im Hinblick auf die Anwendung der Linearregression nach der Methode der kleinsten Quadrate der Abweichungen wird in Anlehnung an (V-4)[30] auf die logarithmische Funktion der Übungskurve zurückgegriffen.

(V-8) $\log c_j = \log c_1 - b \cdot \log j$ (j = 1,2, ..., j_E)

bzw.

(V-9) $\log c_j = \log c_1 - b \cdot \log x_j$

Für die Ermittlung der Übungsgeraden im logarithmischen Bereich gilt es, $\log c_1$ und b so zu bestimmen, daß die jeweils realisierten Taktzeiten in logarithmischer Form ($\log c_j$) möglichst geringfügig von den Logarithmen der Taktzeiten der zu ermittelnden Übungsgeraden ($\log c_j'$) abweichen. Dies wird durch eine Minimierung der Summe der Quadrate der Abweichungen erreicht. Dabei ist zu fordern[31]:

(V-10) $\sum\limits_{j} (\log c_j - \log c_j')^2 = \text{Minimum}$

Die Werte der zu bestimmenden Übungsgeraden ($\log c_j'$) können gemäß (V-9) durch $\log c_1 - b \cdot \log x_j$ ersetzt werden.

(V-11) $\sum\limits_{j} (\log c_j - \log c_1 + b \cdot \log x_j)^2 = \text{Minimum}$

b ist das negative Steigungsmaß der Regressionsgeraden und wird als Regressionskoeffizient bezeichnet. Er ist aus den partiellen Ableitungen von (V-11) nach $\log c_1$ und b bestimmbar, die jeweils Null gesetzt werden. Für w Wertepaare ($\log x_j$; $\log c_j$) erhält man:

(V-12) $b = \dfrac{w \cdot \sum\limits_{j} \log x_j \cdot \log c_j - \sum\limits_{j} \log x_j \cdot \sum\limits_{j} \log c_j}{(\sum\limits_{j} \log x_j)^2 - w \cdot \sum\limits_{j} (\log x_j)^2}$

---

30 Vgl. S. 136.
31 Zu den statistischen Grundlagen vgl. u. a. Lindner, A., Statistische Methoden, 4. Auflage, Basel und Stuttgart 1964, S. 151 ff.; Kreyszig, E., Statistische Methoden und Anwendungen, 3. Auflage, Göttingen 1968, S. 258 ff.; Reichardt, H., Statistische Methodenlehre für Wirtschaftswissenschaftler, Bielefeld 1969, S. 43 f. und S. 91 ff.; Johnston, J., Econometric methods, New York 1963, S. 9 ff.

Für $\log c_1$ ergibt sich:

$$(V\text{-}13) \quad \log c_1 = \frac{\sum_j \log c_j \cdot \sum_j (\log x_j)^2 - \sum_j \log x_j \cdot \log c_j \cdot \sum_j \log x_j}{w \cdot \sum_j (\log x_j)^2 - (\sum_j \log x_j)^2}$$

Mit den beiden Größen b und $\log c_1$ ist die Übungsgerade im logarithmischen Bereich determiniert. Zur Beurteilung, wie gut eine mit Hilfe der Regressionsrechnung ermittelte (logarithmische) Übungsgerade das Übungsverhalten einer Fließbandgruppe wiedergibt, wird das statistische Bestimmtheitsmaß herangezogen. Es dient hier zur Angabe der Stärke des Zusammenhanges zwischen den Logarithmen realisierter Taktzeiten und jeweils gefertigter Erzeugnismengen[32].

Hinsichtlich der Einarbeitungsgrade der in dem untersuchten Betriebsbereich eingesetzten Arbeitskräfte ist zwischen ungeübten Arbeitern und solchen mit fortgeschrittener Einarbeitung zu unterscheiden. Erstere werden nach Einweisung in einer Anlernwerkstatt erstmals in der laufenden Produktion eingesetzt, während letztere bereits vorher vergleichbare Tätigkeiten in der Fertigung vollzogen haben und damit einen gewissen Übungsübertrag (Übungstransfer)[33] für die anstehende Arbeitsaufgabe mitbringen.

Im einzelnen wurden Übungsverläufe für folgende Normaltaktzeiten ermittelt:

— für ungeübte Arbeitskräfte

c_N = 1,500 Minuten

c_N = 2,098 Minuten

c_N = 3,020 Minuten

c_N = 5,150 Minuten

c_N = 6,857 Minuten

32 Für die im logarithmischen Bereich auszuführenden Regressionsrechnungen erhält man für das Bestimmtheitsmaß B folgenden Quotienten:

$$B = \frac{\left[\sum_j \log x_j \cdot \log c_j - \frac{\sum_j \log x_j \cdot \sum_j \log c_j}{w} \right]^2}{\left[\sum_j (\log x_j)^2 - \frac{(\sum_j \log x_j)^2}{w} \right] \cdot \left[\sum_j (\log c_j)^2 - \frac{(\sum_j \log c_j)^2}{w} \right]}$$

B kann Werte zwischen 0 und 1 annehmen. Bei B = 0 liegt keine Abhängigkeit zwischen den logarithmischen Werten der Anzahl vollzogener Arbeitsaufgaben und der Ausführungszeit (Taktzeit) vor. Je mehr B sich 1 annähert, umso stärker ist der Zusammenhang. Bei B = 1 besteht eine strenge lineare Beziehung zwischen den angesprochenen Größen.
Zur Beurteilung des fraglichen Zusammenhanges kann auch die durch die Regressionsfunktion nicht erklärte Reststreuung herangezogen werden. Sie ist ein Maß für die Abweichungen der Einzelwerte von der Regressionsgeraden. Aus dem statistischen Ansatz zur Minimierung der Abweichungsquadrate (Regressionsrechnung) folgt, daß das Bestimmtheitsmaß möglichst groß und die Reststreuung möglichst gering gehalten wird. Beide Größen beziehen sich auf dieselbe mathematische Grundlage. Wegen der qualitativen Gleichwertigkeit ihrer Aussagen wird hier lediglich auf das Bestimmtheitsmaß zurückgegriffen.
Vgl. auch Baur, W., Neue Wege der betrieblichen Planung, a.a.O., S. 59; Fässler, Th., Ein Beitrag zur Quantifizierung der Einübung, a.a.O., S. 18.
33 Vgl. Heinecke, C., Vorgabezeit mit Berücksichtigung des Übungseffektes, in: REFA-Nachrichten, 26. Jg. (1973), S. 411; REFA e.V., Methodenlehre des Arbeitsstudiums, Teil 1, a.a.O., S. 98.

144

eingesetzte Arbeitskräfte	c_N (Minuten)	Anzahl einbezogener Anläufe	REGRESSIONSANALYSE ermittelte Funktion der Übungskurve linear	exponential	Ü (%)	c_1 (Minuten)	c_E (Minuten)	x_N	x_E	T_N (Minuten)	T_E (Minuten)
ungeübt	1,500	6	$\log c_j = 0,9099 - 0,2020 \cdot \log x_j$	$c_j = 8,127 \cdot x_j^{-0,2020}$	86,9	8,127	1,200	4292	12951	8196	19805
	2,098	3	$\log c_j = 1,0490 - 0,2070 \cdot \log x_j$	$c_j = 11,195 \cdot x_j^{-0,2070}$	86,6	11,195	1,678	3258	9586	8606	20268
	3,020	2	$\log c_j = 1,1750 - 0,2014 \cdot \log x_j$	$c_j = 14,960 \cdot x_j^{-0,2014}$	87,0	14,960	2,416	2824	8550	9794	23430
	5,150	2	$\log c_j = 1,3640 - 0,1979 \cdot \log x_j$	$c_j = 23,120 \cdot x_j^{-0,1979}$	87,2	23,120	4,120	1975	6098	12651	31297
	6,857	1	$\log c_j = 1,4930 - 0,2135 \cdot \log x_j$	$c_j = 31,120 \cdot x_j^{-0,2135}$	86,2	31,120	5,500	1194	3351	10365	23396
fortgeschritten	1,500	3	$\log c_j = 0,8211 - 0,2106 \cdot \log x_j$	$c_j = 6,623 \cdot x_j^{-0,2106}$	86,4	6,623	1,200	1163	3333	2187	5075
	1,968	4	$\log c_j = 0,9383 - 0,2105 \cdot \log x_j$	$c_j = 8,676 \cdot x_j^{-0,2105}$	86,4	8,676	1,589	1101	3178	2764	6385
	3,020	3	$\log c_j = 1,1030 - 0,2120 \cdot \log x_j$	$c_j = 12,680 \cdot x_j^{-0,2120}$	86,3	12,680	2,416	868	2488	3312	7613
	5,500	3	$\log c_j = 1,3130 - 0,2061 \cdot \log x_j$	$c_j = 20,560 \cdot x_j^{-0,2061}$	86,7	20,560	4,400	600	1777	4133	9794
	10,700	1	$\log c_j = 1,5820 - 0,2154 \cdot \log x_j$	$c_j = 38,200 \cdot x_j^{-0,2154}$	86,1	38,200	8,560	368	1036	4966	11254

Tabelle V-1

145

– für fortgeschrittene Arbeitskräfte

c_N = 1,500 Minuten
c_N = 1,968 Minuten
c_N = 3,020 Minuten
c_N = 5,500 Minuten
c_N =10,700 Minuten

In die Regressionsanalysen wurden – je nach vorhandenem Datenmaterial – jeweils bis zu sechs Anläufe je Taktzeit einbezogen. Tabelle V-1 gibt die errechneten Ergebnisse im einzelnen wieder.

Die Bestimmtheitsmaße der ermittelten Funktionen lagen regelmäßig über 0,94. Insoweit wird das Übungsverhalten von den ermittelten Funktionen sehr gut wiedergegeben, so daß von einer Bestätigung der Linear-Hypothese im logarithmischen Bereich gesprochen werden kann[34]. Die Ergebnisse lassen ebenfalls darauf schließen, daß im Hinblick auf die oben angesprochenen nicht übungsbezogenen Lernfaktoren[35] entweder von fehlender Relevanz oder aber von weitestgehender Konstanz ausgegangen werden kann. Empirische Untersuchungen müßten hier den gezielten Einsatz analysieren, um Ursache-Wirkung-Zusammenhänge aufdecken zu können.

Vergleicht man die Übungsraten der ermittelten Übungsfunktionen, so ist festzustellen, daß sie nur unwesentlich voneinander abweichen. Für gleiche Einarbeitungsgrade zeigen die Übungsraten gegenüber der Taktzeit keine erkennbare Abhängigkeit. Innerhalb der einbezogenen Taktspannweiten bleibt die Übungsrate relativ konstant. Die gefundenen Übungsraten der ungeübten Arbeitskräfte liegen überwiegend geringfügig über denjenigen der fortgeschrittenen Personengruppen. Als mittlere Übungsraten erhält man

– 86,8 % für ungeübte Arbeitskräfte,
– 86,4 % für fortgeschrittene Arbeitskräfte.

Tabelle V-1 enthält des weiteren die für die Angabe von Übungskurven wesentlichen Größen. Die Ausgangstaktzeit c_1 ist jeweils aus der Übungsfunktion als additive Konstante im logarithmischen Bereich bzw. als Koeffizient in der Exponentialfunktion enthalten. Die nicht mehr unterschreitbare Taktzeit c_E kennzeichnet in dem untersuchten Betriebsbereich im Mittel 125 % der Leistung, die bei Realisierung der Normal-Taktzeit hervorgebracht wird. Auch dieser Prozentsatz ist betriebsindividuell und in andere Fertigungsbereiche nicht ohne weiteres übertragbar. Die Anzahl der Arbeitsverrichtungen bis zur Erreichung der Normaltaktzeit j_N entspricht der bis dahin produzierten Erzeugnismenge x_N. Sie bestimmt sich aus der Übungsfunktion (V-6)[36] wie folgt:

---

34 Zu vermerken ist, daß Anlaufberichte, in denen von vornherein ein sprunghafter Übungsverlauf erkennbar war, nicht berücksichtigt wurden, weil die Übungssprünge regelmäßig begründet werden konnten, etwa durch Änderung eines Bauteiles u. ä.

35 Vgl. S. 131 f.

36 Vgl. S. 139.

$$(V\text{-}14) \qquad x_N = \left(\frac{c_1}{c_N} \right)^{\frac{1}{b}}$$

Entsprechend ermittelt man x_E:

$$(V\text{-}15) \qquad x_E = \left(\frac{c_1}{c_E} \right)^{\frac{1}{b}}$$

Bei der Berechnung der bis zur Erreichung von c_N bzw. c_E erforderlichen Betriebszeit (T_N bzw. T_E) geht es um die Aufsummierung aller bis dahin vollzogenen Taktzeiten. Dafür kann angenähert geschrieben werden:

$$(V\text{-}16) \qquad T_N = \int_1^{x_N} c_1 \cdot j^{-b} \, dj$$

$$(V\text{-}17) \qquad T_E = \int_1^{x_E} c_1 \cdot j^{-b} \, dj$$

Nach Auflösung der Integrale ergibt sich:

$$(V\text{-}16a) \qquad T_N = c_1 \cdot \frac{x_N^{1-b} - 1}{1 - b}$$

$$(V\text{-}17a) \qquad T_E = c_1 \cdot \frac{x_E^{1-b} - 1}{1 - b}$$

Es ist festzustellen, daß die Erzeugnismengen bis zur Erreichung der Normaltaktzeit bzw. der Endtaktzeit (x_N bzw. x_E) innerhalb der jeweiligen Einarbeitungsgrade mit zunehmender Normaltaktzeit abnehmen. Dies ist darauf zurückzuführen, daß innerhalb der längeren Taktzeiten ein Teil der Arbeitselemente in gleicher Form wiederholt auftritt, so daß der Übungseffekt sich auch innerhalb der Arbeitsaufgabe auswirkt. Die Anzahl ausgeführter Takte ist geringer als die Anzahl dabei wiederholter gleichartiger Arbeitselemente. Dennoch steigen die Zeiten der Übungsphase (T_N und T_E) mit zunehmenden Normaltaktzeiten in der Tendenz an, weil nicht die gesamte Fertigungsaufgabe aus identischen Arbeitselementen besteht[37].

Streng genommen müßten für alle realisierbaren Normaltaktzeiten Übungskurven der unterschiedlichen Einarbeitungsgrade ermittelt werden. Da jedoch einerseits nicht genügend Anlaufberichte zur Verfügung standen und andererseits die Ergebnisse für weitere Produktionsplanungen nutzbar gemacht werden sollen, werden die ermittelten Übungskurven — jeweils nach ungeübten und fortgeschrittenen Arbeitskräften getrennt — auf die mittleren Übungsraten umgerechnet. Es ist zu vermuten, daß auch für alle anderen Taktzeiten innerhalb der untersuchten Taktzeitspannen ein der mittleren Übungsrate entsprechendes bzw. naheliegendes Übungsverhalten gilt.

---

37 Eine Ausnahme bilden T_N und T_E bei der Normaltaktzeit $c_N = 6,857$ für ungeübte Arbeitskräfte. Dies ist offensichtlich auf die vergleichsweise geringe Übungsrate zurückzuführen, die aufgrund der Einbeziehung lediglich eines Fließbandanlaufes in die Regressionsrechnung sicher als Ausnahme anzusehen ist.

eingesetzte Arbeitskräfte	c_N (Minuten)	ü (%)	Funktion der Übungskurve	c_1 (Minuten)	c_E (Minuten)	x_N	x_E	T_N (Minuten)	T_E (Minuten)
ungeübt	1,500	86,8	$c_j = 8,285 \cdot x_j^{-0,2043}$	8,285	1,200	4292	12800	8082	19294
	2,098	86,8	$c_j = 11,195 \cdot x_j^{-0,2043}$	11,195	1,678	3627	10823	9547	22806
	3,020	86,8	$c_j = 15,310 \cdot x_j^{-0,2043}$	15,310	2,416	2824	8415	10696	25533
	5,150	86,8	$c_j = 24,285 \cdot x_j^{-0,2043}$	24,285	4,120	1975	5900	12760	30520
	6,857	86,8	$c_j = 31,120 \cdot x_j^{-0,2043}$	31,120	5,500	1642	4828	14111	33341
fortgeschritten	1,500	86,4	$c_j = 6,636 \cdot x_j^{-0,2109}$	6,636	1,200	1163	3324	2187	5543
	1,968	86,4	$c_j = 8,700 \cdot x_j^{-0,2109}$	8,700	1,589	1101	3171	2760	6375
	3,020	86,4	$c_j = 12,680 \cdot x_j^{-0,2109}$	12,680	2,416	900	2591	3428	7920
	5,500	86,4	$c_j = 21,200 \cdot x_j^{-0,2109}$	21,200	4,400	600	1728	4156	9610
	10,700	86,4	$c_j = 38,200 \cdot x_j^{-0,2109}$	38,200	8,560	417	1202	5608	12988

Tabelle V-2

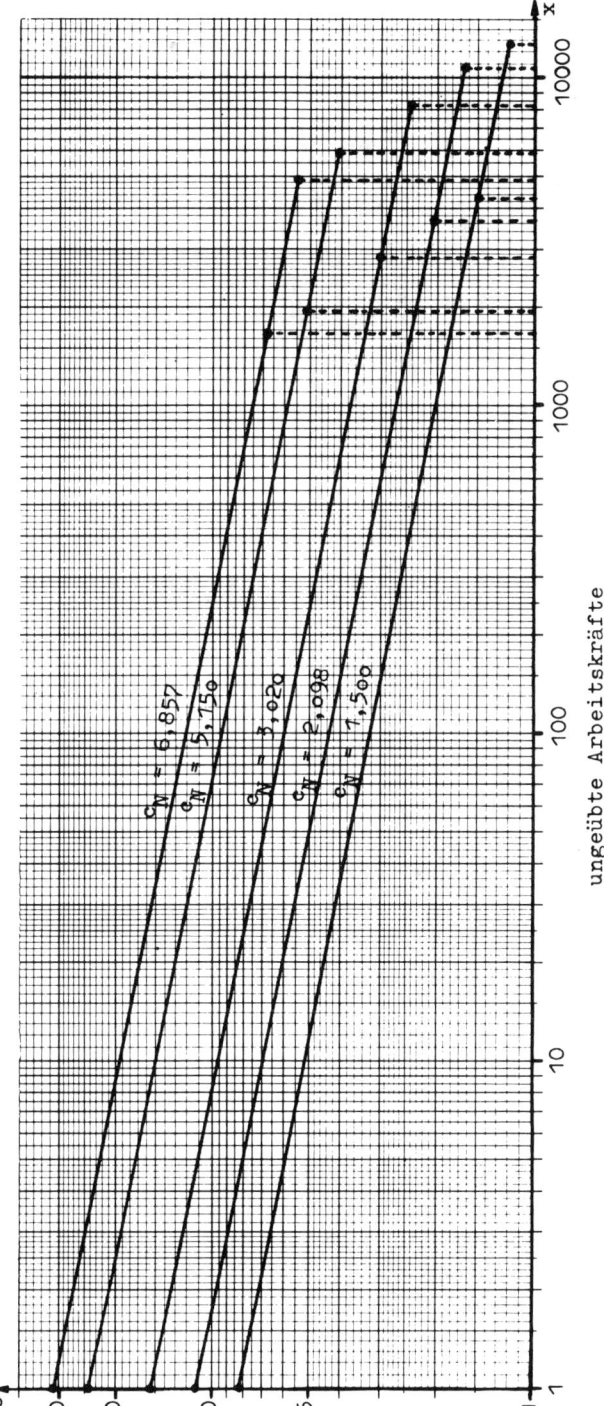

ungeübte Arbeitskräfte

Abbildung V-6

149

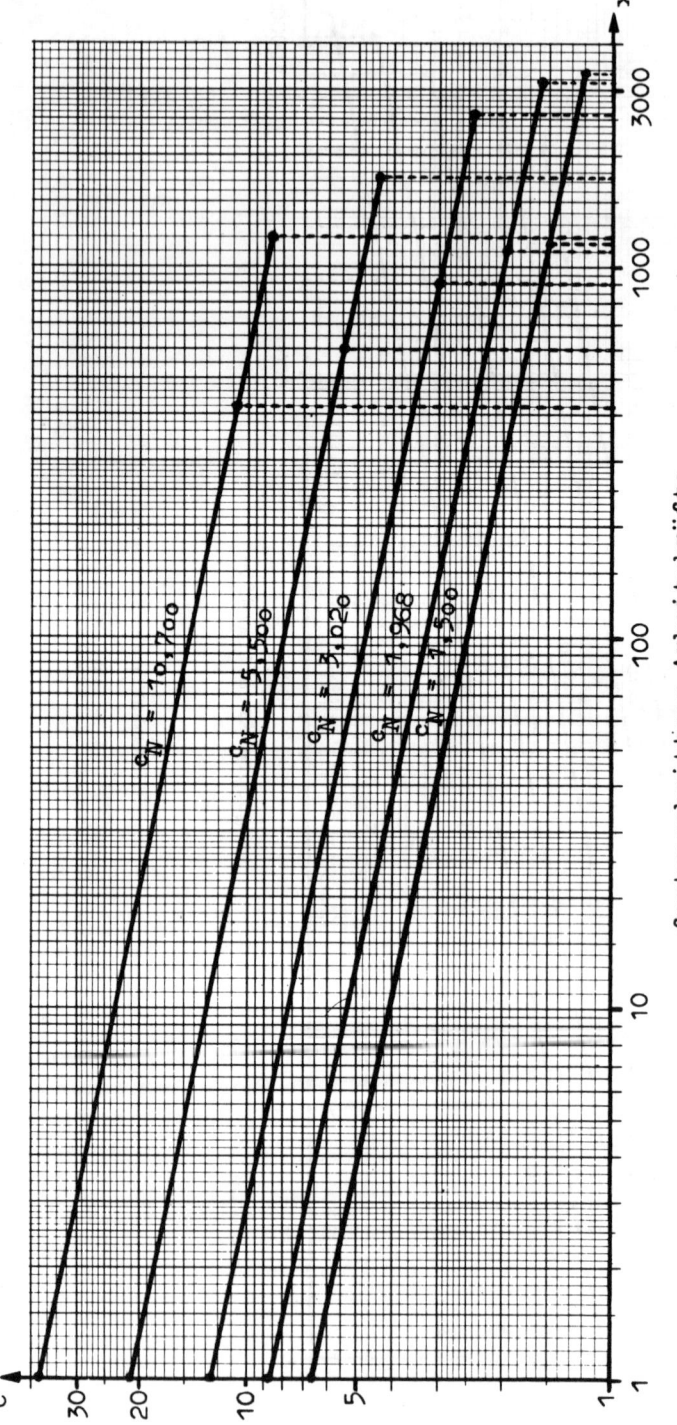

150

Abbildung V-7

Um für Planungsrechnungen die erforderlichen Übungskurven-Bestimmungsgrößen für alle Taktzeiten bereitstellen zu können, werden für die ermittelten Übungsverläufe entsprechende Richtwerte errechnet. Unter Berücksichtigung der jeweiligen mittleren Übungsrate werden aus der Ausgangstaktzeit c_1 bzw. aus der bis zur Erreichung der Normaltaktzeit zu fertigenden Erzeugnismenge x_N alle weiteren bedeutsamen Größen bestimmt. In jedem Falle soll vermieden werden, daß durch die Einbeziehung der mittleren Übungsrate kürzere Übungsphasen als die empirisch ausgewiesenen vorgegeben werden. Daher beziehen sich die anstehenden Berechnungen für Übungskurven, die höhere Übungsraten aufweisen als die mittlere, auf x_N, während für Übungskurven mit geringeren Übungsraten eine Ausrichtung an der Ausgangstaktzeit c_1 erfolgt. Dadurch wird zwar bei von der mittleren Übungsrate abweichenden Werten die Übungswirkung gegenüber der empirisch ermittelten geringfügig ungünstiger wiedergegeben, jedoch wird sichergestellt, daß die einzusetzenden Arbeitskräfte die in Planungsrechnungen eingehenden Vorgabegrößen realisieren können. In Tabelle V-2 werden die auf die beschriebene Weise berechneten Übungskurven und ihre Bestimmungsgrößen angegeben.

Für die bei gegebenem Einarbeitungsgrad auf die einheitliche mittlere Übungsrate transformierten Übungskurven zeigt sich mit steigendem c_N eine fallende Tendenz von x_N und x_E sowie eine steigende Tendenz der Übungszeiten T_N und T_E[38]. In den Abbildungen V-6 und V-7 werden die auf die jeweilige mittlere Übungsrate bezogenen Übungsgeraden für ungeübte und fortgeschrittene Arbeitskräfte im logarithmischen Diagramm dargestellt, wobei die Ausgangs-, Normal- und Endtaktzeiten (c_1, c_N und c_E) jeweils durch verstärkt hervorgehobene Punkte markiert sind.

Um aus den errechneten Übungskurven auf das Übungsverhalten bei Vorgabe weiterer Taktzeiten innerhalb der untersuchten Taktspannweiten schließen zu können, werden in den Abbildungen V-8 und V-9 auf der Grundlage der in Tabelle V-2 angegebenen Werte Beziehungen zwischen der Normaltaktzeit einerseits und der zur Überwindung der Übungsphase zu fertigenden Erzeugniseinheiten (x_N bzw. x_E) sowie der Ausgangstaktzeit (c_1) andererseits hergestellt.

Die graphisch dargestellten Abhängigkeiten liefern Anhaltspunkte für die Ermittlung von Übungsverläufen aller Taktzeiten innerhalb der untersuchten Taktspannweite. So ist eine Übungskurve der behandelten Form für eine bestimmte Normaltaktzeit vollständig determiniert, wenn bei gegebener Übungsrate die Ausgangstaktzeit c_1 festliegt. Die zeitliche Ausdehnung der letztgenannten Größe läßt sich jedoch auf der Grundlage von (V-5a), (V-6) und (V-7)[39] auch aus der während der Übungsphase zu produzierenden Anzahl Erzeugniseinheiten x_N bzw. x_E ableiten. c_1, x_N und x_E sind aus den Abbildungen V-8 und V-9 für alternative Normaltaktzeiten der behandelten Taktintervalle angenähert bestimmbar. Für den Aufbau analytischer Planungsmodelle wäre jedoch die Angabe von Funktionalzusammen-

---

38 Auch die Werte der Taktzeit $c_N = 6,857$ ordnen sich nunmehr ein, weil die Übungsrate entsprechend erhöht wurde.
39 Vgl. S. 139 f.

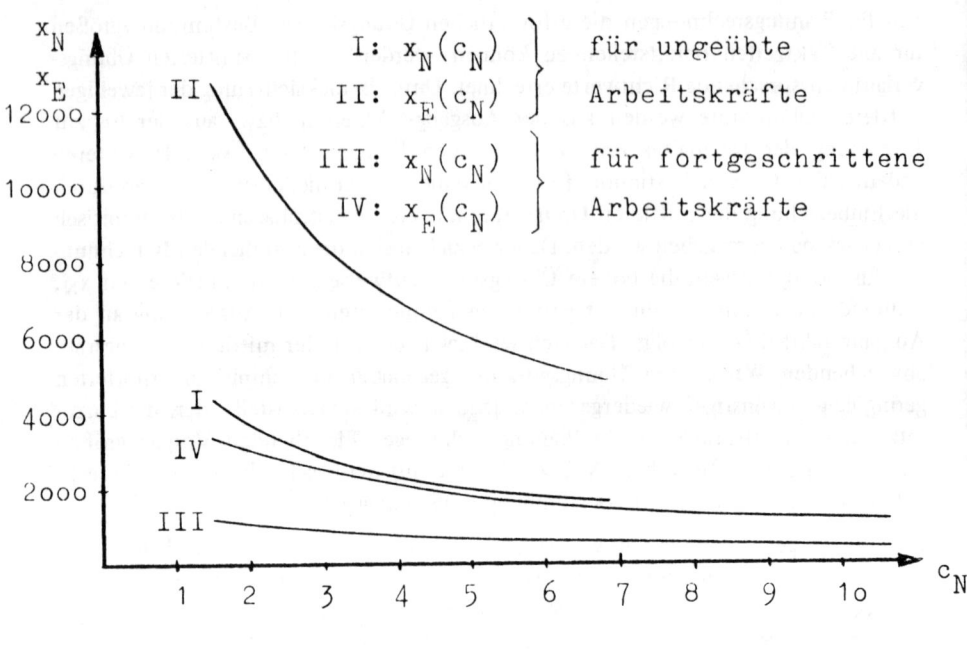

Abbildung V-8

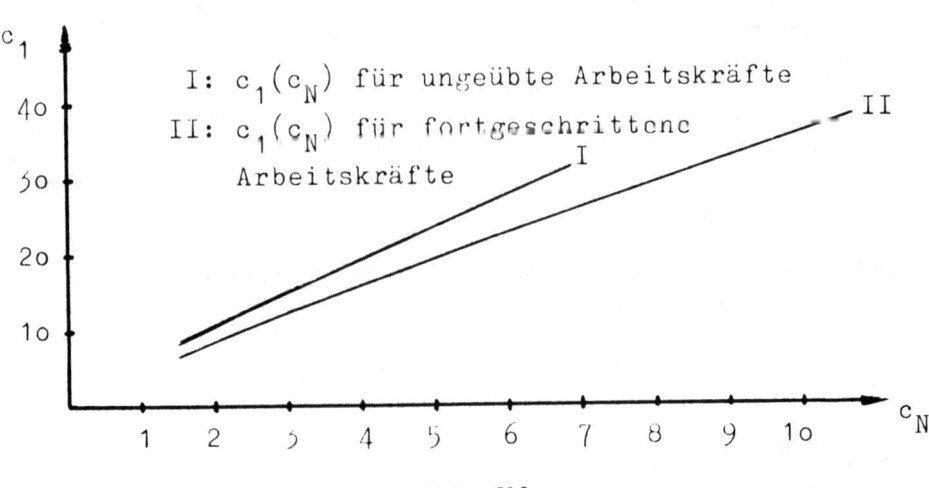

Abbildung V-9

hängen wünschenswert. Abbildung V-9 läßt erkennen, daß zwischen c_1 und c_N eine nahezu streng lineare Abhängigkeit besteht. Eine Regressionsrechnung bestätigt diese Beziehung mit hohem Bestimmtheitsmaß[40]. Man erhält folgende Abhängigkeiten zwischen c_1 und c_N:

$c_1 = 2,225 + 4,245\ c_N$ für ungeübte Arbeitskräfte

$c_1 = 2,045 + 3,402\ c_N$ für fortgeschrittene Arbeitskräfte

Bezeichnet man den fixen Bestandteil dieser linearen Beziehungen mit u und den taktzeitbezogenen Koeffizienten mit v, so werden die ermittelten Zusammenhänge für die analysierten Taktbereiche allgemein angegeben mit

(V-18) $c_1 = u + v\ c_N$.

Durch diese Beziehung sind für den untersuchten Fertigungsbereich Übungsverläufe jeweils für ungeübte und für fortgeschrittene Arbeitskräfte bei alternativen Normaltaktzeiten innerhalb der behandelten Spannweiten analytisch bestimmbar. Es ist jedoch nochmals herauszustellen, daß die ermittelten Abhängigkeiten nicht auf andere Produktionsbetriebe übertragbar sind. Dies erweist sich als fragwürdig, weil für Montagearbeiten in anderen Untersuchungen abweichende Übungsraten angegeben werden. So ermittelt Hirsch[41] für Montageverrichtungen eine mittlere Übungsrate von 75,4 %. Baur[42] berichtet von Montage-Übungsraten zwischen 65 % und 80 %, während Cochran[43] ein Ausmaß zwischen 82 % und 94 % angibt. Die Formulierung einer einheitlichen Übungskurve, die für alle Fertigungsbereiche Gültigkeit besitzt, ist daher nicht möglich. Für jeden Einzelfall sind stets die betriebsindividuellen Gegebenheiten zu analysieren.

B. Kostenorientierte Planung unter Berücksichtigung von Übungsprozessen und Anlaufvorgängen

1. Grundlegende Aufgabenstellung

In den vorangehenden Analysen ist deutlich geworden, daß eine Fertigungslinie bei gegebener Abgrenzung der Arbeitsaufgaben und unveränderter Stationenzahl bei Einsatz ungeübter bzw. teilweise geübter Arbeitskräfte für die Produktion einer bestimmten Erzeugnismenge erheblich mehr Zeit benötigt, als dies bei vollständig

---

40 Sowohl für ungeübte als auch für fortgeschrittene Arbeitskräfte ergaben sich Bestimmtheitsmaße von 0,99, so daß von einer guten Wiedergabe der einbezogenen Werte durch die Regressionsgerade gesprochen werden kann.
   In weiteren Regressionsanalysen wurden die Abhängigkeiten zwischen x_N bzw. x_E und c_N untersucht, wobei wegen der nichtlinearen Verläufe in Abbildung V-8 eine Transformation in den logarithmischen Bereich vorgenommen wurde. Es ergaben sich ungünstigere Bestimmtheitsmaße.
41 Vgl. Hirsch, W. Z., Manufacturing progress functions, a.a.O., S. 149 f.
42 Vgl. Baur, W. Neue Wege der betrieblichen Planung, a.a.O., S. 96.
43 Vgl. Cochran, E. B., Learning: new dimension in labor standards, in: Industrial Engineering (amerikanische Ausgabe), Vol. 1 (1969), No. 1, S. 38.

geübten Arbeitern der Fall ist. Im folgenden gilt es, Übungsprozesse in die Produktionsplanung einzubeziehen, wobei auf die beschriebenen quantitativen Zusammenhänge zurückgegriffen werden kann. Sie bilden die Grundlage für die Angabe der Wirkungen von Übungseffekten auf Taktzeit, Stationenzahl, Fertigungskosten und betriebswirtschaftliche Erfolge. Das Ausmaß dieser Größen wird zusätzlich dadurch beeinflußt, daß bei Beginn der Fertigung eine Einweisung der eingesetzten Arbeitskräfte in ihre Arbeitsaufgaben zu erfolgen hat, die je Arbeitssystem regelmäßig mehr Zeit erfordert als die Ausgangstaktzeit c_1. Auch derartige Anlaufvorgänge werden bei der Produktionsplanung angemessen zu berücksichtigen sein.

2. Ermittlung von Zuordnungstaktzeiten unter Berücksichtigung von Übungsprozessen

Soll in einer vorgegebenen Betriebszeit eine bestimmte Produktmenge gefertigt werden, so ist die dieser Aufgabenstellung entsprechende Taktzeit zu bestimmen, auf deren Grundlage der Umfang der Arbeitsaufgaben sowie die Anzahl einzusetzender Arbeitssysteme festzulegen ist. Bei Berücksichtigung vollständig geübter Arbeitskräfte ergibt sich die zu realisierende Taktzeit als Quotient aus verfügbarer Betriebszeit und gewünschter Erzeugnismenge. Durch entsprechende Umformung der Taktzeitbestimmungsgleichung (IV-1)[44] erhält man die Betriebszeit als Produkt aus Taktzeit und Erzeugnismenge. Die für die Produktion erforderliche Zeit ergibt sich als Summe aller in dem Betrachtungszeitraum vollzogenen Taktzeiten einer Bearbeitungsstation. Diese Aussage gilt auch für den Fall des Einsatzes unvollständig geübter Arbeitskräfte. Bei Vorliegen von durch Prozent-Übungskurven charakterisiertem Übungsverhalten bestimmt sich die Betriebszeit T_B analog zu (V-16) und (V-17) angenähert wie folgt:

$$(\text{V-19}) \qquad T_B = \int_1^x c_1 \cdot j^{-b} dj \qquad \text{für } 0 \leqq x \leqq x_E$$

Die Anzahl zu vollziehender Takte (j) resultiert aus der Produktmenge. Jedoch sind die Taktzeiten innerhalb der Übungsphase nicht konstant; sie werden im Zeitablauf so lange reduziert, bis nach Ablauf der Übungsphase die nicht mehr unterschreitbare Taktzeit c_E erreicht wird. Die in (V-19) angegebene Beziehung gilt nur für solche Fälle, in denen die Übungseffekte über die gesamte betrachtete Betriebszeit hinweg wirksam sind. Wird hingegen die Übungsphase vor Ablauf der Betriebszeit abgeschlossen, so gelten für den verbleibenden Zeitraum die für den Einsatz vollständig geübter Arbeitskräfte behandelten Beziehungen. Darauf wird im einzelnen noch einzugehen sein.

---

44 Vgl. S. 32.

Die Auswertung des Integrals in (V-19) ergibt:

$$(V-20) \qquad T_B = c_1 \cdot \frac{x^{1-b} - 1}{1 - b} \qquad \text{für } 0 \leqq x \leqq x_E$$

$$(V-20a) \qquad c_1 = T_B \cdot \frac{1 - b}{x^{1-b} - 1} \qquad \text{für } 0 \leqq x \leqq x_E$$

Bei gegebener Übungsrate ist damit für eine in einer bestimmten Betriebszeit zu produzierende Erzeugnismenge die Ausgangstaktzeit c_1 bestimmbar. Ist — wie vorher theoretisch erörtert — die Anzahl der auszuführenden Wiederholungen der Arbeitsaufgabe bis zur Realisierbarkeit der Normaltaktzeit bekannt, kann c_N auf der Grundlage von (V-6)[45] bestimmt werden. Durch Einführung der daraus resultierenden Beziehung

$$(V-21) \qquad c_1 = c_N \cdot x_N^b \qquad \text{für } 0 \leqq x \leqq x_E$$

in (V-20) erhält man für c_N:

$$(V-22) \qquad c_N = \frac{T_B}{x_N^b} \cdot \frac{1 - b}{x^{1-b} - 1} \qquad \text{für } 0 \leqq x \leqq x_E$$

Die Übungszusammenhänge bei der Fernsehgerätemontage zeigten, daß bei gegebener Übungsrate die Anzahl zu fertigender Erzeugniseinheiten bis zur Erreichung der Normaltaktzeit mit c_N variiert. Bezieht man die diese Abhängigkeit kennzeichnende Verknüpfung zwischen c_1 und c_N ($c_1 = u + v\,c_N$) in (V-20) ein, so läßt sich c_N wie folgt ermitteln:

$$(V-23) \qquad c_N = \frac{T_B\,(1 - b)}{v(x^{1-b} - 1)} - \frac{u}{v} \qquad \text{für } 0 \leqq x \leqq x_E$$

Überschreitet die vorgegebene Betriebszeit die zeitliche Ausdehnung der Übungsphase, gilt durch entsprechende Erweiterung von (V-19):

$$(V-24) \qquad T_B = (x - x_E) \cdot c_E + \int_1^{x_E} c_1 \cdot j^{-b}\,dj \qquad \text{für } x > x_E$$

$$(V-25) \qquad T_B = (x - x_E) \cdot c_E + c_1 \cdot \frac{x_E^{1-b} - 1}{1 - b} \qquad \text{für } x > x_E$$

Mit

$$(V-26) \qquad c_E = c_1 \cdot x_E^{-b}$$

erhält man aus (V-25)

$$(V-27) \qquad c_1 = \frac{T_B}{(x - x_E)x_E^{-b} + \frac{x_E^{1-b} - 1}{1 - b}} \qquad \text{für } x > x_E$$

---

45 Vgl. S. 139.

Für den Fall konstanter Anzahl der Verrichtungswiederholungen während der Übungsphase bestimmt sich c_N unter Berücksichtigung von (V-21):

$$(V-28) \quad c_N = \frac{T_B}{\left[(x-x_E)x_E^{-b} + \frac{x_E^{1-b}-1}{1-b} \right] x_N^b} \quad \text{für } x > x_E$$

Gilt die für den Bereich der Fernsehgerätemontage ermittelte Abhängigkeit zwischen x_N und c_N bzw. die daraus resultierende Beziehung zwischen c_1 und c_N, erhält man:

$$(V-29) \quad c_N = \frac{T_B}{\left[(x-x_E)x_E^{-b} + \frac{x_E^{1-b}-1}{1-b} \right] v} - \frac{u}{v} \quad \text{für } x > x_E$$

Mit den aus (V-26) und aus den Verküpfungen zwischen c_1 und c_N ($c_1 = u + vc_N$) sowie zwischen c_E und c_N

$$(c_E = \frac{c_N \cdot 100}{G}) \text{ ableitbaren Beziehungen}$$

$$(V-30) \quad x_E^{-b} = \frac{c_E}{u + vc_N}$$

$$(V-31) \quad x_E^{-b} = \frac{100\, c_N}{G(u + vc_N)}$$

$$(V-32) \quad x_E^b = \frac{Gu}{100\, c_N} + \frac{Gv}{100}$$

$$(V-33) \quad x_E = \left(\frac{Gu}{100\, c_N} + \frac{Gv}{100} \right)^{\frac{1}{b}}$$

erhält man aus (V-29) nach einigen Rechenschritten

$$(V-34) \quad (x-bx- \frac{Gv}{100})c_N + b(\frac{Gu}{100}c_N^{b-1} + \frac{Gv}{100}c_N^b)^{\frac{1}{b}}$$

$$\frac{G \cdot T_B(1-b)}{100} - \frac{Gu}{100} = 0 \quad \text{für } x > x_E$$

Eine numerische Bestimmung von c_N ist analytisch nicht möglich. Lösungen können mit Hilfe geeigneter Näherungsverfahren ermittelt werden[46].

Da vorab nicht bekannt ist, ob die Übungsphase bei Fertigung der vorgegebenen Erzeugnismenge in der geplanten Betriebszeit beendet ist, muß c_N unter Umständen

46 Zur Lösung bietet sich das von Newton entwickelte Näherungsverfahren an. Vgl. dazu u. a. Henrici, P., Elements of Numerical Analysis, 2. Auflage, New York–London–Sydney 1965, S. 77 ff.; Kiesewetter, H./Maeß, G., Elementare Methoden der numerischen Mathematik, Wien–New York 1974, S. 9 ff.
Auf dieses Verfahren wird bei der Produktionsplanung für einen ausgewählten Fertigungsbereich zurückgegriffen. Vgl. S. 164 ff.

sowohl auf der Basis von (V-23) als auch mit Hilfe von (V-34) bestimmt werden. Beide Rechnungen sind notwendig, wenn bei der ersten der Gültigkeitsbereich von x durchbrochen wird.

Die jeweils ermittelte Normaltaktzeit bildet die Grundlage für die Abgrenzung der Arbeitsaufgaben der Arbeitssysteme unter Berücksichtigung von Übungsprozessen. Sie ist zur Angabe der Zuordnungstaktzeit c_Z — wie beim Einsatz vollständig geübter Arbeitskräfte — um Verteil-, Erholungs- und materialbedingte Störungszeiten zu reduzieren:

$$(V-35) \qquad c_Z = \frac{c_N \cdot 100}{100 + z_v + z_{er} + z_s}$$

Eine Zusammenfassung von Arbeitselementen zu Arbeitaufgaben, deren Grundzeitsumme die ermittelte Zuordnungstaktzeit nicht überschreitet, trägt dem Übungsverhalten der Arbeitskräfte Rechnung. Da die Zuordnungstaktzeit für die Produktion einer vorgegebenen Erzeugnismenge in vorgegebener Betriebszeit vergleichsweise geringer ist als beim Einsatz vollständig geübter Arbeitskräfte, ist mit einer höheren Stationenzahl und daraus resultierenden höheren Lohnkosten zu rechnen. Eine zusätzliche Berücksichtigung des Leistungs- bzw. Zeitgrades erübrigt sich. Der angestrebte Leistungsgrad, der in der Endtaktzeit c_E zum Ausdruck kommt, geht bereits in die Bestimmung der Normaltaktzeit c_N ein. Bis zur Realisation der Normaltaktzeit wird die dem Übungsverlauf entsprechende Leistung als Übungsnormalleistung angesehen. In dem behandelten Beispielfall der Fernsehgerätemontage ist in diesem Zusammenhang nach Übungsnormalleistungen für ungeübte und für fortgeschrittene Arbeitskräfte zu differenzieren. In allen Fällen sind vom Anlauf der Fertigung bis zur Erreichung von c_N der Normalleistung entsprechende Arbeitsschwierigkeiten zu überwinden, wobei abnehmende Anstrengungen bei der Abwicklung der Arbeitsaufgabe durch zunehmende Belastungen aufgrund von Taktzeitreduzierungen kompensiert werden. Über die Normalleistung hinausgehende Arbeitsintensitäten sind erst nach der Realisierung von c_N durch weitere Übung möglich. Dem Übungsverlauf folgend kommen Leistungssteigerungen bis zur nicht unterschreitbaren Taktzeit c_E in Betracht.

3. *Ermittlung von Zuordnungstaktzeiten unter*
   Berücksichtigung von Übungsprozessen und
   Anlaufvorgängen

Bei den bisherigen Erörterungen wurde implizite unterstellt, daß bei Beginn der Fertigung innerhalb des Planungszeitraumes mit Ablauf der ersten Taktzeit bereits das erste Erzeugnis fertiggestellt ist. Dies ist jedoch praktisch nicht erreichbar, da einerseits die erste Erzeugniseinheit bis zu ihrer Fertigstellung alle Bearbeitungsstationen durchlaufen muß und andererseits während dieses ersten Produktdurchlaufs zeiterfordernde Einweisungen der Arbeitskräfte in ihre Arbeitsaufgaben zu erfolgen haben. Werden derartige Anlaufvorgänge bei der Planung vernachlässigt, kann die geplante Erzeugnismenge nicht in der vorgesehenen Betriebszeit gefertigt werden.

Die gesamte Anlaufphase vollzieht sich, beginnend von der ersten Station, über alle Arbeitsplätze hinweg. Eine Analyse der Zeitaufnahmen für Anlaufvorgänge bei der Fernsehgerätefertigung ließ erkennen, daß die je Arbeitssystem benötigte Anlaufzeit zu einem Teil taktzeitabhängig und zu einem anderen Teil taktzeitunabhängig ist. Der letztgenannte Anteil ist auf die Einweisung in bestimmte Teilverrichtungen wie Werkzeughandhabungen u. ä. zurückzuführen, die bei jeder Taktzeit in gleicher Weise zu erfolgen hat. Auf der Grundlage einer Regressionsrechnung konnte folgende Beziehung zwischen Anlaufdauer (d) und Normaltaktzeit (c_N) ermittelt werden[47]:

$$d = 14{,}850 + 8{,}889 \, c_N$$

Es ist zu prüfen, wie eine solche Anlaufzeitfunktion, die allgemein mit

(V-36) $\quad d = p + r \cdot c_N$

bezeichnet wird, bei der Bestimmung von Zuordnungstaktzeiten berücksichtigt werden kann (p = taktzeitunabhängiger Zeitanteil; r = taktzeitbezogener Koeffizient).

Die gesamte Anlaufdauer D einer Fließstrecke erhält man durch Multiplikation von d mit der Stationszahl M:

(V-37) $\quad D = (p + r \cdot c_N) \cdot M$

Diese Zeitspanne für den Fließbandanlauf ist bei der Ermittlung der Normaltaktzeit zu berücksichtigen. Geht man zunächst vereinfachend davon aus, daß die Stationenzahl M immer der theoretisch minimalen entspricht, so ergibt sich diese im Sinne von (IV-13)[48] als Quotient aus der Summe der Grundzeiten aller Arbeitselemente (t_g) und der Zuordnungstaktzeit (c_z), wobei nicht ganzzahlige Ergebnisse auf den nächsthöheren ganzzahligen Wert aufzurunden sind. (V-37) geht damit über in:

(V-38) $\quad D = (p + r \, c_N) \cdot \left[\dfrac{t_g}{c_z} \right]^+$

Unter Berücksichtigung der innerhalb von Übungsphasen für c_Z geltenden Beziehung (V-35) erhält man:

(V-39) $\quad D = (p + r \, c_N) \cdot \left[\dfrac{t_g \cdot (100 + z_v + z_{er} + z_s)}{c_N \cdot 100} \right]^+$

Um die zeitliche Ausdehnung der Anlaufdauer ist die Betriebszeit bei der Bestimmung der Normaltaktzeit zu reduzieren. Zugleich ist zu beachten, daß während der Anlaufphase bereits eine Erzeugniseinheit fertiggestellt wird, so daß eine entsprechende Verminderung der in die Berechnung eingehenden Produktmengenangaben vorzunehmen ist. Dies kann durch Angabe der für die Berücksichtigung von Übungsprozessen wesentlichen Größen in folgender Weise geschehen:

---

47 In den Regressionsansatz wurden die Stationsanlaufzeiten für 66 verschiedene Taktzeiten zwischen 0,5 und 7 Minuten einbezogen. Die angegebene Regressionsgerade ergab sich mit einem Bestimmtheitsmaß von 0,996.
48 Vgl. S. 47.

— Angabe der zu berücksichtigenden Erzeugnismenge ($x_{\ddot{U}}$):

(V-40) $\qquad x_{\ddot{U}} = x - 1$

— Angabe der zu berücksichtigenden Erzeugnismenge bei Erreichung der Normaltaktzeit ($x_{N\ddot{U}}$):

(V-41) $\qquad x_{N\ddot{U}} = x_N - 1$

— Angabe der zu berücksichtigenden Erzeugnismenge bei Erreichung der nicht unterschreitbaren Taktzeit ($x_{E\ddot{U}}$);

(V-42) $\qquad (x_{E\ddot{U}} = x_E - 1$

Für c_N und c_E gelten nunmehr:

(V-43) $\qquad c_N = c_1 \cdot x_{N\ddot{U}}^{-b}$

(V-44) $\qquad c_E = c_1 \cdot x_{E\ddot{U}}^{-b}$

Unter Beachtung dieser Beziehungen sind bei Berücksichtigung der in dem angesprochenen Fertigungsbereich aktuellen Abhängigkeiten zwischen x_N und c_N bzw. c_1 und c_N die Normaltaktzeit und die Zuordnungstaktzeit zu bestimmen. Auf der Grundlage von (V-23)[49] gilt in Verbindung mit (V-39)[50] für den Fall, daß die Übungsphase in der vorgegebenen Betriebszeit abgeschlossen wird:

$$(V\text{-}45) \quad c_N = \frac{(1-b)\left\{ T_B - (p + r c_N) \cdot \left[\dfrac{t_g (100 + z_v + z_{er} + z_s)}{100 \, c_N} \right]^+ \right\}}{v(x_{\ddot{U}}^{1-b} - 1)} - \frac{u}{v}$$

$$\text{für } 0 \leqq x \leqq x_E$$

Die Forderung nach ganzzahliger Stationenzahl ($[\ ]^+$) wird zunächst vernachlässigt, um die Normaltaktzeit angenähert ermitteln zu können. Zur Kennzeichnung dieses Sachverhalts wird c_N durch c_N^* ersetzt.

$$(V\text{-}46) \quad c_N^* = \frac{(1-b) \cdot \left[T_B - (p + r c_N^*) \cdot \dfrac{t_g (100 + z_v + z_{er} + z_s)}{100 \, c_N^*} \right]}{v(x_{\ddot{U}}^{1-b} - 1)} - \frac{u}{v}$$

$$\text{für } 0 \leqq x \leqq x_E$$

Nach einigen Rechenschritten erhält man[51]:

---

49 Vgl. S. 155.
50 Vgl. S. 158.
51 c_N^* bestimmt sich auf der Grundlage einer quadratischen Gleichung. Eine Berücksichtigung der dabei anzugebenden Subtraktion des Wurzelwertes in (V-46) erübrigt sich, da daraus regelmäßig unzulässige Lösungen resultieren, deren Wert geringfügig von Null abweicht.

$$(V\text{-}47) \quad c_N^* = \frac{\left[100\ T_B - rt_g(100+z_v+z_{er}+z_s)\right]\cdot(1-b)}{200v(x_U^{1-b}-1)} - \frac{u}{2v}$$

$$+ \sqrt{\left\{\frac{\left[100\ T_B - rt_g(100+z_v+z_{er}+z_s)\right]\cdot(1-b)}{200v(x_U^{1-b}-1)} - \frac{u}{2v}\right\}^2 - \frac{pt_g(100+z_v+z_{er}+z_s)(1-b)}{100v(x_U^{1-b}-1)}}$$

$$\text{für } 0 \leqq x \leqq x_E$$

Ergibt sich in der Rechnung ein nicht ganzzahliger Wert für die Stationenzahl, liegt c_N^* über der zu ermittelnden Normaltaktzeit. Durch wiederholtes Einsetzen von c_N^* in (V-45) kann eine Annäherung an den gewünschten Wert erreicht werden. Sind dabei c_N und c_N^* einander gleich, so ist die Lösung gefunden. Bei Ungleichheit wird der für c_N erhaltene Wert als neues c_N^* wieder in (V-45) eingesetzt. Die Prozedur ist so lange zu wiederholen, bis die notwendige Entsprechung der angesprochenen Größen gegeben ist[52].

Wird die Übungsphase vor Ablauf des Planungszeitraumes abgeschlossen, ist die Normaltaktzeit auf der Grundlage von (V-29)[53] unter Einbeziehung von (V-39)[54] wie folgt zu bestimmen:

$$(V\text{-}48) \quad c_N = \frac{T_B-(p+rc_N)\cdot\left[\frac{t_g(100+z_v+z_{er}+z_s)}{100\ c_N}\right]^+}{\left[(x_U-x_{EU})x_{EU}^{-b}+\frac{x_{EU}^{1-b}-1}{1-b}\right]\cdot v} - \frac{u}{v}$$

$$\text{für } x > x_E$$

Wie bei (V-46) ist zunächst auf die Ganzzahligkeitsbedingung für die Stationenzahl zu verzichten.

$$(V\text{-}49) \quad c_N^* = \frac{T_B-(p+rc_N^*)\cdot\frac{t_g(100+z_v+z_{er}+z_s)}{100\ c_N^*}}{\left[(x_U-x_{EU})x_{EU}^{-b}+\frac{x_{EU}^{1-b}-1}{1-b}\right]\cdot v} - \frac{u}{v}$$

Analog zu (V-30) bis (V-33)[55] gilt:

$$(V\text{-}50) \quad x_{EU}^{-b} = \frac{c_E}{u+vc_N^*}$$

$$(V\text{-}51) \quad x_{EU}^{-b} = \frac{100c_N^*}{G(u+vc_N^*)}$$

$$(V\text{-}52) \quad x_{EU}^{b} = \frac{Gu}{100c_N^*} + \frac{Gv}{100}$$

---

52 Eine Reihe durchgeführter Rechenbeispiele hat gezeigt, daß bei Abweichungen zwischen c_N und c_N^* häufig bereits nach einem Rechenschritt, spätestens aber nach zweimaligem Einsatzvorgang in (V-45) die richtige Lösung für c_N gefunden wird.

(V-53) $\qquad x_{E\ddot{U}} = \left(\dfrac{Gu}{100c_N^*} + \dfrac{Gv}{100} \right)^{\frac{1}{b}}$

Unter Berücksichtigung dieser Bedingungen geht (V-49) über in:

(V-54)
$$(x_{\ddot{U}} - bx_{\ddot{U}} - \tfrac{Gv}{100})c_N^{*2} + b(\tfrac{Gu}{100}c_N^{*2b-1} + \tfrac{Gv}{100}c_N^{*2b})^{\frac{1}{b}}$$
$$-\left[\dfrac{T_B G(1-b)}{100} - \dfrac{t_g r(100+z_v+z_{er}+z_s)(1-b)}{100} + \dfrac{Gu}{100} \right]c_N^*$$
$$+ \dfrac{t_g p(100+z_v+z_{er}+z_s)(1-b)}{100} = 0 \qquad \text{für } x > x_E$$

Auch hier ist — wie für (V-34) — eine numerische Bestimmung von c_N^* auf analytischem Wege nicht erreichbar, so daß auf Näherungsverfahren zurückgegriffen werden muß[56]. Entsprechend dem im Zusammenhang mit dem Fall der Wirksamkeit der Übungseffekte während des gesamten Betrachtungszeitraumes vorgeschlagenen Vorgehen ist c_N^* durch wiederholtes Einsetzen in (V-48) schrittweise an die zu ermittelnde Normaltaktzeit c_N anzunähern[57]. Wird bei der Anwendung von (V-45) oder (V-48) der Gültigkeitsbereich von x nicht eingehalten, so ist die Berechnung von c_N auf der Grundlage der nicht gewählten Bestimmungsgleichung erneut vorzunehmen[58].

Neben den Übungsprozessen tragen Anlaufvorgänge ebenfalls zur Reduzierung der Zuordnungstaktzeit bei, die aus der Normaltaktzeit durch Berücksichtigung von Verteil-, Erholungs- und materialbedingten Störungszeiten auf der Basis von (V-35)[59] resultiert. Diese nicht zu überschreitende Grundzeitgrenze für die Zusammenfassung von Arbeitselementen zu Arbeitsaufgaben stellt sicher, daß die gewünschte Erzeugnismenge trotz des Zeitbedarfs für die Arbeiterübung und die Anlaufphase in der vorgegebenen Betriebszeit fertiggestellt wird. Hinsichtlich der in die Berechnung der Normaltaktzeit eingehenden Stationenzahlbestimmung ist für praktische Anwendungen zu überprüfen, ob sich die hier einbezogene theoretisch minimale Anzahl bestätigt. Eine Überprüfung der im Rahmen dieser Untersuchung vorgenommenen kostenorientierten Abstimmungen hat ergeben, daß in der Regel bei nicht ganzzahligen Werten, deren Differenz zur nächsthöheren ganzen Zahl 0,2 unterschreitet, bereits eine Aufrundung auf den übernächsthöheren ganzzahligen Wert vorzunehmen ist.

4. Ermittlung von Übungs- und Anlaufkosten

Es ist deutlich geworden, daß sich beim Einsatz unvollständig geübter Arbeitskräfte während der Übungsphase für die Abwicklung der Arbeitsaufgaben ein höherer

53 Vgl. S. 156.
54 Vgl. S. 158.
55 Vgl. S. 156.
56 Vgl. dazu S. 156 und die dort in diesem Zusammenhang angegebene Literatur.
57 Vgl. S. 160.
58 Vgl. S. 159 f.
59 Vgl. S. 157.

Zeitbedarf ergibt, als dies bei vollständiger Einarbeitung der Fall ist. Die zu überwindenden Arbeitsschwierigkeiten sind für die Arbeitskräfte jedoch weitgehend als konstant anzusehen[60]. Insoweit ist bei einer anforderungsorientierten Entlohnung mit höheren Lohnkosten je Arbeitsaufgabe bzw. Erzeugniseinheit zu rechnen. In der betrieblichen Praxis werden Arbeitskräfte während der Übungsphase bis zur Realisierung der Normaltaktzeit in der Regel mit dem Normalleistungen entsprechenden Lohnsatz entlohnt[61]. Wird nach x_N Erzeugniseinheiten die Normaltaktzeit mit zunehmender Übung weiterhin unterschritten, orientiert sich die Entlohnung am jeweils realisierten Leistungsgrad.

Auf der Grundlage dieser Lohnbemessung lassen sich die Übungskosten als die mit den jeweiligen stationsbezogenen Lohnsätzen aller Arbeitssysteme bewertete Betriebszeit angeben, die während der Übungsphase über den Zeitbedarf bei ständiger Realisierung der für die letzte Produkteinheit benötigten Taktzeit $c_{\ddot{U}}$ hinausgeht, sofern die Normalleistung in der vorgegebenen gesamten Betriebszeit nicht erreicht wird. Für die übungskostenrelevante Betriebszeit $T_{K\ddot{U}}$ erhält man daher:

$$(V\text{-}55) \qquad T_{K\ddot{U}} = T_{x\ddot{U}} - c_{\ddot{U}} \, x_{\ddot{U}} \qquad\qquad \text{für } o \leq x < x_N$$

$T_{x\ddot{U}}$ gibt die Betriebszeit an, die ohne Berücksichtigung der Anlaufdauer bis zur Fertigstellung der gewünschten Erzeugnismenge erforderlich ist. Sie bestimmt sich analog zu (V-20)[62] wie folgt:

$$(V\text{-}56) \qquad T_{x\ddot{U}} = c_1 \cdot \frac{x_{\ddot{U}}^{1-b} - 1}{1-b}$$

Wird während der Betriebszeit die Normalleistung erreicht, gilt für die übungskostenrelevante Betriebszeit:

$$(V\text{-}57) \qquad T_{K\ddot{U}} = T_{N\ddot{U}} - c_N \, x_{N\ddot{U}} \qquad\qquad \text{für } x \geq x_N$$

Die übungsbezogene Betriebszeit $t_{N\ddot{U}}$ bis zur Realisierbarkeit der Normaltaktzeit c_N ist um die Betriebszeit zu reduzieren, die bei ständiger Bewältigung von Normalleistungen anfallen würde ($c_N x_{N\ddot{U}}$).

Für $T_{N\ddot{U}}$ gilt:

$$(V\text{-}58) \qquad T_{N\ddot{U}} = c_1 \cdot \frac{x_{N\ddot{U}}^{1-b} - 1}{1-b}$$

In den Abbildungen V-10 und V-11 wird die für die Angabe der Übungskosten jeweils zu bewertende Betriebszeit für zwei Beispielfälle angegeben:

---

60 Vgl. dazu auch S. 157.
61 Werden während der Übungsphase höhere Leistungen erreicht als durch den Verlauf der Übungskurve angegeben wird, erfolgt im allgemeinen eine leistungsentsprechende höhere Entlohnung.
62 Vgl. S. 155.

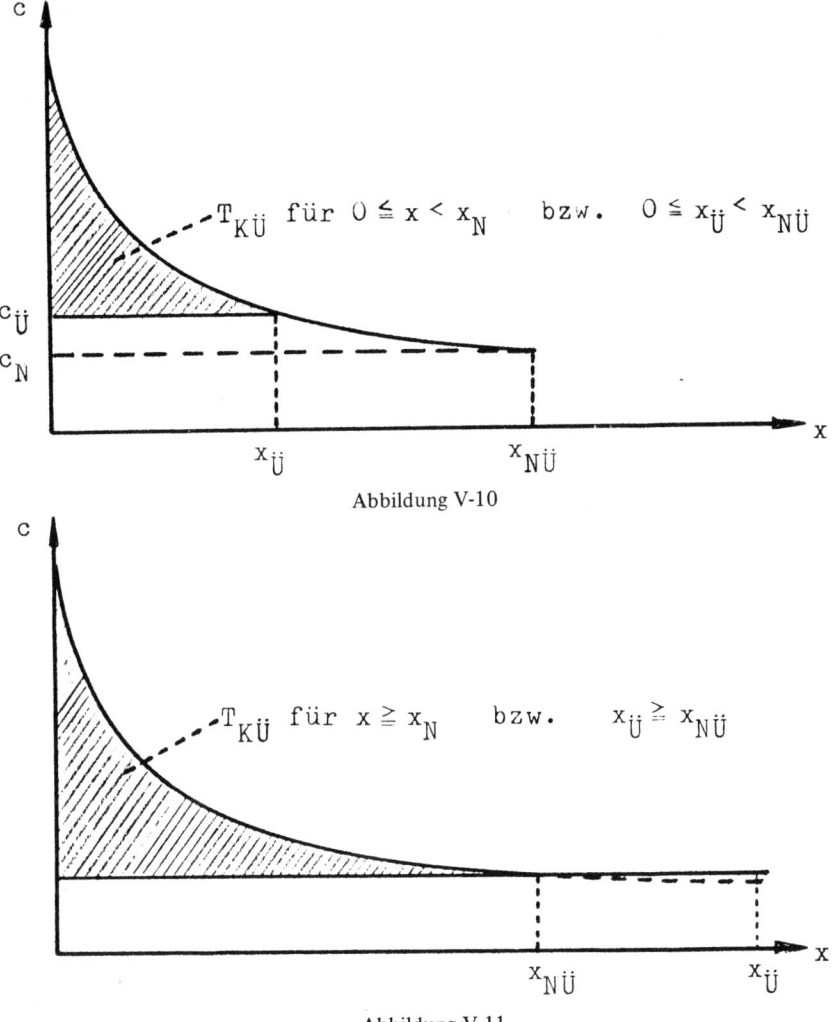

Abbildung V-10

Abbildung V-11

Unter Berücksichtigung der modifizierten Stationsarbeitswerte A_m^* (m = 1,2, ..., M) und des Steigerungssatzes s (DM je Arbeitswerteinheit und Arbeitsstunde) erhält man die Übungskosten $K_{\ddot{U}}$ durch folgende Beziehung[63]:

(V-59) $$K_{\ddot{U}} = \sum_{m=1}^{M} (c_1 \cdot \frac{x_{\ddot{U}}^{1-b}-1}{1-b} - c_{\ddot{U}} \cdot x_{\ddot{U}}) \cdot \frac{A_m^* \cdot s}{60}$$

für $0 \leqq x < x_N$

---

63 Wegen der Angabe der relevanten Betriebszeitgrößen in Minuten werden auch die in der Regel an Stunden ausgerichteten Arbeitswerte auf dieses Zeitmaß bezogen $(A*/60)$.

Berücksichtigt man die für Montageverrichtungen der Fernsehgeräteproduktion ermittelte Abhängigkeit zwischen c_1 und c_N, gilt:

$$(V\text{-}60) \qquad K_{\ddot{U}} = \sum_{m=1}^{M} \left[(u+vc_N) \cdot \frac{x_{\ddot{U}}^{1-b}-1}{1-b} - c_{\ddot{U}} \cdot x_{\ddot{U}} \right] \cdot \frac{A_m^* \cdot s}{60}$$

$$\text{für } 0 \leqq x < x_N$$

Wird die Normaltaktzeit während der Betriebszeit realisiert, bestimmen sich die Übungskosten in folgender Weise:

$$(V\text{-}61) \qquad K_{\ddot{U}} = \sum_{m=1}^{M} \left(c_1 \cdot \frac{x_{N\ddot{U}}^{1-b}-1}{1-b} - c_N \cdot x_{N\ddot{U}} \right) \cdot \frac{A_m^* \cdot s}{60} \quad \text{für } x \geqq x_N$$

bzw.

$$(V\text{-}62) \qquad K_{\ddot{U}} = \sum_{m=1}^{M} \left[(u+vc_N) \cdot \frac{x_{N\ddot{U}}^{1-b}-1}{1-b} - c_N \cdot x_{N\ddot{U}} \right] \cdot \frac{A_m^* \cdot s}{60} \quad \text{für } x \geqq x_N$$

Während der Anlaufzeit ist ebenfalls mit einer Entlohnung der Arbeitskräfte auf der Grundlage der stationsbezogenen Lohnsätze zu rechnen. Es ist jedoch zu beachten, daß bereits gefertigt wird. Insgesamt werden in dieser Zeit von dem ersten Arbeitssystem M Werkstücke, von dem zweiten Arbeitssystem M-1 Werkstücke, von dem dritten Arbeitssystem M-2 Werkstücke, . . . , von dem M-ten Arbeitssystem M-(M-1) Werkstücke bearbeitet. Die dafür anfallenden Lohnkosten sind daher bei der Ermittlung der Anlaufkosten K_D in Abzug zu bringen, wobei von Normalleistung ausgegangen wird.

$$(V\text{-}63) \qquad K_D = \sum_{m=1}^{M} \left\{ D - \left[M-(m-1) \right] \cdot c_N \right\} \cdot \frac{A_m^* \cdot s}{60}$$

Auf der Grundlage der beschriebenen Abhängigkeiten kann das ökonomische Gewicht von Übungsprozessen und Anlaufvorgängen im einzelnen bestimmt werden. Bedeutsam erscheint in diesem Zusammenhang eine Analyse des Verhaltens der angesprochenen Kosten bei arbeitsteilungsbezogenen Anpassungen. Dieser Fragestellung wendet sich die anschließende Untersuchung zu.

5. Kostenorientierte Abstimmung für einen ausgewählten Fertigungsbereich unter Berücksichtigung von Übungsprozessen und Anlaufvorgängen

Analog zu den Abstimmungsvorgängen beim Einsatz vollständig geübter Arbeitskräfte orientiert sich die Abgrenzung der Arbeitsaufgaben auch bei der Berücksichtigung von Übungs- und Anlaufprozessen an der ermittelten Zuordnungstaktzeit. Um die mit übungs- und anlaufbezogenen Vorgängen verbundenen Kosten sichtbar zu machen, wurden für den behandelten Beispielfall aus der Fernsehgeräte-Endmontage Abstimmungen unter Berücksichtigung der in diesem Fertigungsbereich relevanten Einarbeitungsgrade (ungeübte und fortgeschrittene Arbeitskräfte) und Anlaufbedingungen vorgenommen. Für eine Betriebszeit von 19 800

Minuten, die einem Planungszeitraum von 2 Monaten entspricht[64], wurden für alternative Erzeugnismengen zwischen 5000 und 11000 Produkteinheiten mit Hilfe der kostenorientierten RAR-Regel Abstimmungsergebnisse ermittelt. Ausgehend von 5000 Erzeugniseinheiten erfolgte dabei eine schrittweise Erhöhung der Produktmenge um jeweils 50 Mengeneinheiten.

Die Bestimmung der jeweiligen Normaltaktzeit wurde unter Berücksichtigung von Übungs- und Anlaufvorgängen auf der Basis von (V-47) bzw. (V-54)[65] vorgenommen. Dabei mußte mangels analytischer Bestimmbarkeit numerischer Lösungen für (V-54) auf ein Näherungsverfahren zurückgegriffen werden[66].

Insgesamt haben die Abstimmungen zu den in Abbildung V-12 dargestellten Übungs- und Anlaufkostenverläufen geführt.

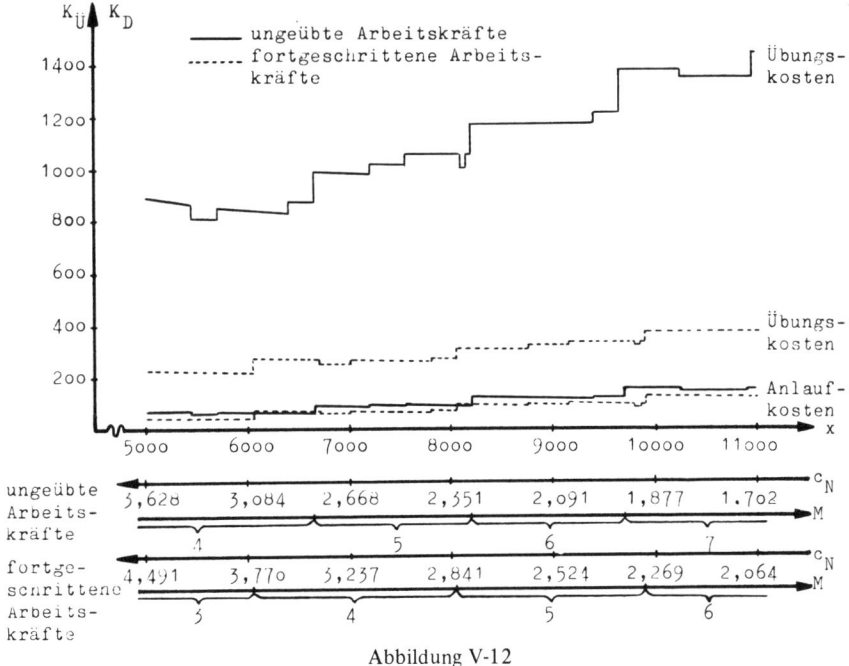

Abbildung V-12

Es ist erkennbar, daß die Übungskosten anfangs mit zunehmender Erzeugnismenge sinken. Dieser Effekt ist auf die mit langen Taktzeiten verbundenen vergleichsweise hohen zu entlohnenden Übungszeiten bis zur Realisierbarkeit der Normaltaktzeit zurückzuführen. Da die zeitliche Ausdehnung der Anlaufphase mit der Erweiterung

---

64 Diese Betriebszeit ergibt sich bei einem Einschicht-Betrieb mit einer täglichen Arbeitszeit von 8 Stunden und 0,5 Stunden Betriebspause bei Ansatz von 22 Arbeitstagen je Monat.
65 Vgl. S. 160 f.
66 Zur Lösung wurde die für das Newton-Verfahren entwickelte ALGOL-Funktionsprozedur „Gleichung" der Programmbibliothek zur TR 440 verwendet und mit dem Abstimmungsprogramm der Rangwert-Arbeitswert/Rangwert-Regel gekoppelt.

der Normaltaktzeit gemäß (V-36)[67] wächst, sinken auch die Anlaufkosten bei konstanter Stationenzahl mit zunehmender Erzeugnismenge bzw. abnehmender Normaltaktzeit. Übungs- und Anlaufkosten steigen bei jeder notwendigen Erhöhung der Stationenzahl sprunghaft an. Mit zunehmender Erzeugnismenge verbundene negative Kostensprünge der genannten Kostenarten sind bei unveränderter Anzahl einzusetzender Arbeitssysteme auf den heuristischen Charakter des Abstimmungsverfahrens zurückzuführen. Dies läßt darauf schließen, daß diesen Kostensprüngen vorgelagerte Erzeugnismengen der gleichen Stationenzahl durch abgewandelte Abstimmung mit geringeren Übungs- und Anlaufkosten produziert werden könnten. Auch hier zeigt sich die Unzulänglichkeit von Heuristiken, deren negatives ökonomisches Gewicht wegen des hohen Rechenaufwandes von exakten Abstimmungsverfahren bzw. deren Nichtanwendbarkeit in Kauf genommen werden muß. Diese Effekte schlagen sich auch in den Lohnkostenverläufen nieder, die in Abbildung V-13 angegeben werden.

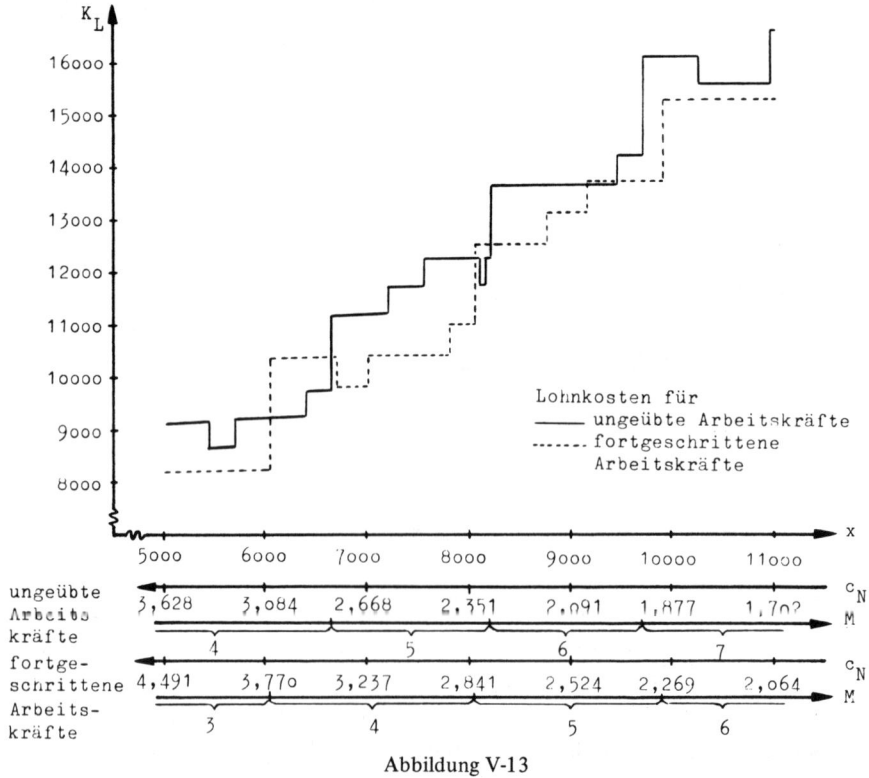

Abbildung V-13

Für die Produktion einer bestimmten Erzeugnismenge in einer vorgegebenen Betriebszeit muß beim Einsatz ungeübter Arbeitskräfte im Vergleich zu fortgeschrittenen Arbeitern aufgrund höherer Übungskosten überwiegend mit höheren Lohn-

---

67 Vgl. S. 158.

kosten gerechnet werden. Jedoch wird in Abbildung V-13 deutlich, daß bestimmte Erzeugnismengenintervalle davon ausgenommen sind. Dies ist in Bereichen gleicher Stationenzahl für beide Einarbeitungsgrade dann gegeben, wenn die fortgeschrittenen Arbeitskräfte relativ schlecht ausgelastet sind, ungeübte Arbeiter hingegen wesentlich stärker. Wenngleich die Übungskosten für den Einsatz ungeübter Arbeitskräfte gegenüber den fortgeschrittenen Arbeitern regelmäßig wesentlich höher liegen (Abbildung V-12), ergeben sich bisweilen niedrigere Lohnkosten für den geringeren Einarbeitungsgrad. Aus besserer Auslastung der Arbeitssysteme resultierende Kosteneinsparungen kompensieren bzw. übersteigen die Differenz zwischen den Übungskosten.

Ermittelt man die auf eine Erzeugniseinheit entfallenden Lohnkosten und Übungskosten, so ergeben sich dafür — von den abstimmungsverfahrensbedingten und stationenzahlabhängigen Kostensprüngen abgesehen — Kostenverläufe, die mit zunehmender Erzeugnismenge bzw. abnehmender Normaltaktzeit eine fallende Tendenz aufweisen[68]. In Abbildung V-14 werden die angesprochenen Kostenverläufe für den Fall des Einsatzes ungeübter Arbeitskräfte angegeben[69].

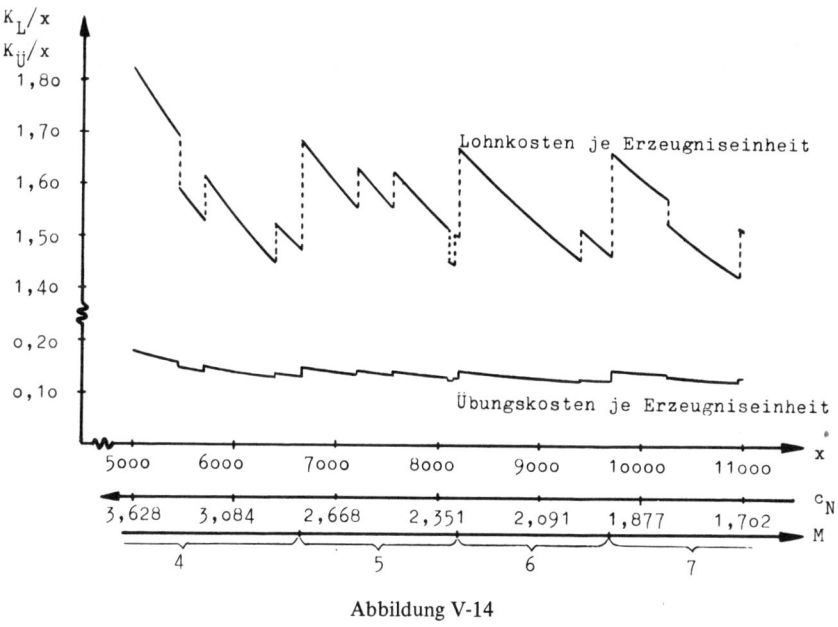

Abbildung V-14

---

68 Ähnliche Kostenverläufe geben auch Kilbridge und Wester für die Radio- und Fernsehgeräteproduktion an. Allerdings erscheinen die stetigen Kostenfunktionen unrealistisch, weil in dem untersuchten Taktzeitintervall zwischen 0,5 und 3,5 Minuten mit Sicherheit mit Variationen der Anzahl einzusetzender Arbeitssysteme zu rechnen ist. Kostensprünge sind daher unumgänglich.
Vgl. Kilbridge, M./Wester, L., An economic model for the division of labor, in: Management Science, Vol. 12 (1966), S. B 268.
69 Für den Einsatz fortgeschrittener Arbeitskräfte ergeben sich ähnliche Verläufe auf geringerem Kostenniveau.

Um einen Vergleich zu den Kosten für den Einsatz vollständig geübter Arbeitskräfte zu erhalten, werden für die Erzeugnismenge von x = 8400 die jeweiligen Kostengrößen in Tabelle V-3 einander gegenübergestellt. Aufgrund differenzierter Zuordnungstaktzeiten ergeben sich für die einzelnen Einarbeitungsgrade unterschiedliche Abstimmungen, die mit abnehmender Einübung eine steigende Stationenzahl, höhere Anlauf-, Übungs- und Lohnkosten aufweisen.

Erzeugnismenge x = 8400	ungeübte Arbeitskräfte	fortgeschrittene Arbeitskräfte	vollständig geübte Arbeitskräfte bei laufender Produktion (Leistungsgrad = 125 %)
Normaltaktzeit c_N	2,237	2,7o2	2,357
Zuordnungstaktzeit c_Z	2,012	2,435	2,651
Ausgangstaktzeit c_1	11,722	11,238	-
Stationenzahl M	6	5	4
Anlaufkosten K_D	123,58	94,28	-
Übungskosten K_U	1165,94	3o7,75	-
Lohnkosten K_L - gesamt	13696,04	12574,36	10939,72
- je Erzeugniseinheit	1,63	1,49	1,3o

Tabelle V-3

Das relativ geringe Ausmaß der angegebenen Lohn-, Anlauf- und Übungskosten darf nicht dazu verleiten, auf ein geringes ökonomisches Gewicht von Übungsprozessen zu schließen. Der untersuchte Bereich der Fernsehgeräteproduktion stellt nur einen Ausschnitt aus der Fertigung des Gesamterzeugnisses dar, für die in den behandelten Taktzeitintervallen bis zu 160 Arbeitssysteme mit zum Teil arbeitswerthöheren Arbeitsaufgaben zum Einsatz gelangen. Es ist daher insgesamt mit erheblich umfangreicheren Kostenwirkungen zu rechnen.

6. *Kosten- und erlösbezogene Erweiterungen*
   der Planungsaufgaben

Die vorangehenden Erörterungen haben gezeigt, wie die Aufgabe der Produktionsplanung unter Berücksichtigung von Anlauf- und Übungsprozessen bewältigt werden kann, wenn in einer bestimmten Betriebszeit eine vorgegebene Erzeugnismenge gefertigt werden soll. Die Anwendung kostenorientierter Abstimmungsverfahren erfolgt nach der Ermittlung anlauf- und übungsbezogener Zuordnungstaktzeiten in der für den Einsatz vollständig geübter Arbeitskräfte beschriebenen Weise. Werden für alle Teilbereiche zur Produktion des vollständigen Erzeugnisses entsprechende Abstimmungen vorgenommen, erhält man für vorgegebene Erzeugnismengen eine kostenminimale bzw. (bei Anwendung kostenorientierter Heuristiken) in der Regel kostengünstige Abgrenzung der Arbeitsaufgaben.

Resultieren Erzeugnismengenangaben aus kosten- und erlösbezogenen Überlegungen, sind die für alternative Produktmengen zu bestimmenden Lohnkostenabhängigkeiten unter Berücksichtigung der jeweils relevanten Anlauf- und Übungsprozesse um Anlagen-, Material- und Energiekosten zu ergänzen und den Erlösbeziehungen gegenüberzustellen. Prinzipiell ergeben sich dabei gegenüber dem im Zusammenhang mit dem Einsatz vollständig geübter Arbeitskräfte beschriebenen Vorgehen keine Unterschiede. Auf eine umfassende Darstellung der Zusammenhänge kann daher verzichtet werden[70].

70 Vgl. S. 128 f.

VI. Zusammenfassung der Ergebnisse

Der vorliegenden Untersuchung lag das Ziel zugrunde, für die spezifische Fertigungs-struktur der Fließbandproduktion die für kurzfristige Planungen wesentlichen Gestaltungsalternativen offenzulegen und die jeweils sich ergebenden Kostenwirkungen sichtbar zu machen. Auf diese Weise sollten die Grundlagen für kostenbezogene Produktionsplanungen sowie deren Eingliederung in erfolgsorientierte Planungen gelegt werden. Die wesentlichen Gestaltungsmöglichkeiten ergaben sich in diesem Zusammenhang aus unterschiedlichen Abgrenzungen der Arbeitsaufgaben der einzusetzenden Arbeitskräfte, die jeweils mit Taktzeit- und Erzeugnismengenänderungen sowie intervallweise mit Stationenzahlvariationen einhergehen. Die erkennbare Möglichkeit der Beeinflussung der innerhalb eines Zeitraumes produzierbaren Erzeugnismenge durch differenzierte Arbeitsteilung hat eine Untersuchung der damit verbundenen produktionsfaktorbezogenen Anpassungsvorgänge nahegelegt. Dabei ist deutlich geworden, daß mit der umfangmäßigen Variation der Arbeitsaufgaben bei den einzelnen einzusetzenden Produktionsfaktorarten unterschiedliche Anpassungen vollzogen werden. Erzeugnismengenänderungen werden mit Hilfe einer Kombination intensitätsmäßiger, qualitativer und quantitativer Faktoranpassungen erreicht.

Aufbauend auf dieser theoretischen Erörterung konnte gezeigt werden, wie mit alternativen Arbeitsteilungen verbundene Anpassungen in spezifischen Planungs-situationen bewältigt werden können. Dabei wurde zunächst davon ausgegangen, daß die Arbeitsaufgaben von vollständig geübten Arbeitskräften vollzogen werden. Unter Berücksichtigung von arbeitsstudienbezogenen Verteil-, Erholungs- und materialbedingten Störungszeiten sowie des Leistungsgrades der eingesetzten Personengruppe konnten Grundsätze für die Festlegung von Zuordnungtaktzeiten zur Abstimmung der Arbeitsaufgaben angegeben werden. Auf diese Weise wird weitgehend sichergestellt, daß eingearbeitete Arbeitskräfte das angestrebte Produktionsergebnis erbringen.

Da Produktionsplanungen der betrieblichen Praxis und die dafür entwickelten Abstimmungsverfahren des Schrifttums in der Regel die bestmögliche zeitliche Nutzung der Arbeitssysteme anstreben, wurde diese Vorgehensweise im einzelnen analysiert. Dabei wurde deutlich, daß für die Bewältigung dieser Planungsaufgabe im Sinne einer Minimierung der Leerzeiten der Arbeitssysteme vielfältige Verfahren mit unterschiedlicher Leistungsfähigkeit im Hinblick auf den zu bewältigenden Problemumfang zur Verfügung stehen. Für umfassende praktische Planungsprobleme ist überwiegend auf heuristische Vorgehensweisen zurückzugreifen, weil der Rechenaufwand für den Einsatz exakter Optimierungsansätze zu hoch wird. Eine Analyse der Planungsergebnisse zeitorientierter Abstimmungsverfahren hat gezeigt, daß unter Kostengesichtspunkten häufig bessere Resultate erzielt werden können.

Die Ausrichtung der Abgrenzung der Arbeitsaufgaben an zeitbezogenen Abstimmungskennzahlen wie Leerzeiten und Bandwirkungsgraden ist für das Ziel der

Kostenminimierung unter bestimmten Bedingungen in Frage zu stellen. Eine Analyse der Zusammenhänge zwischen Fließbandabstimmungen und Fertigungskosten hat gezeigt, daß die Lohnkosten durch alternative Kombinationen von Arbeitselementen zu Arbeitsaufgaben beeinflußt werden können. Es wurde deutlich, daß Leerzeiten an unterschiedlichen Bearbeitungsstationen ein differenziertes ökonomisches Gewicht zukommt und daß in den Lohnkosten neben leerzeitbezogenen Leerkosten vielfach Leerkosten aufgrund von Anforderungsdifferenzen der Arbeitselemente enthalten sind. Letztere legen eine Formulierung kostenorientierter Abstimmungskriterien nahe. In diesem Zusammenhang konnten aus den Grundlagen der Entlohnung und unter Berücksichtigung spezifischer tarifvertraglicher Regelungen kostenbezogene Abstimmunskennzahlen abgeleitet werden. Dabei wurde überwiegend auf analytische Arbeitsbewertungen Bezug genommen. Analog sind jedoch auch lohngruppenbezogene Kennzahlen bestimmbar. Eine Ausrichtung der Produktionsplanung an der Summe der (modifizierten) Stationsarbeitswerte bzw. am Arbeitswertnutzungsgrad stellt sicher, daß bei der Festlegung der Arbeitsaufgaben kostengünstige Arbeitselementkombinationen gewählt werden.

Auf der Basis der ermittelten Kostenabhängigkeiten und den daraus resultierenden Kennzahlen konnten Abstimmungsverfahren entwickelt werden, deren Abstimmungsergebnisse denjenigen der zeitorientierten Verfahren unter Kostengesichtspunkten überlegen sind. Leerzeitbezogene Planungsansätze der linearen Programmierung und der begrenzten Enumeration wurden durch geeignete Erweiterungen bzw. Modifizierungen für kostenorientierte Abstimmungen nutzbar gemacht. Aufgrund des hohen Rechenaufwandes sind diesen exakten Optimierungsverfahren zwar Grenzen gesetzt, sie werden jedoch bei der Rückbildung der Arbeitsteilung durch Auflösung von umfassenden Fließbändern in kleinere Fertigungsgruppen zunehmend an Bedeutung gewinnen. Der gesamte Problemumfang wird dabei in isoliert zu lösende Teilprobleme zerlegt, die mit Hilfe exakter Verfahren zu bewältigen sind. Zur Lösung umfangreicher Abstimmungsprobleme wurde ein heuristisches Verfahren entwickelt, das an das leerzeitbezogene Positionsgewicht- bzw. Rangwert-Verfahren anknüpft. Zuteilungen von Arbeitselementen zu Arbeitssystemen orientieren sich dabei an den elementbezogenen Rangwerten und an den Schwierigkeitskennziffern, den lohnkostenbegründenden Arbeitswerten. Durch das Rangwert-Arbeitswert/Rangwert-Verfahren wird im Vergleich zur leerzeitorientierten Abstimmung gezielt eine Reduzierung von Leerkosten aufgrund von Arbeitswertdifferenzen der Arbeitselemente angestrebt.

Um die theoretische Konzeption zu überprüfen und die Anwendbarkeit der für computergestützte Abstimmungen entwickelten kostenorientieren Rangwert-Arbeitswert/Rangwert- Regel nachzuweisen, wurden für praktische Abstimmungsprobleme ausgewählter Fertigungsbereiche Ergebnisse ermittelt. Ein Vergleich von insgesamt 332 Abstimmungen mit den Ergebnissen der zeitbezogenen Rangwert-Regel verdeutlicht, daß vielfach mit beachtlichen Lohnkosteneinsparungen gerechnet werden kann. Weitere Erörterungen verdeutlichen die Integration kostenorientierter Abstimmungsverfahren in den Gesamtkomplex kosten- und erlösbezogener Produktionsplanungen.

Veränderungen der Arbeitsaufgaben der Arbeitssysteme bedingen regelmäßig Übungsprozesse der eingesetzten Arbeitskräfte. Diese müssen in die Produktionsplanung einbezogen werden, wenn die zu ermittelnden fertigungsbezogenen Vorgabegrößen realisierbar sein sollen. Es ist deutlich geworden, daß die spezifische Fertigungsstruktur der Fließbandproduktion individuelle Übungsprozesse bisweilen einengt, weil sich das Übungsverhalten einer Fließbandgruppe aufgrund der gegenseitigen Abhängigkeit am ungünstigsten individuellen Übungsverlauf ausrichtet.

Grundsätzlich kann nicht von einem Übungsverhalten schlechthin gesprochen werden, das in alle Fertigungsbereiche übertragbar ist. Untersuchungen des Schrifttums lassen erkennen, daß sich bei unterschiedlichen Produktionsbedingungen voneinander abweichende Prozesse der Einübung von Arbeitsaufgaben vollziehen. Um die Wirkung von Übungsprozessen auf die Fertigungsplanung für einen empirischen Beispielfall ermitteln zu können, wurden betriebsspezifische Übungsbedingungen für einen Produktionsbereich der Fernsehgerätemontage untersucht. Auf der Grundlage von Regressionsanalysen haben sich dabei Exponentialfunktionen für die Angabe der Ausführungszeit einer Arbeitsaufgabe in Abhängigkeit von der Anzahl der Verrichtungswiederholungen bzw. der gefertigten Erzeugnismenge bestätigt. Differenzierte Einarbeitungsgrade der eingesetzten Arbeitskräfte führten zu unterschiedlichen Übungsverläufen.

Die Möglichkeit der funktionalen Erfassung komplexer empirischer Zusammenhänge der Arbeiterübung lieferte die Voraussetzung für ihre Berücksichtigung in der Produktionsplanung. Im Vergleich zur Einsatzmöglichkeit vollständig geübter Arbeitskräfte ist eine erhebliche Reduzierung der Zuordnungstaktzeit erforderlich, die für die Abgrenzung des Umfanges der Arbeitsaufgaben entscheidend ist. Daraus resultieren eine vergleichsweise höhere Anzahl aufzubauender Arbeitssysteme und dementsprechend höhere Lohnkosten. Diese Wirkung wird des weiteren durch die notwendige Berücksichtigung von Anlaufvorgängen verstärkt, die dadurch bedingt sind, daß erst nach Vollendung der ersten Produkteinheit der betrachteten Erzeugnismenge je Taktzeit eine Erzeugniseinheit fertiggestellt wird.

Für einen ausgewählten Bereich der Fernsehgerätemontage konnten die Aufgaben der Produktionsplanung unter Berücksichtigung der spezifischen Übungsbedingungen bewältigt werden. Nach Ermittlung der Zuordnungstaktzeit wurden Abstimmungen der angesprochenen Fertigungslinie auf der Grundlage kostenorientierter Abstimmungsverfahren vorgenommen. Die dabei ermittelten Übungs- und Anlaufkosten verdeutlichen das ökonomische Gewicht übungs- und anlaufbedingter Vorgänge bei unterschiedlichen Einarbeitungsgraden.

Insgesamt konnte gezeigt werden, wie für spezifische betriebswirtschaftliche Fragestellungen Planungsverfahren entwickelt bzw. erweitert werden können. Da die Methoden des Operations Research im Schrifttum vielfach losgelöst von empirischer Forschung entstanden sind, wurde Wert darauf gelegt, vorgestellte Lösungsvorschläge an den Problemstrukturen praktischer Planungsaufgaben auszurichten.

Verzeichnis der hauptsächlich verwendeten Symbole

A	=	Arbeitswert
A^*	=	modifizierter Arbeitswert
A_{Gr}	=	lohnsatzbestimmender Arbeitswert einer Arbeitswertgruppe
A_{Gr}^*	=	modifizierter lohnsatzbestimmender Arbeitswert einer Arbeitswertgruppe
A_i^*	=	modifizierter Arbeitswert des Arbeitselementes i (i = 1,2, ..., M
A_m^*	=	modifizierter Stationsarbeitswert des Arbeitssystems m (m = 1,2, ..., M)
a	=	Anzahl der in einer Arbeitswertgruppe zusammengefaßten Arbeitswerte
B	=	Bestimmtheitsmaß
b	=	Verrichtungzeit-Abnahmefaktor bei Übungsprozessen
c	=	Taktzeit
c_E	=	nicht unterschreitbare (End-)Taktzeit
c_g	=	grundzeitbezogene Taktzeit
c_j	=	Taktzeit des j-ten vollzogenen Taktes
c_N	=	Normaltaktzeit
c_Z	=	Zuordnungstaktzeit
D	=	Anlaufdauer eines Fließbandes
d	=	Anlaufdauer eines Arbeitssystems
F	=	Festlohnanteil bzw. Grundbetrag (DM/Stunde)
G	=	Zeitgrad
j	=	Anzahl vollzogener gleichartiger Arbeitsaufgaben
K_D	=	Anlaufkosten
K_{Lmc}	=	taktzeitbezogene Lohnkosten des Arbeitssystems m (m = 1,2,...,M)
K_{La}^{leer}	=	lohnbezogene Leerkosten aufgrund von Anforderungs- bzw. Arbeitswertdifferenzen
K_{Ll}^{leer}	=	lohnbezogene Leerkosten aufgrund von Leerzeiten
K_L^{nuz}	=	lohnbezogene Nutzkosten
$K_{Ü}$	=	Übungskosten
k_L	=	Lohnsatz (DM/Stunde)
k_{Lmin}	=	tariflicher Mindestlohnsatz (DM/Stunde)
k_{Lmax}	=	höchster Lohnsatz (DM/Stunde)
k_{Li}	=	Arbeitselement-Lohnsatz des Arbeitselementes i (i = 1,2,...,n) (DM/Minute)
k_{Lm}	=	maximaler Arbeitselement-Lohnsatz der dem Arbeitssystem m (m = 1,2,...,M) zugeteilten Arbeitselemente (Stationslohnsatz; DM/Minute)
L	=	Leerzeitsumme aller Arbeitssysteme
l_m	=	Leerzeit des Arbeitssystems m (m = 1,2,...,M)
M	=	Anzahl der Arbeitssysteme (Stationenzahl)

N^*	= (modifizierter) Arbeitswertnutzungsgrad
S^*	= modifizierte Stationsarbeitswertsumme
s	= Steigerungsfaktor (DM/Stunde und Arbeitswerteinheit)
s_{Gr}	= arbeitswertgruppenbezogener Steigerungsfaktor (DM/Stunde und Arbeitswertgruppe)
T_B	= Betriebszeit
T_E	= Betriebszeit bis zur Realisierung der nicht unterschreitbaren (End-) Taktzeit c_E
T_N	= Betriebszeit bis zur Realisierung der Normaltaktzeit c_N
$T_{KÜ}$	= übungskostenrelevante Betriebszeit
t_e	= Zeit je Erzeugniseinheit
t_g	= Grundzeit je Erzeugniseinheit
t_i	= Grundzeit des Arbeitselementes i (i = 1,2,...,n)
t_{im}	= Grundzeit des dem Arbeitssystem m (m = 1,2,...,M) zugeordneten Arbeitselementes i (i = 1,2,...,n)
t_{mj}	= Zeitaufwand für die j-te Arbeitsverrichtung (j = 1,2,...,j_E)
U	= Unausgeglichenheitsgrad
$Ü$	= Übungsrate
W	= Bandwirkungsgrad
x	= Erzeugnismenge
x_E	= Anzahl gefertigter Erzeugniseinheiten bis zur Realisierung der nicht unterschreitbaren (End-)Taktzeit c_E
x_j	= j-te gefertigte Erzeugniseinheit
x_N	= Anzahl gefertigter Erzeugniseinheiten bis zur Realisierung der Normaltaktzeit c_N
z_{er}	= Erholungszeitzuschlag
z_s	= Zeitzuschlag für die Beseitigung materialbedingter Störungen
z_v	= Verteilzeitzuschlag

Literaturverzeichnis

I. Bücher und Aufsätze

Adam, D., Produktionsplanung bei Sortenfertigung, Wiebaden 1969.

Ders., Produktions- und Kostentheorie bei Beschäftigungsgradänderungen, Tübingen—Düsseldorf 1974.

Adamczyk, J., Der Fließzusammenbau elektrotechnischer Bauteile und Erzeugnisse, Berlin—Köln—Frankfurt 1969.

Alchian, A., Reliability of progress curves in airframe production, in: Econometrica, Vol. 31 (1963), S. 679—693.

Angermann, A., Entscheidungsmodelle, Frankfurt a.M., 1963.

Arcus, A. L., COMSOAL: A computer method of sequencing operations for assembly lines, in: Readings in Production and Operations Management, hrsg. von E. S. Buffa, New York—London—Sydney 1966, S. 336—360.

Ders., COMSOAL: A computer method of sequencing operations for assembly lines, in: International Journal of Production Research, Vol. 4 (1966), S. 259—278).

Arnold, H./ Borchert, H./ Lange, A./ Schmidt, J., Der Produktionsprozeß im Industriebetrieb, 2. Auflage, Berlin 1968.

Baetge, J., Sind „Lernkurven" adäquate Hypothesen für eine möglichst realistische Kostentheorie? , in: Zeitschrift für betriebswirtschaftliche Forschung, 26 Jg. (1974), S. 521—543.

Baur, W., Neue Wege der betrieblichen Planung, Berlin—Heidelberg—New York 1967.

Bidlingmaier, J., Unternehmerziele und Unternehmerstrategien, Wiesbaden 1964.

Bowman, E. H., Assembly-line balancing by linear programming, in: Operations Research, Vol. 8 (1960), S. 385—389.

Bredt, O., Der endgültige Ansatz der Planung (II), in: Technik und Wirtschaft, Bd. 32(1939), S. 249—253.

Buffa, E. S., Production-Inventory Systems, Homewood 1968.

Bush, R. / Mosteller, F., A mathematical model for simple learning, in: The Psychological Review, Vol. 58(1951), S. 313—323.

Bussmann, K. F. u. a., Ein Vergleich von Fließbandabstimmungsverfahren, in: Operations Research und Datenverarbeitung bei der Produktionsplanung, hrsg. von K. F. Bussmann und P. Mertens, Stuttgart 1968, S. 313—356.

Carlson, S., A study in the pure theory of production, Stockholm 1939, Nachdruck New York 1965.

Cauley, J. M., A review of assembly line balancing algorithms, in: Proceedings of the Annual Conference of the American Institute of Industrial Engineers, Vol. 19(1968), S. 223—229.

Chase, R. B., Survey of paced assembly lines, in: Industrial Engineering (amerikanische Ausgabe), Vol. 6(1974), No. 2, S. 14—18.

Chuard, J.-M., Systems Engineering im Arbeitsstudium, in: Industrielle Organisation, 43. Jg.(1974), S. 189—192.

Cochran, E. B., Planning production costs: using the improvement curve, San Francisco 1968.

Ders., New concepts of the learning curve, in: Journal of Industrial Engineering, Vol. 11(1960), S. 317—327.

Ders., Learning: new dimension in labor standards, in: Industrial Engineering (amerikanische Ausgabe), Vol. 1(1969), S. 38—47.

Coenenberg, A. G., Die Bedeutung fertigungswirtschaftlicher Lernvorgänge für Kostentheorie, Kostenrechnung und Bilanz, in: Kostenrechnungspraxis (1970), S. 111—116.

von Cube, F., Was ist Kybernetik? , Bremen 1967.

Dantzig, G. B., Lineare Programmierung und Erweiterungen, ins Deutsche übertragen und bearbeitet von A. Jaeger, Berlin—Heidelberg—New York 1966.

Dauber, H., Einarbeitung, Leistung und Entlohnung, in: REFA-Nachrichten, 10. Jg.(1957), S. 95—100.

Diederich, H., Allgemeine Betriebswirtschaftslehre II, Stuttgart 1970.

Dorsch, F., Psychologisches Wörterbuch, 8. Auflage, Hamburg 1970.

Drever, J. / Fröhlich, W. D., Wörterbuch zur Psychologie, 4. Auflage, München 1970.

175

Ellinger, Th., Betriebswirtschaftlich-technologische Aspekte zur Fließbanddiskussion, in: Rationalisierung, 25. Jg.(1974), S. 22–24.

Euler, H. / Stevens, H., Die analytische Arbeitsbewertung, Düsseldorf 1965.

Euler, H. / Stevens, H. / Heimansberg, B., Theorie und Praxis, Kritik und Mängel der bisherigen Leistungsentlohnung, Düsseldorf 1962.

Faensen, H. / Hofmann, G., Arbeitsstudium bei Fließarbeit, München 1962.

Fäßler, K. / Reichwald, R., Fertigungswirtschaft, in: Industriebetriebslehre, hrsg. von E. Heinen, 2. Auflage, Wiesbaden 1972, S. 245–344.

Fässler, Th., Ein Beitrag zur Quantifizierung der Einübung, in: Industrielle Organisation, 31. Jg.(1962), S. 5–18, S. 47–56 und S. 79–90.

Große-Oetringhaus, W. F., Fertigungstypologie unter dem Gesichtspunkt der Fertigungsablaufplanung, Berlin 1974.

Grothus, H., Motivation durch Arbeitsbereicherung, in: Industrial Engineering (deutsche Ausgabe), 2. Jg.(1972), S. 261–272.

Gümbel, R., Die Bedeutung der Leerkosten für die Kostentheorie, in: Zeitschrift für betriebswirtschaftliche Forschung, 16. Jg.(1964), S. 65–81.

Gutenberg, E., Grundlagen der Betriebswirtschaftlehre, 1. Band, Die Produktion, 19. Auflage, Berlin–Heidelberg–New York 1972.

Gutjahr, A. L. /Nemhauser, G. L., An algorithm for the line balancing problem, in: Management Science, Vol. 11(1964), S. 308–315.

Hahn, D., Industrielle Fertigungswirtschaft in entscheidungs- und systemtheoretischer Sicht, in: Zeitschrift für Organisation, 41. Jg.(1972), S. 269–278, S. 369–370 und S. 427–439.

Hahn, R., Aufgaben der Produktionsplanung bei Mehrprodukt-Linienfertigung und Möglichkeiten zu ihrer Lösung, Diss., Stuttgart 1971.

Ders., Produktionsplanung bei Linienfertigung, Berlin–New York 1972.

Hahn, R. / Lutz, L. / Roschmann, K., Die Bandabgleichung – ein Problem bei Fließfertigung, in: Industrielle Organisation, 37. Jg.(1968), S. 85–101.

Hardeck, W., Rechnerunterstützte Austaktung von Fließbandlinien, in: Zeitschrift für Operations Research, Band 18(1974), S. B 237 – B 249.

Hardeck, W. / Schönfelder, G., Rechnerunterstützte Austaktung von Fließlinien, Heft 10 der Arbeitspapiere des Betriebswirtschaftlichen Instituts der Friedrich-Alexander Universität Erlangen–Nürnberg (1973).

Hautsch, K. / John, H. / Schürgers, H., Taktabstimmung bei Fließarbeit mit dem Positionswert-Verfahren, in: REFA-Nachrichten, 25. Jg.(1972), S. 451–464.

Heinecke, C., Vorgabezeit mit Berücksichtigung des Übungseffektes, in: REFA-Nachrichten, 26. Jg.(1973), S. 407–415.

Heinen, E., Grundlagen betriebswirtschaftlicher Entscheidungen. Das Zielsystem der Unternehmung, 2. Auflage, Wiesbaden 1971.

Ders., Betriebswirtschaftliche Kostenlehre, 3. Auflage, Wiesbaden 1970.

Ders., Industriebetriebslehre als Entscheidungslehre, in: Industriebetriebslehre, hrsg. von E. Heinen, 2. Auflage, Wiesbaden 1972, S. 21–70.

Heinen, E. / Fahn, E. / Wegenast, C., Informationswirtschaft, in: Industriebetriebslehre, hrsg. von E. Heinen, 2. Auflage, Wiesbaden 1972, S. 679–790.

Held, M. / Karp, R. M. / Shareshian, R., Assembly-line balancing – dynamic programming with precedence constraints, in: Operations Research, Vol. 11(1963), S. 442–459.

Helgeson, W. B. / Birnie, D. P., Assembly line balancing using the ranked positional weight technique, in: Journal of Industrial Engineering, 12. Jg.(1961), S. 394–398.

Hennecke, A., Die Verfahren der Arbeitsbewertung, Düsseldorf 1965.

Henrici, P., Elements of Numerical Analysis, 2. Auflage, New York–London–Sydney 1965.

Herbig, H. H., Optimale Fließstraßenabstimmung nach einem kombinatorischen Verfahren auf der Rechenanlage NE 503, in: Fertigungstechnik und Betrieb, 17. Jg.(1967), S. 406–415.

Hettinger, Th. / Paquin, K. H. / Sucker, G., Der Erholungszuschlag, in: Arbeit und Leistung, 22. Jg.(1968), S. 123–124.

Hilgert, E. R. / Bower, G. H., Theorien des Lernens I (deutsche Übersetzung von H.-E. Zahn), Stuttgart 1970.

Hirsch, W. Z., Manufacturing progress functions, in: Review of Economics and Statistics, Vol. 34(1952), S. 143–155.

Hoffmann, M., Operations Research mit Hilfe der Lernkurve, in: Der Betrieb, 20 Jg.(1967), S. 1189–1190.
Hoffmann, Th. R., Assembly line balancing with a precedence matrix, in: Management Science, Vol. 9(1963), S. 551–562.

Ignall, E. J., A review of assembly line balancing, in: Journal of Industrial Engineering, Vol. 16(1965), S. 244–254.
Ihde, G.-B., Lernprozesse in der betriebswirtschaftlichen Produktionstheorie, in: Zeitschrift für Betriebswirtschaft, 40. Jg.(1970), S. 451–468.

Jackson, J. R., A computing procedure for a line balancing problem in: Management Science, Vol. 2(1956), S. 261–271.
Jaeschke, G., „Branching and Bounding". Eine allgemeine Methode zur Lösung kombinatorischer Probleme, in: Ablauf- und Planungsforschung, 5. Jg.(1964), S. 133–155.
Johnston, J., Econometric methods, New York 1963.

Keachie, E. C., Manufacturing Cost Reduction through the Curve of Natural Productivity Increase, Berkeley 1964.
Kern, W., Industriebetriebslehre, Stuttgart 1970.
Kilbridge, M., A model for industrial learning costs, in: Management Science, Vol. 8(1962), S. 516–527.
Kilbridge, M. / Wester, L., A heuristic method of assembly line balancing, in: Journal of Industrial Engineering, Vol. 12(1961), S. 292–298.
Dies., A review of analytical systems of line balancing, in: Operations Research, Vol. 10(1962), S. 626–638.
Dies., The balance delay problem, in: Management Science, Vol. 8(1962), S. 67–84.
Dies., An economic model for the division of labor, in: Management Science, Vol. 12(1966), S. B 255–B269.
Kiesewetter, H. / Maeß, G., Elementare Methoden der numerischen Mathematik, Wien–New York 1974.
Kilger, W., Produktions- und Kostentheorie, Wiesbaden 1958.
Ders., Flexible Plankostenrechnung, 5. Auflage, Opladen 1972.
Klein, M., On assembly line balancing, in: Operations Research, Vol. 11(1963), S. 274–281.
Knayer, M., Arbeitsverteilung und Leistungsabstimmung bei Fließarbeit, in: REFA-Nachrichten, 23. Jg.(1970), S. 7–10.
Krelle, W. / Künzi, H. P., Lineare Programmierung, Zürich 1958.
Kreyszig, E., Statistische Methoden und Anwendungen, 3. Auflage, Göttingen 1968.
Kupsch, P. U. / Marr, R., Personalwirtschaft, in: Industriebetriebslehre, hrsg. von E. Heinen, 2. Auflage, Wiesbaden 1972, S. 445–574.

Laßmann, G., Die Produktionsfunktion und ihre Bedeutung für die betriebswirtschaftliche Kostentheorie, Köln und Opladen 1958.
Ders., Die Kosten- und Erlösrechnung als Instrument der Planung und Kontrolle in Industriebetrieben, Düsseldorf 1968.
Ders., Gestaltungsformen der Kosten- und Erlösrechnung im Hinblick auf Planungs- und Kontrollaufgaben, in: Die Wirtschaftsprüfung, 26. Jg.(1973), S. 4–17.
Ders., Produktionsplanung, in: Handwörterbuch der Betriebswirtschaft, 4. Auflage, hrsg. von E. Grochla und W. Wittmann, Band I/2, Stuttgart 1975, Sp. 3102–3121.
Lauterburg, Ch., Motivation durch Aufgabenstrukturierung, in: Industrielle Organisation, 42. Jg.(1973), S. 554–560.
Lehmann, M., What's going on in product assembly, in: Industrial Engineering (amerikanische Ausgabe), Vol. 1(1969), No. 4, S. 41–45.
Linder, A., Statistische Methoden, 4. Auflage, Basel und Stuttgart 1964.
Lücke, W., Produktions- und Kostentheorie, Würzburg–Wien 1969.
Lutz, L., Abtakten von Montagelinien, Mainz 1974.
Ders., Bandabgleichung, in: Industrie-Anzeiger, 93. Jg.(1971), S. 2487–2488.
Ders., Abgleichen von Montagebändern, in: Industrie-Anzeiger, 95. Jg.(1973), S. 348–349.

Männel, W., Wirtschaftlichkeitsfragen der Anlagenerhaltung, Wiesbaden 1968.

Mansoor, E. M., Assembly line balancing – an improvement on the ranked positional weight technique, in: Journal of Industrial Engineering, Vol. 15(1964), S. 73–77.

Marshall, A., Principles of Economics, Vol. I, 2nd Edition, London 1891.

Mastor, A. A., An experimental investigation and comparative evaluation of production line balancing techniques, in: Management Science, Vol. 16(1970), S. 728–746.

Mertens, P., Fließbandabstimmung mit dem Verfahren der begrenzten Enumeration nach Müller-Merbach, in: Ablauf- und Planungsforschung, 8. Jg.(1967), S. 429–433.

Moodie, C. L. / Young, H. H., A heuristic method of assembly line balancing for assumptions of constant or variable work element times, in: Journal of Industrial Engineering, 16. Jg.(1965), S. 23–29.

Müller-Merbach, H., Operations Research, Berlin und Frankfurt 1969.

Ders., Optimale Reihenfolgen, Berlin–Heidelberg–New York 1970.

Ders., Drei neue Methoden zur Lösung des Traveling Salesman Problems, in: Ablauf- und Planungsforschung, 7. Jg.(1966), S. 32–46 und S. 78–91.

Ders., Ein Verfahren zur Lösung von Reihenfolgeproblemen der industriellen Fertigung, in: Zeitschrift für wirtschaftliche Fertigung, 61. Jg.(1966), S. 147–152.

Ders., Ein Verfahren zur Planung des optimalen Betriebsmitteleinsatzes bei der Terminierung von Großprojekten, in: Zeitschrift für wirtschaftliche Fertigung, 62. Jg.(1967), S. 83–88 und S. 135–140.

Ders., Theorie des Operations Research?, in: Zeitschrift für Operations Research, Band 18(1974), S. 89–90.

Mullins, P. J., Sweden's Volvo tries a new assembly technique, in: Iron Age Metalworking International, 12. Jg.(1973), No. 1, S. 32–34.

Munzel, G., Die fixen Kosten in der Kostenträgerrechnung, Wiesbaden 1966.

Muther, R., Fließende Fertigung, in: Handbuch des Industrial Engineering, Teil VII, hrsg. von H. B. Maynard, deutsche Bearbeitung von K. Krüger, Berlin–Köln–Frankfurt/M. 1956, S. 139–182.

Nevins, A. J., Assembly line balancing using best bud search, in: Management Science, Vol.,18(1972), S. 529–539.

o. V., Kosteneinsparungen durch Montagebänder, in: Industrie-Anzeiger, 93. Jg.(1971), S. 1709.

Parreren, C. F., Lernprozeß und Lernerfolg, Braunschweig 1966.

Philipp, R., Die Planung flexibler Produktionssysteme, in: Zeitschrift für wirtschaftliche Fertigung, 68. Jg.(1973), S. 632–637.

Pornschlegel, H. (Hrsg.), Verfahren vorbestimmter Zeiten, Köln 1968.

Prenting, T. O. /Battaglin, R. M., The precedence diagram: A tool for analysis in assembly line balancing, in: Journal of Industrial Engineering, Vol. 15(1964), S. 208–213.

Rapping, L., Learning and World War II production functions, in: Review of Economics and Statistics, Vol. 47 (1965), S. 81–86.

REFA e.V., Methodenlehre des Arbeitsstudiums, Teil 1, Grundlagen, 2. Auflage, München 1972.

REFA e.V., Methodenlehre des Arbeitsstudiums, Teil 2, Datenermittlung, 2. Auflage, München 1972.

REFA e.V., Methodenlehre des Arbeitsstudiums, Teil 3, Kostenrechnung, Arbeitsgestaltung, 2. Auflage, München 1972.

REFA e.V., Methodenlehre des Arbeitsstudiums, Teil 4, Anforderungsermittlung (Arbeitsbewertung), München 1972.

Reichardt, H., Statistische Methodenlehre für Wirtschaftswissenschaftler, Bielefeld 1969.

Reitmeier, F., REFA und die Systeme vorbestimmter Zeiten, in: REFA-Nachrichten, 23. Jg.(1970), S. 435–436.

Riebel, P., Eine betriebswirtschaftliche Theorie der Produktion, in: Finanzarchiv, Neue Folge, Bd. 26 (1967), S. 124–149.

Ropohl, G., Flexible Fertigungssysteme, Mainz 1971.

Rühl, G., Untersuchungen zur Arbeitsstrukturierung, in: Industrial Engineering (deutsche Ausgabe), 3. Jg.(1973), S. 147–197.

Ders., Work structuring, in: Industrial Engineering (amerikanische Ausgabe), Vol. 6(1974), No. 1, S. 32–37, No. 2, S. 52–56.

178

Salveson, M. E., The assembly line balancing problem, in: Journal of Industrial Engineering, Vol. 6(1955), No. 3, S. 18–25.
Sawyer, J. H. F., Line Balancing, Brighton, Sussex 1970.

Schenk, H., Die Betriebskennzahlen, Leipzig 1939.
Schneider, D., Produktionstheorie als Theorie der Produktionsplanung, in: Liiketaloudellinen Aikakauskirja (The Finnish Journal of Business Economics), Band 13(1964), S. 199–229.
Ders., „Lernkurven" und ihre Bedeutung für Produktionsplanung und Kostentheorie, zugleich Rezension von E. C. Keachie, Manufacturing Cost Reduction through the Curve of Natural Productivity Increase, Berkeley 1964, in: Zeitschrift für betriebswirtschaftliche Forschung, 17. Jg.(1965), S. 501–515.
Ders., Innerbetriebliche Anpassung an Lohnerhöhungen, in: Grundfragen der betrieblichen Personalpolitik, Festschrift zum 65. Geburtstag von A. Marx, hrsg. von W. Braun, H. Kossbiel und G. Reber, Wiesbaden 1972, S. 67–85.
Schweitzer, M., Einführung in die Industriebetriebslehre, Berlin–New York 1973.
Schweitzer, M. / Küpper, H.-U., Produktions- und Kostentheorie der Unternehmung, Hamburg 1974.

Spence, K. W., Theoretical interpretations of learning, in: Handbook of Experimental Psychology, hrsg. von S. S. Stevens, 7. Auflage, New York–London–Sydney 1965, S. 690–729.

Staehle, H. W., Kennzahlen und Kennzahlensysteme als Mittel der Organisation und Führung von Unternehmen, Wiesbaden 1969.
Steffen, R., Analyse industrieller Elementarfaktoren in produktionstheoretischer Sicht, Berlin 1973.
Ders., Die Erfassung von Arbeitseinsätzen in der betriebswirtschaftlichen Produktionstheorie, in: Zeitschrift für betriebswirtschaftliche Forschung, 24. Jg.(1972), S. 804–821.
Ders., Die Bestimmung von Taktzeit und Stationenzahl bei Fließbandfertigung unter Berücksichtigung von Lernprozessen, in: Zeitschrift für betriebswirtschaftliche Forschung, 25. Jg.(1973), S. 99–112.
Ders., Ermittlung von Anlagenkosten auf der Grundlage betriebswirtschaftlicher Instandhaltungsstrategien, in: Zeitschrift für wirtschaftliche Fertigung, 69. Jg.(1974), S. 303–306.
Steffy, B., Die Anwendung vorbestimmter Zeiten, in: Handbuch des Industrial Engineering, Teil IV, hrsg. von H. B. Maynard, deutsche Ausgabe bearbeitet von K. Krüger, Berlin–Köln–Frankfurt/M. 1956, S. 3–20.

Thomae, H. / Feger, H., Einführung in die Psychologie, Bern und Stuttgart 1970.
Tonge, F. M., Assembly line balancing using probabilistic combinations of heuristics, in: Management Science, Vol. 11(1965), S. 727–735.
Towill, D. R. / Bevis, F. W., Managerial control systems based on learning curve models, in: International Journal of Production Research, Vol. 11(1972), S. 219–238.

Ulich, E., Arbeitswechsel und Aufgabenerweiterung, in: REFA-Nachrichten, 25. Jg.(1972), S. 265–275.
Ders., Aufgabenerweiterung und autonome Arbeitsgruppen, in: Industrielle Organisation, 42. Jg.(1973), S. 355–358.

Vormbaum, H., Fixe Kosten – Ihre sich wandelnde Problematik, in: Die Wirtschaftprüfung, 15. Jg.(1962), S. 337–343.

Wächter, H., Langfristige Personalplanung unter Erwartung schrumpfender Betriebsgröße, in: Betriebswirtschaftliche Forschung und Praxis, 12. Jg.(1974), S. 123–137.
Wälter, H., Warum wird Fließbandfertigung in Einzelplatzfertigung umgewandelt, in: Maschinenmarkt, 79. Jg.(1973), S. 1040–1043.
Warnecke, H. J. / Lentes, H.-P., Arbeitsbereicherung, in: Werkstatttechnik – Zeitschrift für industrielle Fertigung, 63. Jg.(1973), S. 572–577 und S. 697–702.
Wawrziniak, W. / Schiffer, F., Gesichtspunkte für den Entwurf einer Fließfertigung, in: Fertigungstechnik und Betrieb, 10. Jg.(1960), S. 387–393.
Wedekind, H., Ein linearer Programmansatz für das Fließbandproblem, in: Ablauf- und Planungsforschung, 4. Jg.(1963), S. 245–248.

Wester, L. / Kilbridge, M. D., Heuristic line balancing: a case, in: Readings in Production and Operations Management, hrsg. von E. S. Buffa, New York–London–Sydney 1966, S. 308–335.

White, W. W., Comments on a paper by Bowman, in: Operations Research, Vol. 9(1961), S. 274–276.

Wibbe, J., Arbeitsbewertung, 3. Auflage, München 1966.

Wild, R., The design of jobs, in: Chartered Mechanical Engineer, Vol. 17(1970), S. 255–258.

Zäpfel, G., Ausgewählte fertigungswirtschaftliche Optimierungsprobleme von Fließfertigungssystemen, Habilitationsschrift, Karlsruhe 1973.

Zimmermann, W., Modellanalytische Verfahren zur Bestimmung optimaler Fertigungsprogramme, Berlin 1966.

Zinnecker, K.-H. / Heinrich, L. J., Systeme vorbestimmter Zeiten – Darstellung und Vergleich mit REFA-Verfahren, in: Industrielle Produktion, hrsg. von K. Agthe, H. Blohm und E. Schnaufer, Baden-Baden und Bad Homburg v.d.H. 1967, S. 253–280.

II. Tarifvertragliche Unterlagen

Analytische Arbeitsbewertung für die Eisen-, Metall- und Elektroindustrie Nordrhein-Westfalens vom 26.9.1967, Düsseldorf 1967.

Lohnabkommen der Tarifpartner der Metallindustrie in Nordwürttemberg-Nordbaden vom 1.1.1974.

Lohnabkommen der Tarifpartner der metallverarbeitenden Industrie in Nordrhein-Westfalen vom 27.2.1974.

Lohnrahmentarifvertrag der Tarifpartner der Eisen- und Stahlindustrie Nordrhein-Westfalens vom 5.1.1973.

Anhang

B. Programmprotokoll

```
C    RANGWERT-ARBEITSWERT/RANGWERT-REGEL
C
C
      IMPLICIT INTEGER*4(A-Z)
      DIMENSION T(260),DVORG(260,11),DNACHF(260,13),
     1AMAX(40),STAT(2,30,40),UNGENZ(40),RWERT(2,260)
      DIMENSION GESS(40),NREIHE(260),AMOD(260),ZUTEIL(50)
      DIMENSION STAR(2,30,40),GESSO2(40),AMAX2(40)
C
C    DATEN EINLESEN
C
      READ(5,1) X,TB,ZV,ZER,ZS,S,G,TP
    1 FORMAT(I4,7I6)
      READ(5,2) N
    2 FORMAT(I3)
      DO 3 I=1,N
    3 READ(5,4) T(I),(DVORG(I,J),J=1,10),(DNACHF(I,L),L=1,13),
     1 AMOD(I)
    4 FORMAT(I5,23I3,I2)
      DO 5 I=1,N
    5 DVORG(I,11)=0
      DO 6 I=1,N
      DO 6 J=1,10
      IF(DVORG(I,J).EQ.0) GOTO 6
      DVORG(I,11)=DVORG(I,11)+1
    6 CONTINUE
      DO 7 I=1,N
      IF(AMOD(I).GT.R1MAX) R1MAX=AMOD(I)
    7 IF(AMOD(I).LT.R1MIN) R1MIN=AMOD(I)
      R1MAX=2*(R1MAX-R1MIN)
C
C    RANGWERTE BERECHNEN
C
      DO 8 I=1,N
      RWERT(1,I)=T(I)
      RWERT(2,I)=I
    8 NREIHE(I)=0
      DO 51 I=1,N
      DO 51 J=1,13
      IF(DNACHF(I,J).EQ.0) GOTO 51
      NREIHE(I)=NREIHE(I)+1
   51 CONTINUE
      GO TO 53
   52 NREIHE(I)=-1
   53 DO 57 I=1,N
      IF(NREIHE(I)) 57,54,57
   54 DO 56 J=1,10
      IF(DVORG(I,J)) 56,56,55
   55 N1=DVORG(I,J)
      RWERT(1,N1)=RWERT(1,N1)+RWERT(1,I)
      NREIHE(N1)=NREIHE(N1)-1
   56 CONTINUE
      GO TO 52
   57 CONTINUE
```

```
C
C      ARBEITSELEMENTE NACH ABNEHMENDEN RANGWERTEN ORDNEN
C
       JE1=N-1
       DO 9 J=1,JE1
       JB1=J+1
       DO 9 JJ=JB1,N
       IF (RWERT(1,J)-RWERT(1,JJ)) 10,9,9
   10 TEMP=RWERT(1,J)
       RWERT(1,J)=RWERT(1,JJ)
       RWERT(1,JJ)=TEMP
       TEMP=RWERT(2,J)
       RWERT(2,J)=RWERT(2,JJ)
       RWERT(2,JJ)=TEMP
    9 CONTINUE
C
C      BERECHNEN DER ZUORDNUNGSTAKTZEIT
C
       CN=TB/X
   11 CZ=CN*G/(10000+ZV+ZER+ZS)
C
C      ABSTIMMUNG MIT RANGWERT-ARBEITSWERT-REGEL
C
C      FESTLEGEN DER ANFANGSDATEN DER VARIABLEN
C
       DO 13 M=1,40
       DO 12 N1=1,30
       STAT(1,N1,M)=-500
   12 STAT(2,N1,M)=-99
   13 CONTINUE
       M=1
       TM=0
   14 DO 15 R=1,50
   15 ZUTEIL(R)=0
       R=1
       RMAX=0
C
C      SUCHEN NACH ZUTEILBAREN ARBEITSELEMENTEN
C
       DO 18 J=1,N
       I=RWERT(2,J)
       IF(DVORG(I,11).GT.20) GOTO 18
       DO 16 L=1,10
       IF(DVORG(I,L).LE.0) GOTO 17
       I1=DVORG(I,L)
       IF(DVORG(I1,11).LE.20) GOTO 18
   16 CONTINUE
   17 IF(T(I)+TM-CZ) 20,26,18
   20 IF(ENDE.EQ.N) GO TO 23
       IF(MVOR.NE.M) GO TO 24
       IF(AMOD(I).NE.AS1) GO TO 22
       IF(DNACHF(I,1).NE.0) GO TO 29
       IF(CZ-TM.LT.(T(I)+200)) GOTO 29
   22 ZUTEIL(R)=I
       RMAX=R
       R=R+1
   18 CONTINUE
       IF(ENDE.EQ.N) GO TO 23
       IF(R.EQ.1) GO TO 23
       IF(M.EQ.MVOR) GO TO 21
       I=ZUTEIL(1)
   24 AS1=AMOD(I)
```

```
      AS=AS1
      GO TO 29
   21 AS=AS1
      DO 25  R1=1,R1MAX
      DO 26  R=1,RMAX
      I=ZUTEIL(R)
      IF(AMOD(I).NE.AS) GOTO 26
      IF(DNACHF(I,1).NE.0) GOTO 29
      IF(CZ-TM.LT.(T(I)+200)) GOTO 29
      DO 28  R2=1,RMAX
      I3=ZUTEIL(R2)
      IF(DNACHF(I3,1).NE.0) GOTO 26
   28 CONTINUE
      GOTO 29
   26 CONTINUE
      AS=AS+R1*(-1)**R1
   25 CONTINUE
C
C
C     ZUTEILEN ZU DEN ARBEITSSTATIONEN
C
   23 GESS(M)=TM
   27 TM=0
      IF(ENDE-N) 35,37,37
   29 TM=TM+T(I)
      DO 31  N1=1,30
      IF(STAT(1,N1,M)+500)    31,30,31
   30 STAT(1,N1,M)=T(I)
      STAT(2,N1,M)=I
      MVOR=M
      IF(AS.GT.AS1) AS1=AS
      ENDE=ENDE+1
      DVORG(I,11)=21
      GO TO 32
   31 CONTINUE
C
C
C     HERSTELLEN NEUER REIHENFOLGEBEZIEHUNGEN
C
   32 DO 34 L=1,13
      IF(DNACHF(I,L)-1)    34,33,33
   33 I4=DNACHF(I,L)
      DVORG(I4,11)=DVORG(I4,11)+1
   34 CONTINUE
      GO TO 14
   35 MVOR=M
      M=M+1
      GO TO 14
   37 MG=M
C
C
C     ABSTIMMUNG MIT RANGWERT-REGEL
C
C
C     FESTLEGEN DER ANFANGSDATEN DER VARIABLEN
C
      DO 1001 I=1,N
 1001 DVORG(I,11)=0
      DO 1002 I=1,N
      DO 1002 J=1,10
      IF(DVORG(I,J).EQ.0) GOTO 1002
      DVORG(I,11)=DVORG(I,11)+1
 1002 CONTINUE
      DO 1013 M=1,40
      DO 1012 N1=1,30
      STAR(1,N1,M)=-500
```

```
     1012 STAR(2,N1,M)=-99
     1013 CONTINUE
          M=1
          TM=0
          ENDE=0
C
C         SUCHEN NACH ZUTEILBAREN ARBEITSELEMENTEN
C
     1014 DO 1018 J=1,N
          I=RWERT(2,J)
          IF(DVORG(I,11)-20) 1015,1015,1018
     1015 DO 1016 L=1,10
          I1=DVORG(I,L)
          IF(I1) 1017,1017,1151
     1151 IF(DVORG(I1,11)-20) 1018,1018,1016
     1016 CONTINUE
     1017 IF(T(I)+TM-CZ) 1029,1029,1018
     1018 CONTINUE
C
C         ZUTEILEN ZU DEN ARBEITSSTATIONEN
C
          GESSO2(M)=TM
     1027 TM=0
          IF(ENDE-N) 1035,1037,1037
     1029 TM=TM+T(I)
          DO 1031 N1=1,30
          IF(STAR(1,N1,M)+500) 1031,1030,1031
     1030 STAR(1,N1,M)=T(I)
          STAR(2,N1,M)=I
          MVOR=M
          ENDE=ENDE+1
          DVORG(I,11)=21
          GO TO 1032
     1031 CONTINUE
C
C         HERSTELLEN NEUER REIHENFOLGEBEZIEHUNGEN
C
     1032 DO 1034 L=1,10
          IF(DNACHF(I,L)-1) 1034,1033,1033
     1033 I4=DNACHF(I,L)
          DVORG(I4,11)=DVORG(I4,11)+1
     1034 CONTINUE
          GO TO 1014
     1035 MVOR=M
          M=M+1
          GO TO 1014
     1037 MG2=M
C
C         AUSWAHL DES BESSEREN ERGEBNISSES
C
          DO 401 M=1,40
          DO 402 N1=1,30
          IF(STAT(2,N1,M).EQ.-99) GOTO 403
          I1=STAT(2,N1,M)
          IF(AMOD(I1).GT.AMAX(M)) AMAX(M)=AMOD(I1)
      403 IF(STAR(2,N1,M).EQ.-99) GOTO 402
          I2=STAR(2,N1,M)
          IF(AMOD(I2).GT.AMAX2(M)) AMAX2(M)=AMOD(I2)
      402 CONTINUE
          ASUM=ASUM+AMAX(M)
          ASUM2=ASUM2+AMAX2(M)
      401 CONTINUE
```

186

```
      IF(ASUM.LE.ASUM2) GOTO 406
      DO 407 M=1,40
      DO 408 N1=1,30
      STAT(1,N1,M)=STAR(1,N1,M)
  408 STAT(2,N1,M)=STAR(2,N1,M)
      GESS(M)=GESSO2(M)
  407 AMAX(M)=AMAX2(M)
      MG=MG2
      ASUM=ASUM2
  406 CONTINUE
C
C     ERGEBNIS AUSDRUCKEN
C
C
      WRITE(6,901)
  901 FORMAT(1H1/' ABSTIMMUNG MIT RANGWERT=ARBEITSWERT/RANGWERT=REGEL'
     1 /1X50('=')///1X'ARBEITSSYSTEM  ARBEITSELEMENT      GRUNDZEIT'
     2 '  ARBEITSWERT (MODIF.)'/)
      DO 412 M=1,MG
      DO 411 N1=1,30
      I=STAT(2,N1,M)
      IF(STAT(2,N1,M).EQ.(-99)) GOTO 410
  411 WRITE(1,902) M,STAT(2,N1,M),T(I),AMOD(I)
  902 FORMAT(1XI8I16I18I14)
  410 WRITE(1,903) GESS(M),AMAX(M)
  903 FORMAT(/31XI12I14//)
      IF(GESS(M).GT.GESS1) GESS1=GESS(M)
      UNGENZ(M)=CZ-GESS(M)
  412 GESUGZ=GESUGZ+CZ-GESS(M)
      W=10000*(MG*CZ-GESUGZ)/(MG*CZ)
      ZGES=10000+ZV+ZER+ZS
      GESUGZ=GESUGZ*ZGES/G
      WRITE(2,904) TB,TP,X,ZV,ZER,ZS,G,S
  904 FORMAT(1X'EINGABEGROESSEN'/1X15('=') /1X
     1 'BETRIEBSZEIT:         'I10' MIN X 1000' /1X
     1 'BETRIEBSPAUSEN:       'I10' MIN X 1000' /1X
     3 'ERZEUGNISMENGE:       'I10' STUECK'/1X
     4 'VERTEILZEITZUSCHLAG:'I10' PROZENT X 100         '/1X
     5 'ERHOLUNGSZUSCHLAG'I10' PROZENT X 100          '/1X
     6 'STOERUNGSZUSCHLAG:'I10' PROZENT X 100         '/1X
     7 'LEISTUNGSGRAD:      'I10' PROZENT X 100      '/1X
     8 'STEIGERUNGSSATZ:    'I10' DM X 100 JE ARBEITSWERT='/33X,
     9 'EINHEIT UND STUNDE'/1X)
      WRITE(2,905) CN,CZ,MG
  905 FORMAT(1X'ERRECHNETE ABSTIMMUNGSGROESSEN'/1X30('=') /1X
     1'NORMALTAKTZEIT:      'I10' MIN X 1000            '/1X
     2'ZUORDNUNGSTAKTZEIT'I10' MIN X 1000              '/1X
     3'STATIONENZAHL:       'I10' ARBEITSSYSTEME        ' /)
      UGZ=GESUGZ*X
      WRITE(2,906) GESS1,UGZ,GESUGZ,W
  906 FORMAT(1X'ZEITBEZOGENE ABSTIMMUNGSERGEBNISSE'/1X34('=') /1X
     1'MAX. STATIONSZEIT:   'I10' MIN X 1000           '/1X
     2'LEERZEIT'/1X'-GESAMT:                'I10' MIN X 1000'/1X
     2 '-JE ERZEUGNISEINHEIT:'I9' MIN X 1000'/1X
     3'BANDWIRKUNGSGRAD:    'I10' PROZENT X 100'/)
      DO 451 M=1,MG
      DO 452 N1=1,30
      IF(STAT(2,N1,M).EQ.(-99)) GOTO 452
      STAT1=STAT1+STAT(1,N1,M)
      I=STAT(2,N1,M)
      LAK2=LAK2+AMOD(I)*S*(STAT(1,N1,M)*ZGES/10000)*X/60000
  452 CONTINUE
      LAK1=LAK1+AMAX(M)*S*STAT1*ZGES/10000*X/60000
```

```
      STAT1=0
      LK=LK+AMAX(M)
      UNGENZ(M)=UNGENZ(M)*ZGES/10000
      LZK=LZK+AMAX(M)*S*UNGENZ(M)*X/60000
451   CONTINUE
      LAK=LAK1-LAK2
      LK=LK*S*(X*CN*G/10000+TP)/60000
      ELK=LK/X
      ELZK=LZK/X
      ELAK=LAK/X
      LEERK=LZK+LAK
      ELEERK=LEERK/X
      DO 454 I=1,N
454   AN=AN+AMOD(I)*T(I)
      AN=AN*10000/(ASUM*CZ)
      WRITE(6,907) ASUM,AN
907   FORMAT(1X'KOSTENBEZOGENE ABSTIMMUNGSERGEBNISSE'/1X36('-')/1X
     1'STATIONSARBEITSWERTSUMME (MODIF.)='I10'          '/1X
     2'ARBEITSWERTNUTZUNGSGRAD (MODIF.): 'I10'   PROZENT X 100'/)
      WRITE(6,908) LK,ELK,LZK,ELZK,LAK,ELAK,LEERK,ELEERK
908   FORMAT(35X'GESAMT    JE ERZEUGNISEINHEIT'/35X29('-')/1X
     1'LOHNKOSTEN:                       '2I10'   DM X 100'/1X'LEERKOSTEN'/1X
     2'-DURCH LEERZEITEN:                '2I10'   DM X 100'/1X
     3'-DURCH ARBEITSWERTDIFFERENZEN:'2I10'   DM X 100'/1X
     4'-GESAMT:                          '2I10'   DM X 100'//)
      END
```

188